환경 전과정평가

Environmental Life Cycle Assessment

김 익 · 허 탁 지음

도서출판 동화기술

서 문

2020년대 초에 전 세계를 위기로 몰아넣은 코로나 19 팬데믹은 정치, 경제, 사회, 문화 등 전반에서 근간을 흔들고 있다. 인류의 역사는 예수 탄생 연도를 서기 1년으로 정하고 그 이전 시대를 BC(Before Christ), 그 이후를 AC(After Christ)로 구분해왔지만 이젠 연대 구분을 코로나 이전과 이후인 BC(Before Corona)와 AC(After Corona)로 바꿔서 정의해야 한다고 주장하는 전문가가 있을 정도이다(손원제, 2020). 최근에 다양한 환경문제가 우리 사회에 심각한 영향을 미치고 있는 상황에서, 반기문 전 UN 사무총장은 기후변화가 코로나 19보다 훨씬 심각한 문제라고 경고한 바가 있다. 국제사회는 다가올 기후변화의 충격을 피하고자 지구온도 상승을 산업화 이전보다 1.5℃ 이내로 억제해야 하고, 이를 위해 2050년까지 이산화탄소 순 배출을 제로화해야 한다고 주장하고 있다(IPCC, 2018).

매년 겨울 강하게 성장하는 시베리아 고기압이 주춤하고 중국 남동부와 서해 부근에 이동성 고기압이 자리를 잡으면 우리나라의 미세먼지 농도는 심각하게 높아진다. 세계보건기구에 따르면 전 세계에서 미세먼지로 인한 조기 사망자 수가 연간 700만 명 정도인데, 이는 흡연에 의한 사망자인 600만 명보다 높다(이금숙, 2019). 미세먼지의 심각성이 알려지면서 미세먼지의 주범인 석탄발전의 가동을 줄이고, 노후 경유차를 조기에 폐차하는 등 미세먼지를 줄이기 위한 각종 정책이 시행되고 있다. 우리나라에서는 2020년 여름에 기존의 49일을 넘어선 54일간 이어진 기록적인 장마로 인한 피해, 2018년 폐기물 수거업체들의 수거비 부담증가로 인해 폐비닐의 수거를 중단하면서 촉발된 폐기물 대란 문제, 가습기 분무액에 포함된 가습기 살균제로 인해 많은 사람이 사망하거나 각종 질환에 걸린 피해 등 수 많은 환경문제가 발생되고 있다.

환경문제는 세계 각지에서 그 정도의 차이가 있을 뿐 유사한 사례가 빈번하게 보고되고 있다. 환경문제의 패턴이 특정 지역에서 산발적으로 발생하던 것으로부터 이젠 글로벌 수준으로 확대되고 있다. 과거 산업활동에서 발생된 배출물에 함유된 독성성분으로 인한 미나마타병, 이타이이타이병과 같은 질병은 일본에 국한되어 발현된 대표적인 예이다. 우리나라도 두산 페놀 사건으로 인해 낙동강 일대에 있는 밀양, 함양, 부산까지 피해를 준 바가 있다. 하지만, 최근에 제품의 가치사슬(value chain)이 전 세계로 확대되면서 화학물질이 첨가된 제품이 여러 나라로 수출되어 소비되고 폐기되며, 그 과정에서 제품에 포함된 화학물질이 수입국들에 축적되어 새로운 피해를 유발시키고 있다. 예를 들어, 원료는 아프리카 또는 남미에서 수송해 오고, 소재는 중국 또는 동남아시아 국가들에서 가공한 후에 배로 수송해 오고, 제품은 우리나라와 일본 등 선진국에서 조립하여 제품을 수출하는 경우가 많다. 한 제품을 생산하는 가치사슬을 살펴보면 전 세계가 실타래처럼 얽혀있다. 따라서, 제품의 가치사슬에서 발생되는 온실가스는 전 세계에 걸쳐 배출된다고 봐도 무방하다. 우리 기업이 생산해서 수출하는 제품으로 인한 온실가스 배출은 우리나라만 아니라 전 세계에 걸쳐 배출되고 이로 인한 영향도 전 세계에 미친다. 수자원고갈도 더 이상 특정 지역에서 발생한 환경문제로만 치부할 수 없다. 영화 '아웃오브아프리카'의 배경이 된 아프리카 케냐에 있는 나이바샤 호수는 수량이 풍부하기로 유명하고 각종 물고기가 충분하여 이 지역의 주민들은 물고기를 잡아 생계를 유지하고 살아왔다. 하지만 글로벌 화훼자본이 이곳에 들어와 장미를 키우면서 호수로 유입되는 물보다 장미재배를 위해 사용하는 물량이 더 많아지면서 호수의 수위가 차츰 낮아져서 더는 수자원이 풍부한 과거의 호수로 돌아가기 어려워졌다. 이 지역의 수자원 부족은 장미재배에 필요한 수자원 발굴 비용의 증가로 이어지고, 이로 인해 장미의 판매가가 높아져서 결국 소비자에게 부담이 되었다(SBS 스페셜, 2013).

제품을 매개로 가치사슬을 따라 환경매체가 전 세계로 이동하면서 환경문제도 국제화되고 있다. 반면에, 환경정책의 현실은 당장 눈앞의 환경문제를 줄이기 위해 제품을 생산하는 사업장에서 발생하는 배출물과 폐기물의 적정처리에 집중하는 경우가 대부분이다. 제품을 사용하는 과정에서 발생하는 환경피해들은 제품을 구성하는 소재 생산 또는 가공과정에 포함된 화학물질들로 인해 발생될 수 있으므로, 제품의 생산단계만이 아닌 원료를 채취하여 소재를 생산하고 제품을 제조하는 가치사슬의 전반에서 환경문제의 요인을 사전에 파악하고 관리해야 할 것이다.

이에 유럽연합(European Union, EU)을 중심으로 주요 선진국들은 수입품을 포함하여 자국에서 유통되는 제품들의 가치사슬 전체에 대한 환경규제를 강화하고 있다. 우리나라도 「전기·전자제품 및 자동차의 자원순환에 관한 법률」, 「화학물질 평가 및 등록에 관한 법률」 등이 제정되어 시행되고 있으나, 제품의 생산과정만이 아닌 전체 가치사슬에서 발생하는 다양한 환경영향을 사전에 다 예측하여 최소화하는 것은 쉽지 않다. 제품을 구성하는 소재에 함유된 화학물질의 경우에는 그 종류와 농도에 대하여 시험분석을 통해 검출 여부를 확인할 수 있으므로, 2000년대 초반부터 전 세계적으로 제품 가치사슬에서 함유된 화학물질과 그 양을 규제하고 있다.

파리기후협정이 2016년도에 발표된 이후에 유럽과 미국 등에서는 제품 가치사슬에서 발생한 총 온실가스 배출에 대한 정보를 요구하고 기준치를 초과하면 수입을 금지하거나 세금을 부과하는 방식의 규제가 생겨나고 있다. 미국 캘리포니아주는 청정구매법(Buy Clean California Act, BCCA)을 통해 2021년 7월부터 전기로 철강 제품 및 광물 섬유 단열재, 판유리 등의 건설자재에 대해 전과정평가(Life Cycle Assessment, LCA)를 활용한 환경성 정보의 제출을 의무화시켰고, 2021년 1월부터는 환경성 정보 중 온실가스 배출량이 배출기준치를 초과하면 공공 입찰에 참여할 수 없도록 제한하고 있다. 캘리포니아주에서 시행된 BCCA 규제는 미국 연방정부에서 2050 탄소중립의 목표를 달성하기 위한 구체적인 계획을 담고 있는 청정미래법(Clean Future Act)에 포함될 예정이어서 LCA를 통한 건설자재의 환경성 정보 요구는 더욱 거세질 것으로 보인다(홍영표, 2022). 유럽 그린딜(European Green Deal)의 일환으로 추진되는 탄소국경조정제도(carbon border adjustment mechanism, CBAM)에서는 시멘트와 철강, 구리, 비료 등 가치사슬이 비교적 짧으면서도 제조과정에서 온실가스 배출량이 큰 제품을 시작으로 제품 가치사슬 전반에서 발생하는 내재 탄소 배출량(embodied carbon emissions)에 따라 세금을 부과하는 규제를 시작할 예정이다. 또한, EU는 글로벌 투자기관들에게 ESG(Environmental, Social, and Governance) 투자의 기준이 되는 녹색분류체계인 그린 텍소노미(taxonomy)를 2020년 4월에 채택하였다. 텍소노미에 포함될 지속가능 경제활동으로 인정받기 위해서는 온실가스 감축, 기후변화 적응, 수자원 및 해양자원의 보호, 순환경제로의 전환, 오염방지 및 통제, 생물다양성 및 생태계 보호 등 6대 환경목표 중 하나 이상의 목표 달성에 상당히 기여하면서, 다른 목표들에 중대한 피해를 주지 않고(Do No Significant Harm, DNSH), 최소한의 사회적 안전장치를 준수하며, 기술선별기준을 만족시켜야 한다(임소영, 2020). 이중 DNSH 요건을 만족시키기 위해 태양광패널 등 일부품목에 대해 LCA에 근거한 환경성 정보의 공개를 요구하고 있다.

글로벌 제품환경규제가 그동안에는 시험분석을 통해 비교적 쉽게 파악할 수 있는 화학물질에 국한되어 있었으나, 최근 배출량 산정이 어려운 온실가스로 규제의 범위가 확대될 수 있게 된 것은 소재 및 에너지원별로 온실가스를 포함하여 배출계수의 산정방식이 표준화되고, 배출계수에 대한 상호검증이 가능해지면서 배출량 결과에 대한 신뢰도가 높아진 것에 기인한다. 과거에 국가 온실가스 배출량을 줄이기 위해 휘발유 자동차에 비해 연비가 좋아 온실가스 배출량이 적은 경유 자동차의 보급을 확대한 클린디젤 정책을 추진한 바 있다. 이로 인해 우리나라에서 경유 자동차가 1천만 대 정도가 보급되었으나 경유 자동차가 미세먼지의 주범으로 인식되면서 불과 10여 년 만에 클린디젤 정책은 공식 폐기되었다. 온실가스에만 초점을 맞추다 보니, 경유가 휘발유보다 연소과정에서 미세먼지가 더 많이 발생한다는 사실을 간과한 것이다.

LCA는 제품의 가치사슬 전과정에서 발생할 수 있는 다양한 환경영향을 종합적으로 평가하므로 위와 같은 잘못된 의사결정을 예방할 수 있게 한다. 이런 이유로 LCA는 국제사회에서 제품환경정책을 수립하는데 반드시 고려하는 요소가 되고 있으며, 전과정사고(life cycle thinking)를 반영한 사례 또한 급속히 늘어나고 있다. 이에 LCA에 대한 지난 30여 년의 경험을 토대로 LCA의 국제표준인 ISO 14040 시리즈의 절차와 요건을 쉽게 설명하고, 관련된 예제를 통해 여러분의 이해를 돕고자 하였다.

목 차

Chapter 1 전과정사고(Life Cycle Thinking) 11

1. 환경문제의 대두 12
   1.1 환경문제 12
   1.2 산업혁명과 환경문제 13
2. 지속가능한 소비생산 18
   2.1 지속가능한 소비생산 개념 18
   2.2 UN SDGs 20
   2.3 파리기후협정과 탄소중립 23
3. 환경경영과 ISO 14000시리즈 24
   3.1 환경관리와 환경경영 24
   3.2 환경경영 국제표준화 25
   3.3 환경경영 표준 27
   3.4 전과정평가 관련 표준 30
4. 전과정사고 33
   4.1 전과정 33
   4.2 전과정사고 34
   4.3 전과정사고를 활용한 분야 42

Chapter 2 전과정평가 개요 49

1. 기본 개념 50
   1.1 제품시스템 50

1.2 잠재적 환경영향 52

2. 구성요소 및 기술적 골격 53

2.1 구성요소 53

2.2 기술적 골격 54

3. 전과정평가의 특징 55

3.1 시스템적 접근 55

3.2 다매체 환경이슈 고려 55

3.3 기능단위에 의한 평가 57

3.4 환경측면의 일장일단을 규명 58

3.5 숨은 환경이슈 규명 59

Chapter 3 목적 및 범위정의 61

1. 개요 62

2. 목적정의 62

2.1 연구의 수행이유 62

2.2 연구결과의 활용처 63

2.3 연구결과의 제출처 64

2.4 연구결과에 대한 비교주장 여부 65

3. 범위정의 66

3.1 제품시스템 67

3.2 기능 및 기능단위 73

3.3 시스템경계 80

3.4 데이터 품질요건 88

3.5 할당 99

3.6 영향평가 방법론 101

3.7 가정 및 한계 사항 105

3.8 정밀검토 유형 106

3.9 해석방법 107

3.10 연구보고서 종류 및 형식 108

Chapter 4 전과정 목록분석 109

1. 개요 110
2. 데이터 수집 준비 111
   2.1 단위공정 결정 111
   2.2 공정흐름도 작성 113
   2.3 데이터 수집을 위한 설문지 114
3. 데이터 수집 117
   3.1 수집대상 데이터 범주 117
   3.2 수집데이터 정보 120
   3.3 데이터 품질평가 수행 128
4. 데이터 검증 130
   4.1 물질 수지 검증 130
   4.2 에너지 수지 검증 139
5. 데이터 계산 143
   5.1 할당 144
   5.2 단위공정으로 데이터 연결 173
   5.3 기능단위로 데이터 연결 178
   5.4 데이터 통합 185
6. 전과정 목록 작성 186
   6.1 상·하위흐름 데이터 수집 187
   6.2 전과정 목록표 작성 191

Chapter 5 전과정 영향평가 199

1. 개요 200
   1.1 환경부하와 환경영향 201
   1.2 보호 대상 202
   1.3 중간점 영향과 종말점 영향 202

2. 영향범주·범주지표·특성화 모델의 선정 205
2.1 영향범주 207
2.2 범주지표 210
2.3 특성화 모델 213
3. 분류화 217
3.1 영향범주에 목록항목 분류 218
4. 특성화 220
4.1 특성화 적용 사례 222
4.2 특성화 결과 활용 237
5. 정규화 238
5.1 정규화 기준 239
5.2 정규화 적용 사례 246
5.3 정규화 결과 활용 253
6. 그룹화와 가중화 255
6.1 그룹화 255
6.2 가중화 257

Chapter 6 **전과정 해석** **273**

1. 전과정 해석의 절차 275
1.1 환경측면 주요이슈 규명 275
1.2 평가 280
1.3 결론 및 건의 285
1.4 보고 및 정밀검토 286
2. 전과정 해석의 사례 290
2.1 LCA 결과 290
2.2 전과정 해석 292

■ **참고 문헌** **294**
■ **찾아보기** **299**

Chapter 1

전과정사고

(Life Cycle Thinking)

1 환경문제의 대두

1.1 환경문제

뉴욕주립대학의 밀브래스(Lester W. Milbrath) 교수는 저서 "지속가능한 사회로의 상상(Envisioning a Sustainable Society)"에서 지구 환경문제의 심각성을 지적하였다. 지구의 물리적 나이인 46억 년의 역사를 인간 생활의 1년에 해당된다고 가정함으로써, 46억 년을 365일로 나누면, 인간 생활의 1일은 지구 역사의 12,602,240년에, 1분은 8,752년에 해당되게 하였다. 그 결과, 지구상에 단세포 생물이 처음으로 출현한 시점은 인간 생활의 1년 중에 3월에 해당되고, 공룡의 최초 출현은 12월 13일, 포유류는 12월 15일에 최초로 등장하였다. 최초의 인류는 12월 31일 자정 약 5시간 전에 나타났고, 인류의 문명은 12월 31일 자정 1분 전에 발생하였다. 현대 산업발전의 시초라고 할 수 있는 산업혁명은 불과 자정 2초 전에 출현하였다. 지구는 46억 년 동안 수많은 생물 종들이 나타나고 멸종하는 과정을 수없이 반복해왔고, 여러 차례의 지각변동을 겪으면서 현재에 이르렀다(Lester W. M., 1989). 그러나 지구 역사를 인간 생활의 1년 365일로 환산해 보면, 불과 2초라는 짧은 기간에 해당하는 산업혁명 이후의 기간에 지구환경은 파괴되어 예기치 못하는 각종 환경문제가 심각하게 발생되고 있다. 지구환경이 급속도로 파괴되는 이유는 무엇인가? 지구는 홍수, 태풍, 화산폭발 등과 같은 현상을 통해 환경오염물질을 스스로 정화해 왔다. 사람이 어느 정도의 세균이 몸에 침투해도 체내 면역체계에 의해 이를 극복할 수 있는 것과 마찬가지이다. 하지만, 면역체계의 능력을 초과하는 세균이나 바이러스가 몸에 침투하면 각종 질병에 걸리게 되는 것처럼 지구도 자연적으로 정화할 수 있는 능력의 범위 내에서 배출되는 오염물질은 정화할 수 있으나 처리능력 범위를 넘어서는 것은 다 처리하지 못하므로 지구에 축적되고, 이는 지구를 병들게 하는 원인이 된다. 더 편안하고 풍요로운 삶을 살고자 하는 욕구를 만족시키기 위해 많은 자원과 서비스를 이용하며, 이 과정에서 더 많은 양의 오염물질이 배출된다. 대량생산과 대량소비, 대량폐기가 현재 우리의 모습이다. 걸어 다니는 것보다 대중교통을 이용하는 것이 편리하고, 대중교통을 이용하는 것보다 자가용을 이용하는 것이 편리하다. 하지만 걸어 다니는 것보다 대중교통이, 대중교통보다 자가용을 이용하는 것이 오염물질을 많이 배출한다. 같은 대중교통이라고 하더라도 우등버스는 일반버스보다 편안하고 다양한 서비스를 제공하지만, 승객 한 사람당 오염물질 발생량은 많다. 실제로 한국환경산업기술원이 2009년 11월에 금호고속의 고속버스에 대한 탄소성적표지 인증 결과를 보면, 승객 1인이 서울 - 광주 노선의 28인승 우등고속을 편도로 이용할 때 한 사람당 10.1 kg의 이산화탄소가 배출하는 반면에 45인승 일반고속버스를 이용할 때는 한 사람당 6.5 kg의 이산화탄소가 배출된다(KEITI, 2009). 인간이 편리함을 누리는 대가는 바로 환경오염물질 발생량의 증가로 이어지고, 이는 지구를 병들게 하는 원인을 제공한다.

1.2 산업혁명과 환경문제

산업혁명으로 인해 산업화(industrialization)와 인구증가(population growth), 도시화(urbanization), 세계화(globalization)가 급속히 진행되었고, 이는 대량생산과 대량소비, 그리고 그에 따른 대량폐기를 촉진하였다(UNECA, 2017). 그 결과로 현재 지구의 환경문제는 심각한 수준에 이르게 되었다.

1.2.1 산업화

산업화의 사전적 정의는 생산 활동의 분업화와 기계화로 2차 산업 및 3차 산업의 비율이 높아짐에 따른 사회·문화적인 변화라고 되어 있다. 산업혁명으로 인해 가내 수공업 위주의 소량생산에서 대량생산으로 전환되어 고수익을 얻게 되고, 이 소득은 신기술개발에 투자되어 과학기술이 발전하게 되었다. 이에 따른 부작용으로 소득 불균형에 따른 빈곤층의 증가와 무분별한 자원 채취에 따른 자원고갈의 심화, 생태계의 급속한 파괴 등이 수반되었다. 세계은행에 따르면, 산업혁명이 시작된 지 약 100여 년이 지난 1900년도에 전 세계의 총생산이 0.6조 달러이던 것이 1950년에 2.9조 달러로 4.8배가 증가하였고, 1986년에는 13.1조 달러로 1900년 대비 21.8배가 증가하였다. 2007년의 세계 총생산은 65.6조 달러로 1900년 대비 109.3배나 증가하였다. 1900년

이래로 불과 100년 만에 세계 총생산은 약 100배나 증가한 셈이다. 소득의 증가는 소비의 증가로 이어졌고 소비의 증가는 다시 제품 생산량 증가에 따른 원자재와 에너지 소비의 연쇄적인 증가로 이어졌다. 석탄 기준으로 1900년도에 10억 톤이 소비되었지만 1950년에는 30억 톤, 1986년에는 120억 톤으로 1900년 대비 12배가 증가한 것을 보면 알 수 있다.

e-나라지표에 따르면, 우리나라의 1970년에 자동차 등록 대수가 126,000대이던 것이 2000년에 11,163,700대로 증가하여 불과 30년 사이에 약 88배가 증가하고, 2015년에는 20,990,000대로 2000년보다 1.9배가 증가했고, 1970년보다는 무려 167배가 증가하였다. 한국에너지공단의 에너지 온실가스 종합정보에 의하면, 1인당 에너지 소비율은 1970년에 0.61 TOE(Ton of Oil Equivalent)이던 것이 2000년에는 4.00 TOE로 30년 전보다 약 6.0배가 증가하였으며, 2015년에는 5.39 TOE로 2000년에 비해 1.3배가 증가하였고, 1970년에 비해서는 8.8배가 증가하였다.

산업화는 분명 우리 인류의 삶의 방식에 일대 전환기가 되었으며, 그 결과로 우리 인류의 삶의 질이 풍요로워졌다는 점은 틀림없이 긍정적인 측면이다. 반면에 대량생산과 대량소비에 의한 자원고갈이 가속화되어 또 다른 자원 위기를 가져올 수 있다는 점과 대량폐기에 따른 환경오염이 심각해지고 있는 것은 부정적인 측면이다. 코로나 19와 기후변화 같은 뚜렷한 환경파괴의 징후가 나타난 현실에서 산업화는 단순한 성장의 관점만이 아닌 환경과 조화를 이루면서 발전하는 방향으로 나아가지 않으면 안 될 것이다.

1.2.2 인구증가

산업혁명으로 의한 과학기술의 발달은 의료기술의 발전을 가져왔다. 그 결과 여러 국가에서 인간의 평균수명이 80세를 넘어서고 있다. 그림 1-1은 2019년에 UN 인구국과 세계은행에서 발표한 국가별 평균수명 분포도이다. 우리나라와 일본, 캐나다, 호주, 북유럽과 서유럽 일부 국가의 평균수명이 80세를 넘어섰고, 미국과 남미, 중국, 유럽 일부 국가가 75세에서 80세 사이의 평균수명을 가진다. 하지만 사하라사막 이남의 아프리카 국가들은 아직도 55세 미만의 수명을 가진다(UNPD and WB, 2019). 과학기술의 발달은 농업기술의 발달로 이어져서 인간의 영양 상태가 좋아지고 굶주려 사망한 사람이 줄어들어

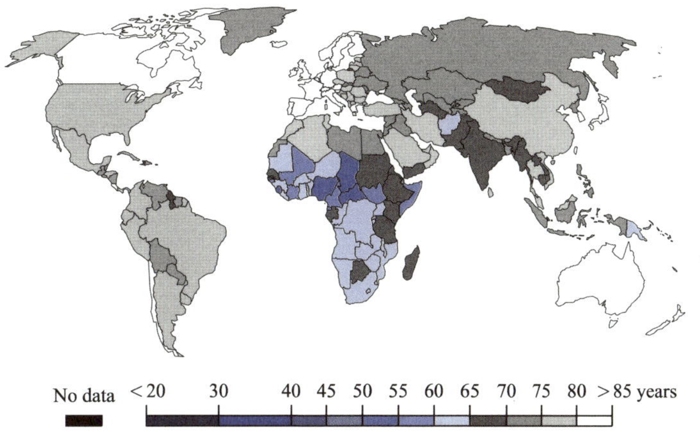

그림 1-1 세계 각국의 평균수명 분포도 [출처] Life Expectancy(2019)

인구증가의 또 다른 원인을 제공하였다. 농업 분야에 일대 전환기를 가져온 계기는 하버 - 보쉬법(Haber-Bosch process)에 의해 암모니아를 대량 합성할 수 있는 기술이 개발되고, 이로 인해 질소비료를 쉽게 제조할 수 있게 되면서부터이다. 질소비료의 공급으로 농업 생산성이 많이 증가하게 되어 일부 국가를 제외하고 대부분이 기아에서 벗어나는 계기가 되었다. 기술사학자인 바츨라프 스밀(Vaclav Smil)은 20세기의 곡물 생산량 증가에 하버 - 보쉬법이 기여한 바가 80%가 넘는다고 설명한 바가 있다(Frank U. and Vaclav S., 2001). 이처럼 과학기술과 농업기술의 발달은 세계 인구가 폭발적으로 증가하는데 직접적인 원인을 제공하였다. 그림 1-2는 2019년에 UN에서 발간한 세계 인구 전망(World Population Prospects)에 대한 그래프이다. 1950년에 세계 인구는 25억 명 정도이었는데 꾸준히 증가하여 2050년에는 95% 인구 예측구간에서 약 94억 명에서 105억 명 수준이 될 거로 전망했다. 불과 100년 사이에 거의 4배가 증가할 것으로 보인다. 이러한 속도로 계속 증가할 때 세계 인구는 2100년에는 109억 명이 될 것으로 예측된다(UN, 2020).

1968년 12월에 세계적으로 저명한 학술지인 사이언스지에 실린 생태학자 하딘(Garrett Hardin)의 '공유지의 비극(The Tragedy of the Commons)'이라는 논문은 인구증가가 인류에게 얼마나 큰 비극을 줄 수 있는지를 가축 방목의 예를 들어서 설명하였다(Garrett H., 1968). 주인은 한정된 공간의 공유지에

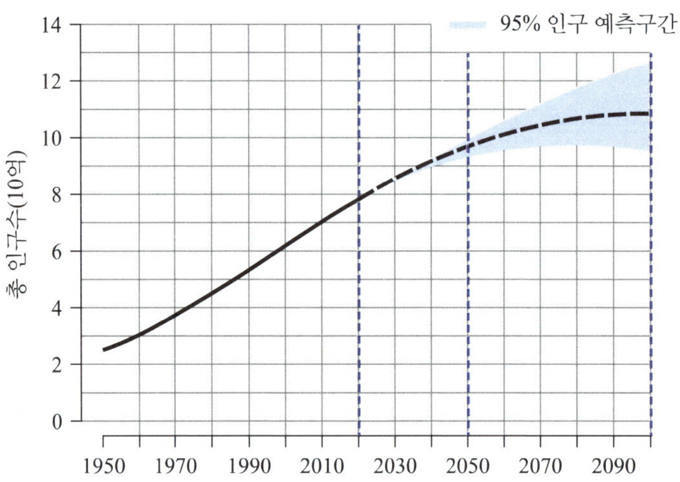

그림 1-2 연도별 세계 인구수 [출처] World Population Prospects(2019)

최대의 소득을 얻겠다는 욕심으로 다수의 가축을 방목하여 공유지에서 풀이 자랄 여유를 주지 않고 개체 수만을 늘린 나머지 결국에는 공유지의 풀은 씨가 말라 더는 자랄 수 없게 되었다. 결국, 주인의 욕심으로 인해 피해는 가축 주인들에게로 돌아간다는 것이다. 여기서 공유지는 지구이고, 목초는 자원을 의미하며, 가축은 인간을 지칭한다. 한정된 자원을 가진 지구에서 급격히 증가하는 인간들이 무분별하게 지구의 자원을 고갈시켜 나가면 언젠가는 자원이 고갈되어 다시는 사용할 수 없어 결국에는 우리 인류가 멸망할 수도 있음을 경고하는 것이다.

1.2.3 도시화

과학기술 발전에 따른 공장 자동화는 가내 수공업에 의존하던 생산패턴을 대량생산으로 전환하는 계기가 되었다. 대량생산은 근로자들의 소득증대로 이어졌고, 돈을 벌기 위해 시골에 살던 주민들이 공장지대로 이주하여 모여 살면서 도시가 형성되었다. 이를 '도시화(urbanization)'라고 부른다. 도시화는 경제성장이라는 긍정적인 면이 있지만, 환경측면에서는 또 다른 환경문제를 일으키는 요인이 될 수 있다. 지구에는 버려진 오염물질을 스스로 정화할 수 있는 자정 능력(carrying capacity)이 있으나, 그 자정 능력에는 한계가 있다.

도시화 이전에는 특정 지역의 인구밀도가 과도하게 높지는 않아서 한 지역에서 버려진 오염물질의 양이 많지 않으므로 지구 자정 능력의 범위 내에서 대부분 정화가 되었다. 도시화가 진행되면서 도시지역을 중심으로 인구밀도가 급격히 높아졌고, 다량의 오염물질이 배출되면서 지구의 자정 능력 범위를 초과하여 지역사회를 오염시키게 되었다. 실제로 UN의 발표에 의하면, 2003년에 세계의 도시인구는 전체 62억 명 중에서 약 30억 명 정도로 도시화의 비율은 약 48%이었고, 2007년에 처음으로 50%대에 이르렀으며, 2018년에는 55%를 돌파하였고, 2050년에는 68%로 증가할 것으로 내다봤다(UN DESA, 2018). 우리나라의 도시화 비율은 1970년에 이미 50%에 가까운 49.8%를 기록했으며, 1980년에 66.7%, 1990년에 79.5%이었고, 2005년에 처음으로 90%를 넘어섰다. 이후 꾸준히 증가하여 2018년 최고점인 91.84%를 기록한 바가 있다. 우리나라 도시화율의 꾸준한 증가추세는 2019년에 처음으로 91.80%로 감소하였으며, 2050년에는 86.4%까지 감소될 것으로 예상된다.

1.2.4 세계화

세계무역기구(World Trade Organization, WTO) 체제가 출범하면서 국가 간 무역장벽이 낮아지고, 산업화에 따른 국가 간 소득 격차도 좁혀지고, 국가 간 소비자의 생활방식과 기호도 유사해지면서 제품과 서비스의 세계화(globalization)가 급물살을 타고 있다. 다국적 기업은 자원이 풍부한 개발도상국 등에서 저렴한 인건비를 활용한 자원개발로 가격경쟁력을 확보하고 이를 토대로 생산한 제품을 세계 시장에 판매함으로써 막대한 부를 얻고 있다. 세계화로 인해 글로벌 무역은 꾸준히 성장하고 있고, 소득이 늘어난 중산층은 소비의 핵심으로 부상하였다. 동시에, 자원이 풍부한 개도국에서는 세계인의 늘어나는 소비를 감당하는데 필요한 막대한 자원이 무분별하게 채취되면서 자원고갈과 더불어 지역 환경의 심각한 피해가 발생되고 있다(Brian R. C 외, 2021). 이렇게 생산된 제품은 그림 1-3과 같이 세계 각지로 유통되어 사용되고, 버려진 폐기물은 해당 국가의 환경오염이 되고 있다(UNCTAD, 2018). 세계화는 시장경제 활성화와 더불어 경제성장의 원동력이 되고 있지만, 소비자가 원하는 제품을 생산하기 위해 세계 각지에서 채굴한 자원을 수입하여 인건비가 저렴한 지역에서 가공한 후에 전 세계로 유통되어 소비됨에 따라 환경영향이 전 세계로 전파되는 원인을 제공하기도 한다.

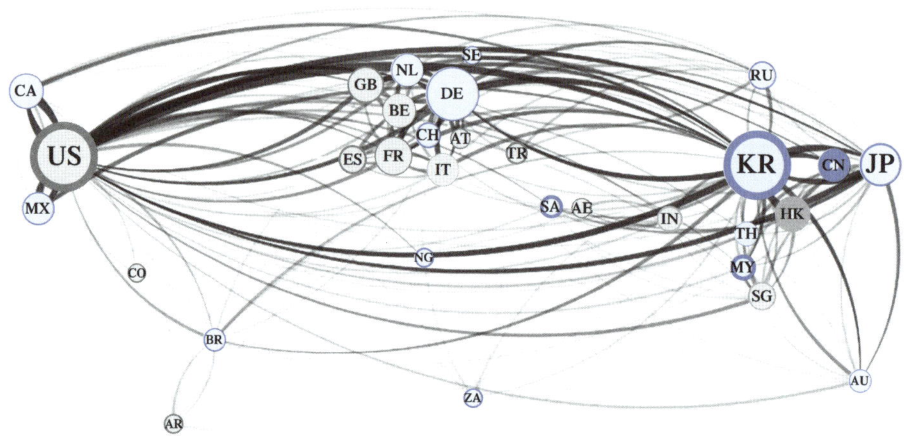

KR(한국), US(미국), JP(일본), DE(독일), GB(영국), CA(캐나다), MX(멕시코), FR(프랑스), BE(벨기에), NL(네덜란드), CN(중국)

그림 1-3 소재와 제품의 세계화
[출처] Key Statistics and Trends in International Trade(UNCTAD, 2018)

2 지속가능한 소비생산

2.1 지속가능한 소비생산 개념

소비자는 재화와 서비스를 소비하고 생산자는 소비자의 요구에 맞게 재화와 서비스를 생산한다. 소득이 증가하면서 소비와 생산은 점차 지속가능하지 않는 패턴으로 전환되어 왔고, 이로 인해 환경피해가 심각해지고 있다. 미국 예일대학교의 Marian R. Chertow 교수는 2008년에 Journal of Industrial Ecology에 발표한 'The IPAT Equation and Its Variants' 논문에서 생산과 소비의 연계를 통해 환경영향이 어떻게 발생하는지를 설명하였다. 식 (1-1)은

IPAT 관계식이다. 여기서 'I'는 환경영향(environmental impact)을 의미하고, 'P'는 인구수(population), 'A'는 물질의 풍요도(affluence)로 한 사람의 물질 소비량을 나타낸다. 일반적으로 소비량은 생산량과 거의 일치하므로 'A'는 물질 생산량으로도 해석할 수 있다. 'T'는 환경기술 수준에 의해 제품의 한 단위당 발생하는 환경부하량(technology)으로, 환경기술 수준이 우수하면 한 단위당 환경부하량이 줄어들고, 환경기술 수준이 낙후되면 환경부하량이 늘어날 것이다. 따라서 'T'의 역수는 제품 생산과 연계된 환경기술의 수준을 의미한다. 즉, 식 (1-1)은 인구수(P)와 1인당 소비량(A), 제품 한 단위당 환경부하(T)를 곱하면 총환경영향이 된다는 것을 의미한다. 여기서 인구수(P)와 1인당 소비량(A)의 곱은 총소비이며, 환경영향은 총소비(P · A)와 제품 한 단위당 환경부하(T)의 함수로 나타낼 수 있다.

$$
\begin{aligned}
\text{환경영향(I)} &= \text{인구수(P)} \times \text{1인당 소비 규모(A)} \times \text{원 단위당 환경부하(T)} \\
&= \text{총소비(P} \cdot \text{A)} \times \text{원 단위당 환경부하(T)}
\end{aligned}
\tag{1-1}
$$

식 (1-1)에서 환경영향을 줄이기 위해서는 3대 변수인 인구수(P)를 줄이거나 1인당 소비량(A)을 낮추거나, 환경기술을 발전시켜 제품 한 단위당 환경부하(T)를 낮춰야 한다. 소비를 줄이는 주체는 소비자이며, 제품 한 단위당 환경부하를 낮추는 주체는 생산자이다. 따라서 환경영향을 일으키는 주체는 생산자와 소비자이며, 환경영향을 줄이는 주체도 생산자와 소비자라고 할 수 있다. 즉, 환경영향은 생산과 소비라는 변수의 곱에 의해 결정되는 함수라고 할 수 있다.

국제사회는 지구에 미치는 총환경영향을 줄이기 위하여 환경영향을 일으키는 변수들인 생산과 소비구조를 지속가능한 패턴으로 전환해야 한다고 주장한다. 이런 배경 속에 나오게 된 지속가능한 소비생산(Sustainable Consumption and Production, SCP) 개념은 1992년 6월에 브라질 리오데자네이로에서 개최된 환경과 개발에 관한 유엔 회의(United Nations conference on environment and development, UNCED)에서 채택된 지속가능한 발전(sustainable development)을 실현하기 위한 글로벌 행동계획인 의제 21(agenda 21)의 제4장(소비패턴의 변화)에서 "지속가능하지 않는 소비패턴을 생산과 소비의 지속가능한 패턴으로 전환해야 한다."라고 언급한 것에서 출발한다. 1994년 오슬로 심포지엄에서는 SCP를 "사람들의 기본욕구와 삶의 질을 높이는 동시에 미래세대의 욕구를 위태롭지 않도록 제품과 서비스의 전과정에서 천연자원과 독성물질의 사용을 줄이고 폐기물과 오염물질의 발생을 감소시킨 제품과 서비스를 사용하는 것"이라고 정의하였다(조을생 등, 2014). SCP의 추진 목적은 "우리 사회에서 경제발전은 반드시 환경파괴를 수반한다라는 원칙을 깨기 위함"이며 지금까지는 경제성장과 환경파괴가 비례관계였지만 SCP를 통해서 경제성장을 하더라도 환경파괴를 하지 않도록 해야 한다는 것이다. SCP에 필요한 지속가능한 자원관리(sustainable resource management)를 위해서는 생산·소비하는 제품과 서비스의 전과정인 자원 채취와 생산, 사용, 폐기 등의 과정에서 자원효율을 높이고 환경오염을 줄이는 전과정사고(life cycle thinking)의 개념이 도입되어야 할 것이다.

2.2 UN SDGs

지속가능한 발전은 미래세대의 필요를 훼손시키지 않으면서 오늘의 필요를 충족시키는 개념으로 사회와 경제발전에 더하여 환경보호를 함께 이루는 미래지향적인 발전을 의미한다. 이를 달성하기 위하여 UN은 회원국들과 합의하여 공동의 발전목표로 유엔 새천년개발목표(UN millennium development goals, UN MDGs)와 유엔 지속가능발전목표(UN sustainable development goals, UN SDGs)를 수립하였다. 표 1-1과 같이 UN MDGs는 2000년 9월에 UN 본부에서 개최된 UN 새천년 정상회의(millennium summit)에서 채택된 빈곤타파에 관한 범세계적인 의제로 2015년까지 전 세계의 빈곤을 절반으로 줄이고 모든 아동에게 초등교육의 혜택을 부여하며 남녀차별을 철폐하며 안전한 식수와 위생환경에 접근할 수 없는 인구를 절반으로 줄이는 등 8대 의제와 21대 세부목표를 제시하였다. MDGs는 개발도상국의 빈곤, 의료, 교육 등 인간개발의 기초적인 목표들에 한정하여 자원을 집중시키고자 해서 모든 회원국의 협조를 얻지 못한 한계가 있었다(문도운, 2014).

2016년부터 2030년까지 이행되는 SDGs는 MDGs의 한정된 목표로 인해 소외된 국제사회의 공통 관심사인 불평등, 인권, 양질의 일자리, 기후변화와 같은 글로벌 환경문제 등을 논의 범주에 넣고 모든 이해관계자가 참여한 가운데 목표이행의 범위도 확장하여 17대 목표와 169개의 세부목표를 제시하였다(표 1-1 참조). 그림 1-4는 SDGs의 17대 목표를 도식화한 것이다.

표 1-1 MDGs와 SDGs의 비교

구분	MDGs(2001~2015)	SDGs(2016~2030)
구성	8대 목표와 21대 세부목표	17대 목표와 169개 세부목표
대상	개발도상국	개발도상국 중심이지만 선진국도 대상
분야	사회 분야(빈곤, 의료, 교육 등)	인류 공통의 목표인 경제성장, 기후변화 등 경제와 사회, 환경 이슈의 통합
참여	정부 주도	정부와 시민단체, 민간기업 등 모든 이해관계자가 참여

그림 1-4 17대 지속가능발전목표(SDGs)

표 1-2는 SDGs의 17대 목표 중 12번째로 제시된 '책임 있는 소비생산(responsible consumption and production)' 목표에서 SCP와 관련하여 우리 인류가 2030년까지 달성해야 할 8대 세부목표를 보여주고 있다. 지속가능한 자원관리에 의한 천연자원의 효율적 사용과 소비패턴의 전환에 따라 음식물 쓰레기 감소와 식품 공급망에서의 음식물 손실 최소화, 화학물질의 안전한 사용과 폐기물의 전과정 관리를 통해 환경영향 최소화, 3R(reduce, reuse, recycle)에 따른 폐기물 발생량 감소, 기업들의 투명한 환경정보 공개, 지속가능 공공조달(sustainable public procurement, SPP)의 시행, 지속가능 소비생산에 대한 시민 의식 고취 등이 포함되어 있다. SDGs에는 기업의 역할과 정부의 역할, 시민사회의 역할 등도 포함되어 있는데, SCP를 위해서는 정부뿐만 아니라 기업, 시민사회가 함께 움직여야 한다는 것을 강조하고 있다.

표 1-2 SDGs의 12번째 목표인 '책임 있는 소비생산'에 대한 8대 세부목표

Goal	8대 세부목표
1	선진국 주도로 지속가능한 소비생산 패턴에 관한 10개년 계획을 모든 국가가 이행
2	2030년까지 천연자원의 지속가능한 관리와 효율적 사용을 달성
3	2030년까지 유통 및 소비자 수준에서 전 세계 인구 1인당 음식물쓰레기 발생량을 절반으로 줄이고 출하 후 손실을 포함한 식품의 생산과 공급망에서 발생하는 식품 손실을 감소
4	2020년까지 국제사회에서 합의된 체계에 근거하여 화학물질 및 모든 폐기물을 전과정에서 친환경적으로 관리하며, 인간의 건강과 환경에 미치는 부정적 영향을 최소화하기 위해 대기, 물, 토양으로의 배출물 현저히 줄임
5	2030년까지 예방, 감축, 재활용 및 재사용을 통해 폐기물 발생을 상당히 감소
6	기업이 지속가능한 실천계획을 채택하고 보고 주기에 지속가능한 정보를 통합시킬 것을 장려
7	국가정책 및 우선순위에 따라 지속가능한 공공조달 시행을 촉진
8	2030년까지 모든 사람이 자연과 조화를 이루는 지속가능한 발전 및 생활양식에 대한 적절한 정보와 인식을 갖도록 보장
8-1	개발도상국이 보다 지속가능한 소비생산패턴으로 나아가기 위한 과학적, 기술적 역량을 강화하도록 지원
8-2	일자리를 창출하고 지역 문화와 특산품을 알리는 지속가능한 관광으로 인한 지속가능발전 영향을 모니터링하기 위한 수단을 개발하고 이행
8-3	개발도상국의 특수한 필요와 여건을 충분히 고려하고 빈곤층 및 영향을 받는 공동체를 보호하는 방식으로 개발도상국의 발전에 미칠 부정적 영향을 최소화하면서, 보조금의 환경적 영향을 반영하도록 세제 개혁이나 환경유해 보조금의 단계적 폐지 등의 방법으로 국가별 상황에 따라 시장 왜곡을 제거함으로써 낭비성 소비를 조장하는 비효율적 화석연료 보조금을 합리화

2.3 파리기후협정과 탄소중립

파리기후협정은 2015년 12월에 프랑스 파리에서 개최된 제21차 UN 기후변화협약(UN Framework Convention Climate Change, UNFCCC) 당사국 총회(Conference of the Parties, COP) 본회의[1)]에서 채택하였으며, 2016년 11월에 공식 발효되었다. 1997년에 일본 교토에서 회원국 간에 맺은 교토의정서를 18년 만에 대체한 신기후체제로 이 협정에 서명한 195개 회원국은 지구 평균온도 상승폭을 산업화 이전 대비 2℃ 아래로 유지하되, 1.5℃를 넘지 않도록 노력하기로 했으며, 모든 회원국은 2020년 12월까지 2050 장기저탄소발전전략(long-term low greenhouse gas emission development strategies, LEDS)을 제출하기로 했다.

2018년 10월 인천 송도에서 개최된 제48차 기후변화에 관한 정부간 협의체(Intergovernmental Panel on Climate Change, IPCC) 총회에서는 파리기후협정에서 합의된 지구온난화 1.5℃ 목표에 대한 과학적 근거를 마련한 '지구온난화 1.5℃ 특별보고서(special report on global warming of 1.5℃)를 만장일치로 채택하였다. 이 특별보고서는 2100년까지 지구 온도 상승 폭을 1.5℃ 이내로 제한하기 위해서는 2010년 대비 CO_2 배출량을 2030년까지 최소 45%를 감축해야 하고, 2050년까지 순 제로(net-zero) 배출을 달성해야 한다고 제시하였다(Heleen D. C. and Aromar R., 2018).

파리기후협정에서 제시된 온실가스 감축 목표의 달성 및 시급한 기후변화 대응을 위한 각국의 대응 의지를 다지고자 2019년 9월에 UN 본부에서 개최된 유엔기후정상회의(UN Climate Action Summit 2019)의 결과인 2050 탄소중립 목표 기후동맹(Climate Ambition Alliance: Net Zero 2050)에 121개 회원국이 참여하면서 탄소중립(carbon neutral)이 글로벌 의제로 부상했다. IPCC는 탄소중립은 이산화탄소의 순 배출을 제로화시키는 것이고, 기후중립은 이산화탄소를 포함한 메탄(CH_4), 아산화질소(N_2O) 등 모든 온실가스의 순 배출을 제로화시키는 것이라고 설명하고 있다.

EU는 2019년 12월에 2050년 기후중립(climate neutral) 목표를 달성하기

1) 제21차 UN 기후변화협약(UNFCCC) 당사국 총회(COP)를 COP21이라고 부른다.

위한 저탄소 발전전략으로 그린딜을 제시하였다. UN 회원국들은 2020년 말까지 UN에 제출해야 할 LEDS의 시한이 임박해 지면서 탄소중립을 선언하기에 이르렀으며, 우리나라도 2020년 12월에 탄소중립을 선언한 바 있다.

3 환경경영과 ISO 14000시리즈

3.1 환경관리와 환경경영

환경관리와 환경경영이라는 용어는 거의 같은 개념으로 인식되어왔다. 실례로 2009년까지 존재하였던 우리나라 환경부 산하기관인 환경관리공단의 영문 명칭으로 Environmental Management Corporation을 사용하였다. 1993년에 국제표준화기구(International Organization for Standardization, ISO)에서 ISO 14000시리즈로 환경경영에 대한 표준화 작업이 진행되면서 환경경영에 대한 명확한 정의가 제시되었다.

환경관리는 생산과정에서 필연적으로 발생하는 폐기물과 대기 및 수계배출물들이 인간과 생태계에 영향을 덜 미치게 하도록 적절하게 처리하는 활동으로, 결과론적인 사후처리(end-of-pipe treatment) 개념의 접근법이라 할 수 있다. 반면에, 환경경영은 기업에서 발생하는 폐기물과 오염물을 어떤 방식을 활용하여 최소화할 것인가에 대한 것으로 원인론적인 시각에서 오염물질의 발생 원인을 찾아서 줄임으로써 오염물질의 발생량을 줄이는 사전 오염 예방(pollution prevention) 개념의 접근법이다.

그림 1-5와 같이 일반적으로 기업이 생산공정에 대한 환경관리를 위해서는 비용이 소요되어 부담스러우므로, 법 위반을 하지 않는 범위 내에서 최소한의 처리만 하는 다분히 소극적이고 수동적인 자세를 취하는 경향이 있다. 하지만 기업이 환경경영 관점에서 환경이슈를 오염 예방적으로 전환하면, 생산공정 효율을 높임으로써 원료 및 에너지 사용량과 관련된 비용을 줄이는 동시에, 폐기물과 오염물질의 배출량을 줄일 수 있게 된다. 환경경영의 표준인 ISO

14000시리즈의 제정으로 기업이 환경을 바라보는 시각을 사후적인 환경관리에서 사전적인 환경경영으로 확대하여 사업장의 환경관리는 물론 친환경제품의 생산과 사용을 위한 노력이 매우 중요하게 되었다.

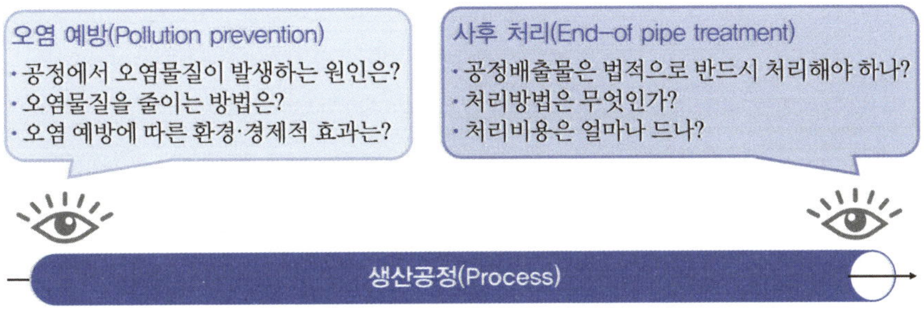

그림 1-5 환경관리와 환경경영의 시각 차이

3.2 환경경영 국제표준화

1992년 브라질 리오데자네이로에서 개최된 지속가능한 발전을 위한 지구정상회담에 ISO와 국제전기기술위원회(International Electrotechnical Commi-ssion, IEC[2])는 국제표준 지원기관 자격으로 참여하였다. 당시 본 회담을 주최한 유엔환경개발회의(UNCED)는 지속가능발전기업협의회(Business Council for Sustainable Development, BCSD)에 국제사회가 지속가능한 활동에 대한 성과를 같은 방식으로 측정하고 수행할 수 있도록 관련 국제표준의 제정을 요청하였다. BCSD는 ISO 및 IEC와 협의하여 기업 차원에서 환경측면의 지속가능성을 지원할 수 있는 국제표준을 개발하기로 하였다. ISO와 IEC는 1993년에 기술이사회를 개최하여 환경측면의 지속가능성에 관한 국제표준을 제정하기 위한 독립적인 기술위원회(Technical Committee, TC)로 ISO TC 207을 별도로 조직하고, 이를 환경경영 기술위원회라 명명하였고 표준문서 번호를 ISO 14000시리즈로 배정하였다.

2) IEC(International Electrotechnical Commission, 국제전기기술위원회)는 전기, 전자, 통신, 원자력 등의 분야에서 각국의 규격·표준의 조정을 행하는 국제기구이다.

1993년에 결성된 ISO TC 207은 환경경영에 대한 국제표준의 제정을 위해 5개의 실무 분과위원회(Sub-Committee, SC)와 용어 정의를 조정하기 위한 용어 조정반(Terminology Coordination Group, TCG)을 6번째 분과위원회로 두어 총 6개의 분과위원회를 가진 조직으로 구성되었다.

제1 분과위원회(SC1)는 기업이 환경경영을 적합하게 수행할 수 있는 체계를 갖추고 있는지를 인증하는 환경경영시스템(Environmental Management System, EMS) 표준을 개발하고, 제2 분과위원회(SC2)는 기업의 환경경영 활동을 적합하게 수행하는지를 감사하고 관련 연구를 수행(Environmental Audit and related environmental investigations, EA)하는 표준을 개발하였다. 제3 분과위원회(SC3)는 환경경영 활동을 수행하는 기업에서 생산한 제품의 환경성과 관련된 정보를 심사하고 공개하는 표준인 에코라벨링(Environmental Labelling, EL)을 개발하며, 제4 분과위원회(SC4)는 기업의 환경경영 성과를 측정·평가하는 것과 관련된 표준(Environmental Performance Evaluation, EPE)을 개발하였다. 제5 분과위원회(SC5)는 기업이 생산하는 제품의 생산 및 사용, 폐기 등의 전과정에서 발생하는 환경영향을 정량적으로 산정하고 평가하는 전과정평가(Life Cycle Assessment, LCA) 기법에 대한 표준을 개발하였다.

이후, 2007년 중국 베이징에서 개최된 ISO TC 207회의에서는 기후변화 대응을 위해 온실가스의 산정 및 검증, 모니터링에 대한 국제표준 제정에 대한 필요성을 인식하고 7번째 분과위원회(SC7)인 '온실가스 관리와 관련 활동(Greenhouse Gas Management and related activities, GGM)'을 구성하면서 현재와 같은 7개의 분과위원회의 조직체계가 마련되었다. 그림 1-6은 7개 분과위원회의 성격을 조직경영과 제품개발로 구분하여 보여주고 있다. SC1과 SC2, SC4는 환경경영과 관련된 조직경영 상에서 필요한 표준을 개발하고, SC3와 SC5는 환경경영의 산물로 생산된 제품의 환경성을 심사하고 평가하는 표준을 개발하며, SC7은 기후변화에 특화되어 조직경영과 제품평가 및 심사에 관한 모든 표준을 개발하고 있다.

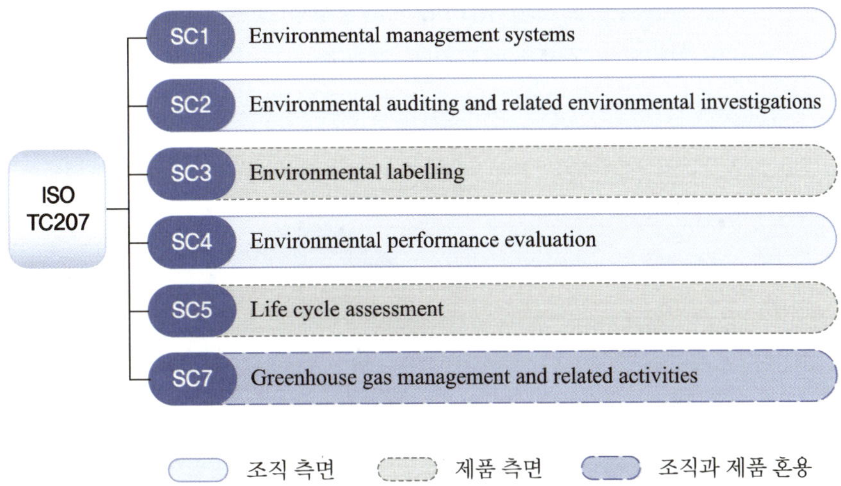

그림 1-6 ISO TC207의 분과위원회별 명칭

3.3 환경경영 표준

3.3.1 PDCA에 의한 분류

환경경영은 전통적인 기업경영 방식에 환경적인 측면을 접목하여 이윤 창출과 함께 환경성을 고려하여 개선하고자 하는 경영방식이다. 환경경영은 기존의 일반적인 경영방식과 같이 PDCA(Plan-Do-Check-Act) 사이클에 의해 운영된다. PDCA는 새로운 프로젝트에 대한 계획을 수립(plan)하고 계획에 따라 프로젝트를 수행(do)하고 나서 수행 결과에 대한 문제점을 검토(check)한 후에 이를 보완하여 추진(act)하는 일련의 과정이다. 그림 1-7은 ISO TC207에서 표준화하는 환경경영 도구들이 PDCA 사이클에서 어떤 단계와 관련성이 있는지를 나타낸다. EMS는 원에 표시된 전체 PDCA 사이클에 해당하며, LCA는 기업이 환경경영을 위한 계획수립(plan) 과정에서 환경측면에서 어떤 부분을 개선해야 하는지를 파악하는데 활용될 수 있다. EL은 기업의 환경경영 이행(do)의 결과로 얻은 제품의 환경적 우수성을 주장하는 도구이고, 환경보고서(Environmental Report, ER)는 기업의 환경경영 수행 결과를 공개하는

데 활용되는 도구이다. EPE는 환경경영 수행실적이 목표대비 달성 정도가 어느 정도인지 검토(check)하는 체계적인 과정으로 PDCA의 검토단계에 해당한다.

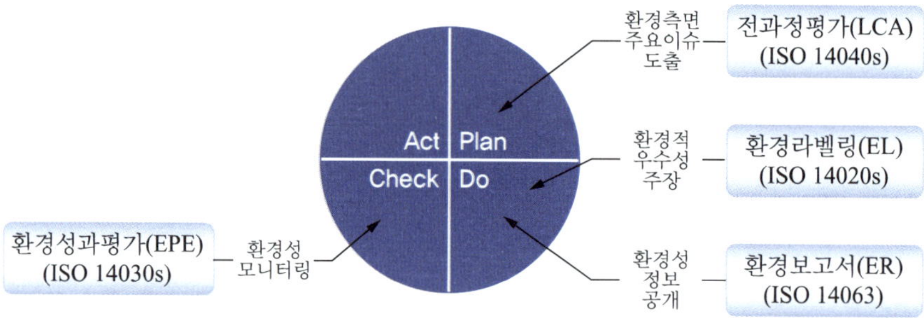

그림 1-7 환경경영 도구들의 관계(I)

3.3.2 목적에 의한 분류

기업은 환경경영을 도입하여 친환경제품 및 친환경 활동으로 자원 및 에너지 절감, 폐기비용 절감 등을 통해 비용을 감소시키고, 환경라벨이나 환경보고서의 형태로 환경성 정보를 고객에게 알려 기업의 친환경 이미지를 높이고, 궁극적으로는 기업 가치를 올리고자 한다. 그림 1-8은 기업이 환경경영을 도입하는 과정에서 필요한 도구들 사이의 관계를 ISO TC 207의 골격 속에서 나타낸 것이다. EMS는 기업이 환경경영을 이행하기 위한 기초 기반을 준비하는 단계로 건축물의 기초공사에 해당한다. 환경경영 활동을 진단하고 감시하고, 평가하는 도구로 LCA와 EA, EPE가 있는데, 이들은 기업 또는 제품의 환경경영 성과를 높이는데 활용되는 지원 도구들로 건축물의 기둥 역할을 한다. EL과 ER은 환경경영 활동의 성과를 활용하는 도구로 건축의 지붕 역할을 한다고 할 수 있다.

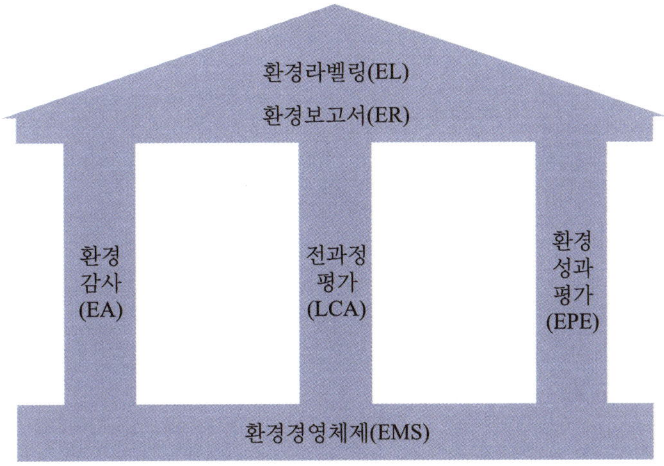

그림 1-8 환경경영 도구들의 관계(II)

3.3.3 범위와 용도에 따른 분류

환경경영 도구들은 적용하는 범위와 용도에 따라 그림 1-9와 같이 분류할 수 있다. 적용 범위에 따라 분류하면, 조직 차원에서 활용하는 도구와 제품 차원에서 활용하는 도구로 구분한다. 용도에 따라 분류하면, 인증 및 심사규격과 심사에 필요한 기술 및 평가규격으로 구분한다. SC1과 SC2에서 개발한 EMS 표준들과 EA 표준들은 1사분면에 해당하는 조직 차원에서 인증 및 심사를 담당하는 영역에 속한다. SC3에서 개발되는 EL 표준들은 2사분면인 제품에 대한 인증 및 심사를 위한 영역에 포함된다. SC5에서 개발한 LCA와 관련된 표준들은 제품에 관한 기술 및 평가를 위한 것으로 3사분면에 분류된다. 4사분면에는 조직에 관한 기술과 평가를 위한 목적으로 개발된 EPE 표준들이 포함된다. 이외에, ISO 14067은 제품의 탄소발자국에 대한 정량화를 목적으로 제정되었기에 제품 생산공정에 관한 평가를 위한 표준에 포함되며, 조직에 대한 에코디자인을 위한 규격인 ISO 14006은 조직과 제품에 대한 인증 및 심사를 위한 규격으로 1사분면과 2사분면에 다 해당된다고 할 수 있다.

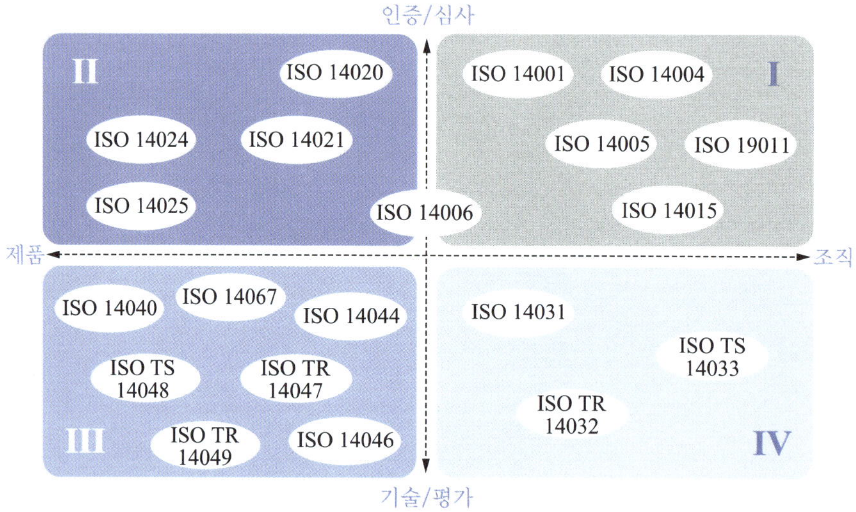

그림 1-9 환경경영 도구의 범위와 용도에 따른 분류

3.4 전과정평가 관련 표준

표 1-3은 LCA와 관련된 총 16개의 ISO 표준과 기술보고서(Technical Report, TR)들을 보여주고 있다. LCA와 관련된 표준은 주로 ISO TC207의 SC5에서 담당하고 있다. 현재까지 SC 5에서 개발한 표준들은 10개이다. 이외에도, TC 207의 SC 7은 제품의 탄소발자국을 산정하는 표준인 ISO 14067을 추가로 개발하였으며, 철강 제품의 전과정을 고려한 환경성을 평가하는 방법인 ISO 20915가 철강기술에 대한 국제표준을 제정하는 ISO TC 17에서 발표되었고, 지속가능 건축에 대한 표준을 다루는 ISO TC59에서 2017년에 건물의 사용과정에서 발생한 탄소발자국을 산정하고 공개하는 절차와 요건을 규정한 ISO 16745를 제정한 바가 있다. 플라스틱으로 인한 환경피해를 방지하기 위해 개발된 바이오기반 플라스틱(bio-based plastics)에 대한 탄소발자국 및 환경발자국을 산정할 수 있는 절차와 요건을 규정한 표준으로 TC 61에서 ISO 22526-1, ISO 22526-3을 2020년에 제정하였고, 전자매체의 전과정에서의 탄소발자국을 산정하고 공개하는 절차와 요건을 규정하는 ISO 20294가

TC130에서 2018년에 개발되었다.

표 1-3에 제시한 16개 표준 중에서 LCA에 대한 기본원칙과 기본골격을 제시한 표준은 ISO 14040이고, ISO 14040에 따라 LCA를 수행하는 단계별 요건, 절차를 제시한 표준으로 ISO 14044가 있다. UN 및 EU를 포함한 각국에서 개발된 LCA 방법론은 ISO 14040 및 ISO 14044의 요건을 따르고 있으며, 우리나라의 환경성적표지 인증을 위한 산정지침도 ISO 14040 및 ISO 14044의 요건 및 절차를 준수하고 있다. TR 및 기술설명서(Technical Specification, TS)의 유형으로 개발된 ISO TR 14047 및 ISO TS 14048, ISO TR 14049는 ISO 14044에서 다루지 못한 기술적인 내용을 상세히 설명하는 목적으로 개발되었다. ISO 14046 및 ISO TR 14073은 LCA 방법론을 활용하여 수자원고갈 영향 및 폐수에 따른 부영양화를 평가하는 절차와 요건을 다루는 물발자국 표준 및 예시를 별도로 다루고 있다. ISO 14045는 제품에 대한 환경성평가 결과와 경제적 성과를 통합한 에코 효율성(eco-efficiency)에 대한 표준으로, 에코 효율성 측정을 위해 필요한 환경성평가는 LCA를 따르도록 하고 있다.

표 1-3 전과정평가 관련 국제표준 목록 및 주요 내용

분류	표준번호	표준명칭	주요 내용
SC5	ISO 14040	Environmental management - Life cycle assessment - Principles and framework	• 전과정평가의 기본원칙을 제시
SC5	ISO 14044	Environmental management - Life cycle assessment - Requirements and guidelines	• 전과정평가의 절차와 요건을 제시
SC5	ISO 14045	Environmental management - Eco-efficiency assessment of product systems - Principles, requirements and guidelines	• 에코 효율성의 원칙과 절차, 요건을 제시
SC5	ISO 14046	Environmental management - Water footprint - Principles, requirements and guidelines	• 물발자국에 대한 원칙과 절차, 요건을 제시
SC5	ISO TR 14047	Environmental management - Life cycle assessment - Illustrative examples on how to apply ISO 14044 to impact assessment situations	• ISO 14044의 LCIA에 대한 예시를 제시한 기술보고서

SC5	ISO TS 14048	Environmental management - Life cycle assessment - Data documentation format	• 전과정평가를 위한 데이터의 문서작성 방법 제시
SC5	ISO TR 14049	Environmental management - Life cycle assessment - Illustrative examples on how to apply ISO 14044 to goal and scope definition and inventory analysis	• ISO 14044의 목적 및 범위정의, 목록분석에 대한 예시를 제시한 기술보고서
SC5	ISO TS 14071	Environmental management - Life cycle assessment - Critical review processes and reviewer competencies: Additional requirements and guidelines to ISO 14044:2006	• ISO 14044에서 정밀검토에 대한 절차와 정밀검토자의 자격요건을 제시
SC5	ISO TS 14072	Environmental management - Life cycle assessment - Requirements and guidelines for organizational life cycle assessment	• 조직 차원의 전과정평가를 위한 요건과 절차를 제시
SC5	ISO TR 14073	Environmental management - Water footprint - Illustrative examples on how to apply ISO 14046	• ISO 14046에 대한 예시를 제시
SC7	ISO 14067	Greenhouse gases - Carbon footprint of products - Requirements and guidelines for quantification	• 제품 전과정의 탄소배출량 산정 및 커뮤니케이션에 대한 요건 및 절차를 제시
TC17	ISO 20915	Life cycle inventory calculation methodology for steel products	• 철강 제품의 전과정 단계별 전과정 목록 작성을 위한 요건 및 절차를 제시
TC59	ISO 16745	Sustainability in buildings and civil engineering works - Carbon metric of an existing building during use stage - Part 1: Calculation, reporting and communication	• 건축물의 사용단계에서의 탄소발자국을 산정하고 공개하는 절차와 요건을 제시
TC130	ISO 20294	Graphic technology - Quantification and communication for calculating the carbon footprint of e-media	• 전자매체의 전과정 동안 탄소발자국을 산정하고 공개하는 절차와 요건을 제시

TC61	ISO 22526-1	Plastics - Carbon and environmental footprint of bio-based plastics - Part 1: General principles	• 바이오기반 플라스틱의 탄소함량 측정 및 이를 활용한 온실가스 흡수량 산정, 환경발자국 산정 등의 절차 및 요건을 제시
	ISO 22526-3	Plastics - Carbon and environmental footprint of bio-based plastics - Part 1: Process carbon footprint, requirements and guidelines for quantification	

4 전과정사고

4.1 전과정

인간의 일생이 태어나서 유아기와 청소년기, 장년기, 노년기를 거치면서 사망에 이르는 것이라면, 제품의 전과정(life cycle)은 자연에서 자원을 채취한 후에 이를 가공하여 소재와 부품을 생산하고, 부품을 조립하여 제품을 제조하며, 다 사용한 제품은 폐기되어 자연으로 돌아가는 일련의 과정이라고 할 수 있다. 그림 1-10은 제품의 전과정을 단계별로 구분한 것이다. 지구에서 자원을 채취해서 소재를 생산해서 제품을 제조하는 공장으로 수송하는 단계까지를 제품 제조전단계(pre-manufacturing stage)라 한다. 제품 제조전단계는 연구의 목적에 따라 원료 채취단계와 제조전단계로 구분하기도 한다. 제품 제조단계(manufacturing stage)는 소재 또는 부품을 활용하여 제품을 제조한 후에 매장 또는 물류창고로 유통하는 과정을 포함한다. 제품 사용단계(use stage)는 제품을 구매하여 사용하는 과정이며, 제품 폐기단계(end-of life stage)는 버려진 폐기물을 재활용한 후에 재활용되지 않는 폐기물을 소각 또는 매립하는 과정을 포함한다. 이처럼, 원료를 자연에서 채취하는 과정에서부터 최종적으로 폐기물을 소각 또는 매립하여 자연으로 돌아가는 일련의 모형을 제품의 전과정흐름도(life cycle flowchart)라고 한다. 그림 1-10은 전과정단계를 4개로 구분하였지만, 제조전단계를 원료 채취단계, 소재 생산단계, 부품 생산단계 등으로 세분화할 수 있다. 또한, 제조전단계에 부품을 제품 제조단계로 수송하는 것이 포함되었고, 생산한 제품을 창고 또는 상점으로 유통하는 과정은 제품 제조단계에 포함되었지만, 수송 및 유통 과정을 별도의 전과정단계로 세분화할 수도 있다. 전과정단계를 세분화하는 정도는 연구의 목적에 따라 달라질 수 있다.

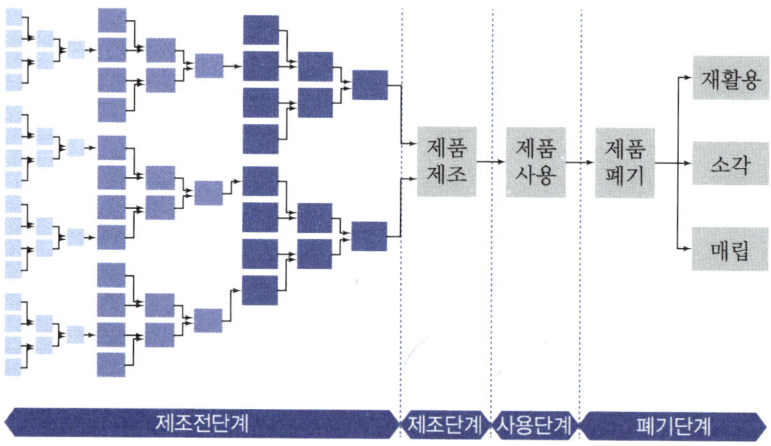

그림 1-10 제품의 전과정흐름도

4.2 전과정사고

전과정사고(Life Cycle Thinking, LCT)는 제품과 관련된 전과정 모든 단계를 포함하고, 다양한 환경이슈를 동시에 고려한다는 두 가지 특성이 있다. 이해를 돕기 위해 내연기관 자동차와 전기자동차, 수소자동차를 예를 들어서 전과정사고를 설명한다.

최근 기후변화 대응을 위해서 온실가스 배출량을 감축해야 하므로 기존 내연기관 자동차를 전기자동차 또는 수소자동차와 같은 친환경 자동차로 전환하는 활동들이 활발하게 추진되고 있다. 내연기관 자동차는 주행 중에 연료를 연소하므로 다량의 온실가스를 배출하는 반면에 전기자동차와 수소자동차는 주행 중에 온실가스를 전혀 배출하지 않는다. 과연 전기자동차와 수소자동차는 온실가스를 전혀 배출하지 않는가? 이를 알아보기 위해 전기자동차와 수소자동차의 전과정단계를 고려하여 보자. 전기자동차는 전기를 배터리에 충전시킨 후에 이를 활용하여 주행하며, 수소자동차는 자동차에 탑재된 연료전지에 수소를 주입한 후에 주행 중에 연료전지에서 수소를 활용하여 전기를 생산하고 이를 활용하여 주행한다. 즉, 전기자동차와 수소자동차는 주입하는 에너지원이 다를 뿐이지 자동차를 움직이는 동력원은 전기이다. 전기자동차와 수소자동차는 전기와 수소가 없다면 주행할 수가 없으므로 전기와 수소를 생산하는 과정에서 발생되는 온실가스 배출량은 반드시 고려되어야 한다. 일반적으로, 전기는 발전소에서 다량의 온실가스를 배출하면서 발전되므로, 발전과정에서 발생하는 온실가스는 전기자동차와 관련된 온실가스 배출량에 포함되어야 한다. 수소는 석유화학 원료인 납사를 스팀으로 분해하는 방식과 물을 전기분해하는 방식 등 다양한 방식으로 생산될 수 있다. 일반적으로, 수소를 생산하는 과정에서도 온실가스가 발생되므로 수소생산과정에서 발생하는 온실가스도 수소자동차의 배출량에 포함되어야 한다. 표 1-4와 같이 자동차의 주행과정만 보면 전기자동차와 수소자동차에서 온실가스가 발생되지 않는 것처럼 보이지만, 자동차에 필요한 연료생산과정을 포함한 전과정으로 확장하면 온실가스가 발생하는 것을 알 수 있다.

표 1-4 자동차 종류별 온실가스 배출범위

	온실가스 배출		
	주행과정(a)	연료생산과정(b)	전과정($a+b$)
내연기관 자동차	○	○	○
전기/수소자동차		○	○

전과정사고의 특성 중 두 번째인 다양한 환경이슈를 동시에 고려하는 것에 대해 살펴보기로 한다. 내연기관 자동차 중에서 경유 자동차는 연비가 휘발유 자동차보다 우수한 것으로 알려져 있다. 온실가스 감축을 위해 화석연료를 채굴하여 정제한 경유를 사탕수수 등 바이오원료를 활용하여 생산한 바이오디젤로의 대체가 추진된 바가 있다. 우리나라에서도 기존 경유에 바이오디젤 5% 또는 20%를 혼합한 연료를 공급하여 온실가스 배출량을 줄이는 정책을 시행한 바가 있으며, 바이오디젤을 연료로 사용하는 경유차를 친환경 자동차

로 인정하고 다양한 혜택을 제공하였다. 그 결과, 우리나라에서 경유 자동차가 1,000만대 이상이 보급되었다. 하지만, 불과 10여 년 만에 시중에 보급된 경유차로 인해 미세먼지 발생량이 급격히 늘어나고, 이로 인한 피해가 극심해지면서 경유 자동차 보급정책은 중단되었다. 경유차의 주행으로 온실가스 배출은 휘발유 차보다 다소 줄어들지만, 동시에 미세먼지가 더 발생될 수 있음을 간과했던 것이다. 이처럼 다양한 환경이슈를 함께 고려하지 않고 특정 환경이슈 또는 특정 매체에 국한된 기술개발이나 관련 정책의 도입은 잘못된 결과를 초래할 수가 있으므로, 전과정사고를 통해 다양한 환경이슈를 동시에 고려하는 것이 필요하다.

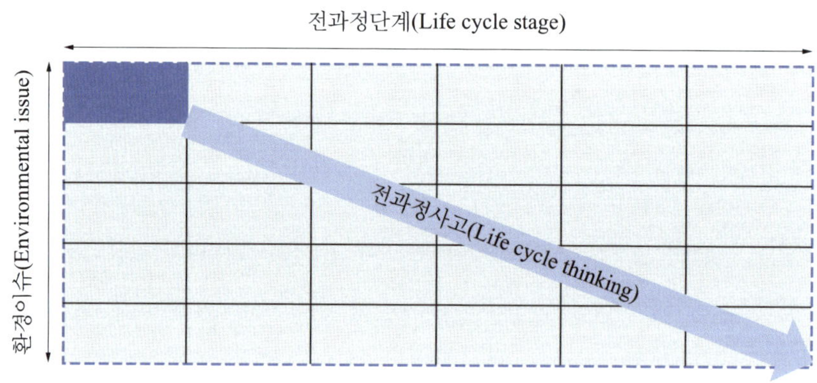

그림 1-11 전과정사고의 개념

그림 1-11과 같이 전과정사고의 특성은 특정 단계에 국한하지 않고 모든 전과정단계를 종합적으로 고려하며, 특정 환경이슈 또는 매체에만 집중하지 않고 다양한 이슈와 매체를 종합적으로 바라봐야 한다는 것이다. 환경정책 수립 시에 특정 전과정단계에서 특정 환경매체만을 고려하는 것으로부터 제품 전과정의 모든 단계와 다양한 환경매체를 종합적으로 바라보는 전과정사고로 전환함으로써, 환경문제의 이동이 아닌 진정한 의미에서 환경문제를 감소시킬 수 있는 의사결정을 할 수 있게 된다. 이러한 이유로 전 세계적으로 환경정책의 도입과정에서 전과정사고가 기본적으로 반영되고 있다. 아래에는 실제로 전과정사고가 환경정책에 반영된 사례를 보여주고 있다.

4.2.1 자동차 몸체의 재질 선택

그린피스에 따르면 2018년 세계에서 판매된 자동차에 의해 배출된 이산화탄소는 전 세계 이산화탄소 배출량의 9%에 해당하는 48억 톤이다. 이는 효과적인 기후변화 대응을 위해 그린 모빌리티로의 전환이 필수적임을 의미한다. 그린 모빌리티로의 전환 방향은 크게 두 가지로 볼 수 있다. 첫째는 기존 자동차의 연비를 대폭 향상시키는 방법이고, 두 번째는 전기자동차와 수소자동차와 같은 주행 중 온실가스 배출이 전혀 없는 친환경 자동차로의 전환이다. 세계 자동차 제조사들은 향후 친환경 자동차로 전환과 함께 단계적인 온실가스 감축을 위해 기존 자동차의 연비개선에 관한 연구에도 노력하고 있다. 연비개선의 방안 중의 하나로 제시된 것이 차체 경량화이다. 그림 1-12는 신일본제철이 LCA를 활용하여 자동차의 경량화를 위해 활용이 가능한 3종의 소재에 대한 LCA를 수행한 결과이다. 차체 중량 중 가장 큰 비중을 차지하는 자동차 몸체를 대체할 소재로 기존의 철판과 고강도 탄소섬유, 알루미늄과 같은 경량금속이 고려되었다. 기존 차체 소재인 철판을 탄소섬유와 경량금속으로 대체하여 차량의 무게를 감소시키고 주행과정의 온실가스 배출량을

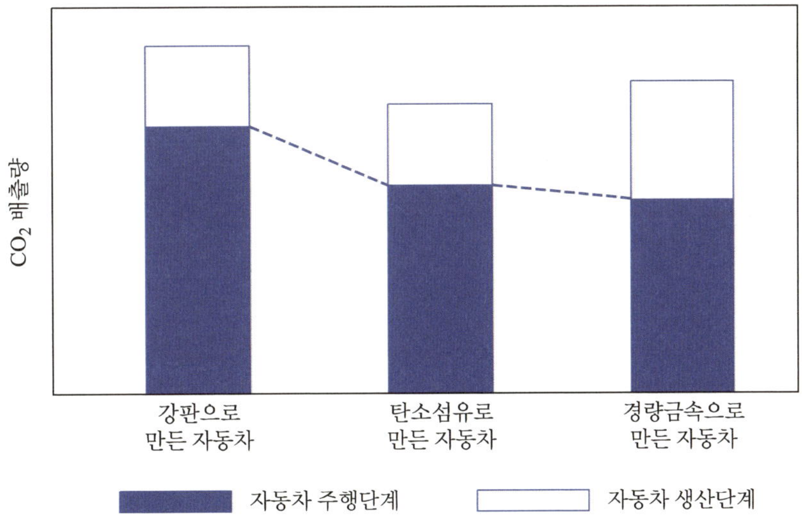

그림 1-12 자동차 몸체 재질별 CO_2 배출량 비교

[출처] 신일본제철의 환경보고서를 발췌하여 저자가 편집

산정한 결과, 경량금속이 가장 가벼워서 연비개선에 따른 온실가스 배출량의 감축효과가 가장 뛰어났다. 그러나, 3종의 소재를 생산하는 과정에서 발생한 온실가스를 주행과정에서 발생한 온실가스 배출량과 합산한 결과, 알루미늄과 같은 경량금속을 제련하는 과정에서 과도한 전기가 사용되고 이로 인해 발생한 온실가스 배출량이 주행과정에서 감축된 온실가스 배출량을 초과하였다. 즉, 주행과정만 보면 경량금속이 온실가스 배출량이 가장 적었지만, 주행과정과 소재의 생산과정을 누적하여 계산한 결과, 경량금속이 아닌 고강도 탄소섬유 자동차의 온실가스 배출량이 가장 적음을 알 수 있다.

4.2.2 폐수처리공법 선정

우리나라는 1996년에 하수처리장의 방류수 수질 기준 항목에 질소와 인이 추가되면서 하수처리장에서 하수 고도처리 공법의 도입이 활발히 추진되었다. 많이 사용되고 있는 고도처리 공법으로 MBR(Membrane Bio-Reactor) 방식과 A2O(Anaerobic-Anoxic-Oxic) 방식이 있다. 그림 1-13(a)의 MBR 방식은 활성슬러지 공정과 분리막(membrane) 기술의 장점을 결합한 방식으로 부유 고형물을 거의 100% 제거할 수 있어서 슬러지 침강성에 관계없이 안정적인 처리가 가능한 방식이다. 그림 1-13(b)의 A2O 방식은 호기성 조와 혐기성 조를 이용하여 질소와 인을 제거하는 방식으로, 생화학적 산소요구량(Biochemical Oxygen Demand, BOD)의 제거효율은 약 80%이지만 화학적 산소요구량(Chemical Oxygen Demand, COD)과 부유물질(Suspended Solid, SS)의 제거는 약 60%의 수준에 지나지 않는다. 이처럼, MBR 공법을 활용한 오염물질의 제거효율이 A2O 방식보다 우수하여서 일반적으로 폐수처리장의 하수 고도처리 공법으로 MBR 방식을 선호하고 있다. 그러나 이는 오염물질의 제거효율만을 본 결정이므로, 오염물질의 제거효율뿐만 아니라 에너지 사용으로 인한 자원고갈과 지구온난화 영향을 종합적으로 고려한다면 의사결정은 바뀔 수도 있다.

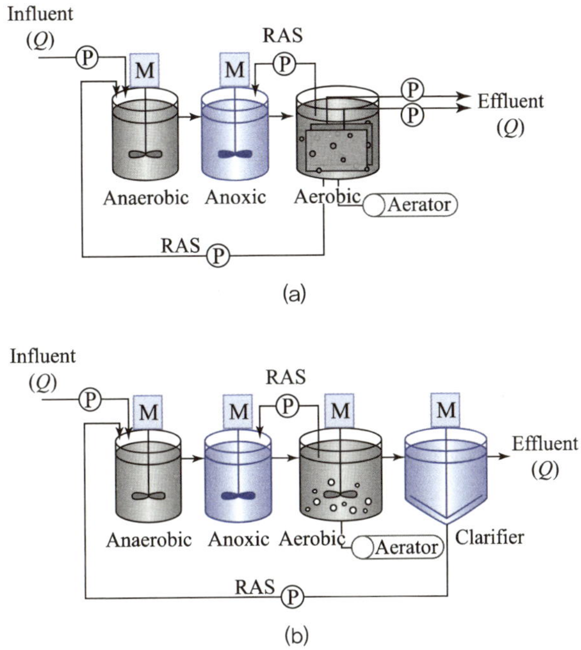

그림 1-13 MBR(a) 방식과 A2O(b) 방식에 대한 설계도

그림 1-14는 자원고갈과 지구온난화, 부영양화 측면에서 A2O 방식의 환경영향을 기준으로 MBR 방식의 환경영향의 비율을 나타낸 것이다. 부영양화에 미치는 영향은 MBR 방식이 A2O 방식의 45% 정도로 MBR 방식이 우수함을 보여주고 있다. 이에, 일반적으로 하수처리장 고도처리 방식으로는 처리장 운영이 쉬우면서 하수처리 후 방류수가 하천으로 유입되어 나타나는 1차 영향, 즉 부영양화를 낮출 수 있는 공법인 MBR이 선택되어 왔다. 하지만, 하수처리장의 운영과정에서 1차 영향인 부영양화 이외에도 에너지 사용에 따른 지구온난화, 자원고갈 등의 2차 영향이 발생된다. 그림 1-14에서 보는 바와 같이, 자원고갈과 지구온난화의 측면에서 보면, MBR 방식이 A2O 방식보다 약 40% 정도 환경영향이 크다. 만일, 하수처리장 가동에 따른 1차 영향과 2차 영향을 종합적으로 분석하여 하수처리장의 도입을 결정한다면, 최근의 추세로 볼 때 자원고갈과 지구온난화의 영향이 적은 A2O 방식이 도입될 수도 있다(김순구, 2008). 이렇듯 전과정사고의 고려는 특정 분야에서 그동안 당연하다고 여겨졌던 결정들이 바뀔 수도 있음을 보여준다.

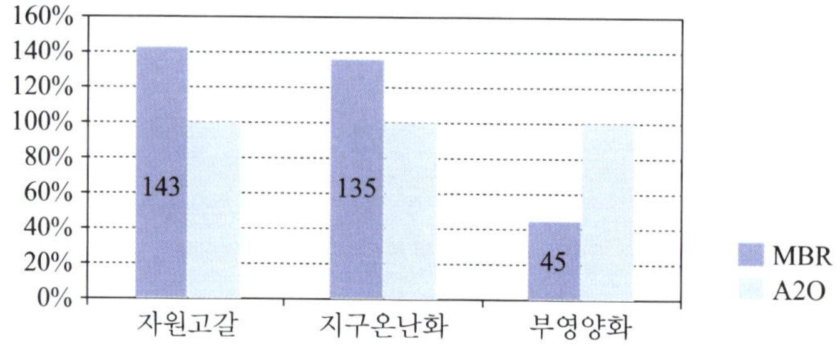

그림 1-14 MBR과 A2O 방식의 전과정평가 결과 비교

4.2.3 일회용 기저귀와 천 기저귀의 환경성 비교

일회용 기저귀와 천 기저귀 중에서 어떤 제품이 더 환경친화적인지에 대한 논쟁은 오래전부터 있어 왔다. 일회용 기저귀는 석유에서 뽑아낸 플라스틱 원료인 고흡수성 수지(Super Absorption Polymer, SAP)와 펄프를 주원료로 제조하며, 천 기저귀는 자연에서 채취한 식물성 섬유를 활용하여 제조한다. 일회용 기저귀는 유아가 소변이나 대변을 보면 더는 사용하지 못하고 버리지만 천 기저귀는 여러 차례 세탁하여 재사용할 수 있다. 따라서 천 기저귀가 일회용 기저귀보다 폐기물 발생량이 적으며, 일회용 기저귀는 화학섬유를 원료로 사용하여서 매립 시에 잘 썩지 않는다는 단점이 있지만 천 기저귀는 천연섬유를 사용하므로 매립할 때 잘 썩는다는 장점이 있다.

2013년에 A사에서 의뢰한 연구과제의 일환으로 소비자 100명을 대상으로 일회용 기저귀와 천 기저귀 중에서 어떤 것이 더 환경친화적인가에 대한 설문조사를 한 결과, 응답자의 약 90%가 천 기저귀가 일회용 기저귀보다 환경성이 우수하다고 응답했다. 천 기저귀가 환경성이 우수하다고 응답한 사람을 대상으로 추가 질문을 했다. 천 기저귀가 일회용 기저귀보다 환경성이 우수하다고 생각하는 이유는 무엇인가? 이러한 질문에 응답자의 75%는 '여러 번 빨아 쓸 수 있기 때문이다.'라고 응답했고, 25%는 '소재가 천연섬유이어서 잘 썩기 때문이다.'라고 답했다. 설문 결과에서도 볼 수 있듯이, 일반 소비자는 기저귀와 관련된 친환경성 여부를 주로 재활용성과 분해 가능성을 토대로 판단하고 있었다. 실제로 일회용 기저귀와 천 기저귀 환경영향의 상당 부분은 원료를 채취하고 생산하는 과정과 사용과정에서 발생하는데, 소비자들은 이런 측면은 고려하지 않고 단지 제품의 폐기과정에 국한하여 친환경성 여부를 판단하는 경향이 있다.

영국에서도 우리나라와 유사하게 일회용 기저귀와 천 기저귀에 대한 친환경성 논쟁이 있었다. 영국 환경성(U. K. Environment Agency)은 2005년에 LCA를 활용하여 이들 제품 간의 환경성을 비교 분석한 보고서를 발표하였다 (Simon A., Michael C., 2005). 그림 1-15는 영국 환경성에서 수행한 일회용 기저귀와 세탁 서비스를 받은 천 기저귀, 가정에서 세탁한 천 기저귀 등 3가지 유형에 대한 LCA 수행 결과를 정리한 것이다. 그래프에서 연한색 막대는 생산단계이고, 회색은 사용단계이며, 진한색은 폐기단계이다. 즉, 전과정사고의 2가지 특성 중 첫 번째인 모든 전과정단계가 고려되었다. 6개 그래프는 자원고갈, 지구온난화, 산성화, 부영양화, 광화학스모그, 인체독성 범주들에 미치는 영향을 분석한 결과이다. 이는 전과정사고의 두 번째 특성인 다양한 환경영향을 포괄적으로 평가한 것이다.

자원고갈 측면에서 보면, 일회용 기저귀가 부직포의 원료가 되는 원유 채취에 따른 자원고갈 영향이 천 기저귀보다 최대 2.3배 큰 것으로 분석되었다. 지구온난화 영향은 일회용 기저귀가 가정에서 세탁하는 천 기저귀와 세탁소에서 세탁하는 천 기저귀의 각각 61%와 83%의 수준이다. 이는 천 기저귀를 세탁하는 과정에서 사용하는 물과 전기, 세제, 섬유유연제를 생산하는 과정에서 발생한 온실가스가 일회용 기저귀 제조하는 과정에서 발생한 온실가스보다 많기 때문이다. 산성화와 광화학스모그 영향도 일회용 기저귀가 천 기저귀보다 최대 1.2배와 2.1배이었다. 부영양화와 인체독성의 경우, 일회용 기저귀에 의한 영향이 가장 적었는데 그 이유는 천 기저귀를 세탁하는 과정에서 발생한 폐수와 세제, 섬유유연제로 인한 영향이 일회용 기저귀를 생산하는 과정에서 발생한 영향보다 크기 때문이다.

그림 1-15와 같이 3종의 기저귀는 영향범주별로 영향의 상대적인 크기가 서로 다르다. 자원고갈과 산성화, 광화학스모그는 일회용 기저귀가 천 기저귀보다 환경영향이 높고, 지구온난화와 부영양화, 인체독성은 오히려 천 기저귀가 일회용 기저귀보다 환경영향이 높다. 이처럼 LCA의 수행을 통해 3종의 기저귀가 각각 어떤 영향범주에 미치는 영향이 높은지를 규명하고, 연구개발을 통해 해당 환경영향을 감소시킬 기회를 파악하여, 친환경제품을 개발하는 데 활용할 수 있다.

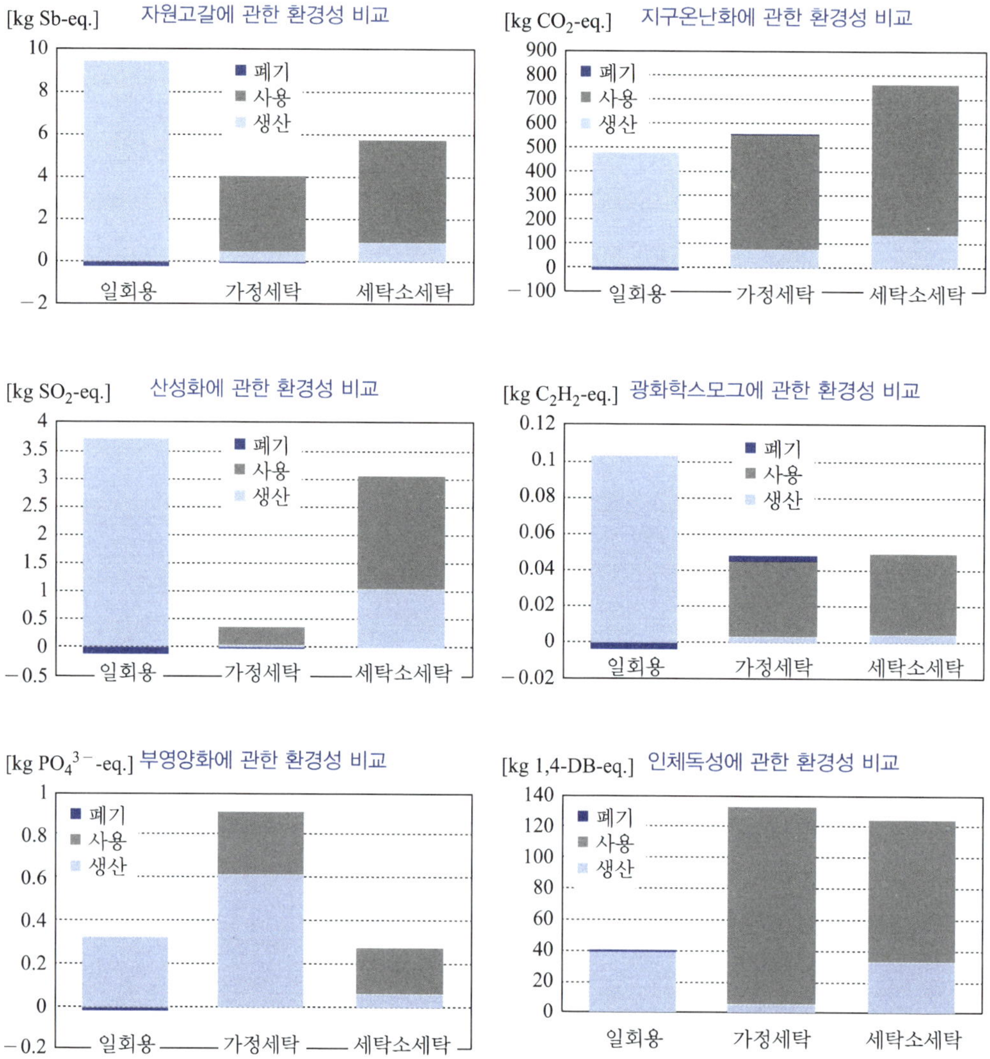

그림 1-15 3종 기저귀의 영향범주별 환경성 비교분석 결과

4.3 전과정사고를 활용한 분야

전과정사고는 기업경영에서 다양한 정책 개발 및 평가에 활용되고 있으며, 그림 1-16은 전과정사고가 활용되는 분야를 보여주고 있다.

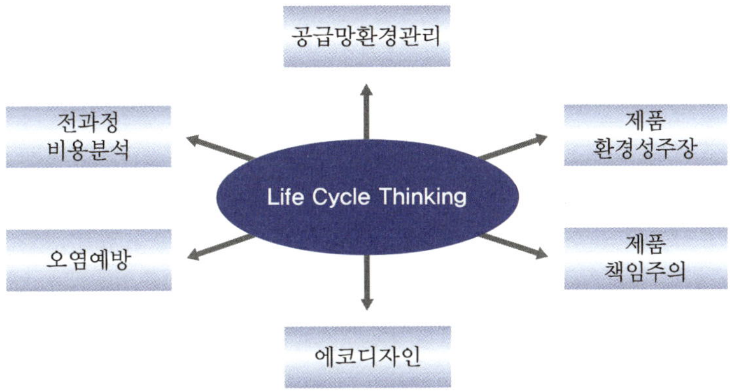

그림 1-16 전과정사고를 고려한 분야

4.3.1 공급망 환경관리

그림 1-17(a)와 같이 기업의 환경관리 대상은 전통적으로 사업장 중심이라고 할 수 있다. 기업의 입장에서 사업장의 환경관리를 제대로 하기 위해서는 많은 시간과 인력, 비용이 들어가기 때문에 환경법규를 위반하지 않는 수준에서 사업장에서 발생한 대기 및 수계배출물, 폐기물의 성상과 배출량을 관리하는 경향이 많다. 그러나, 최근에는 기존의 사업장에 대한 환경규제에 추가하여 제품에 대한 환경규제가 강화되는 추세이다. EU는 유럽에서 수입하는 철강, 시멘트, 비료, 알루미늄, 전기의 탄소 배출에 대한 이력을 토대로 관세를 부과하는 CBAM을 2023년부터 시행하며, 규제대상 품목을 단계적으로 확대해 나갈 계획이라고 발표한 바가 있다(EC, 2021). 미국 캘리포니아주에서 시행하는 BCCA도 주 정부의 입찰에 참여한 건축용 철근과 형강, 판유리, 광물섬유 단열재 등 4개 품목에 대해 2021년 1월 1일에 제시한 온실가스 배출기준을 초과한 품목은 입찰을 금지하는 조치를 2021년 7월 1일부터 시행하고 있다(AB 262, 2017). 이 제도도 규제대상 품목을 단계적으로 확대한다고 발표하였다.

환경규제의 대상이 사업장에서 제품으로 확대되면서, 그림 1-17(b)와 같이 제품 가치사슬에서의 체계적인 환경관리가 매우 중요하게 되었다. 한 제품의 가치사슬은 제품을 생산하는 특정 국가가 아닌 전 세계와 연계되어 있다. 예를 들어, 우리나라 대표 브랜드 중의 하나인 휴대폰의 경우에 원료인 기초소재는 중남미와 아프리카, 미국, 일본 등 전 세계에서 화물선과 항공으로 수입된 후에 우리나라와 베트남에서 조립하여 생산하고 전 세계로 유통되어 판매, 사용, 그리고 폐기된다. 이처럼 한 제품의 가치사슬이 복잡하게 얽혀있는 상황에서 모기업은 제품에 대한 국제환경규제 대응을 위해 제품의 가치사슬에 대한 환경관리를 철저히 해야 한다. 즉, 가치사슬에 포함된 1차 협력사에 제품의 환경관리 지침을 전달하고 1차 협력사가 이를 이행하기 위해 2차 협력사와 환경관리를 위한 소통을 해야 한다. n차 협력사까지 모기업의 환경방침이 전달되고 관리되면 제품 관련 국제환경규제를 효율적으로 할 수 있다. 이와 같은 방식으로 환경관리를 하는 것을 공급망 환경관리(Supply Chain Environmental Management, SCEM)라고 한다. SCEM은 기존의 공급망관리(Supply Chain Management, SCM)에서 환경측면을 추가로 반영하여 관리하도록 하는 것이라고 할 수 있다.

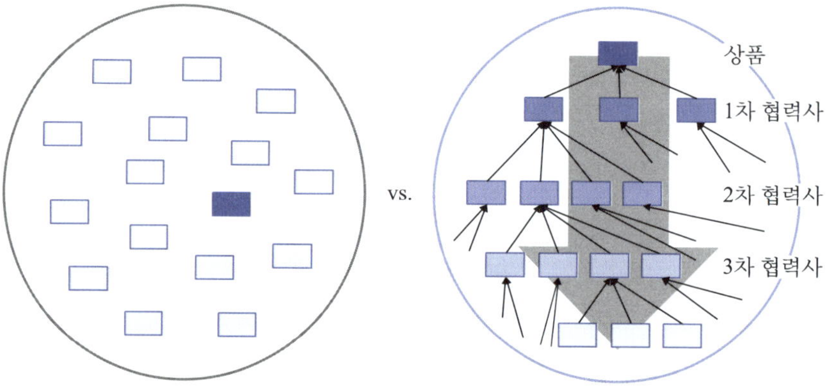

(a) 사업장 환경관리 (b) 제품 가치사슬 환경관리

그림 1-17 사업장 환경관리와 제품 가치사슬 환경관리의 비교

4.3.2 전과정 비용분석

전과정 비용분석(Life Cycle Costing, LCC)은 동등한 기능을 갖는 다양한 대안들에 대하여 구매, 소유, 운영 및 유지관리, 최종 폐기에 이르는 전과정

동안의 비용을 분석하여 가장 비용 효율적인 대안을 선정하는데 활용되는 기법이다(Robert R. 외, 2005). 현재, LCC가 가장 활발하게 적용되는 분야는 건설 분야라고 할 수 있다.

건설 분야에서는 그동안 기획, 설계, 시공, 권리취득 등 초기 투자비에 주로 관심을 가져왔으나, 제비용이 증가하면서 운영, 유지보수, 보완, 교체, 철거, 폐기처리, 보험 등 모든 비용 발생 요소를 종합적으로 산정하고 분석하는 방법이 필요하게 되었다. 이에 우리나라에서도 「건설기술진흥법」 시행령 제75조(설계의 경제성 등 검토)에 따라 일정 규모 이상의 시설물을 설계할 때 발주청은 대안별로 경제성을 검토하도록 하고 있다. 2008년에는 행정규칙으로 '생애주기비용 분석 및 평가요령'을 발표하고 일괄·대안 입찰공사의 "경제성" 항목에 대한 평가 시 LCC를 수행할 수 있도록 구체적인 산정기준을 제시하고 있다(국토교통부, 2008). LCC를 도입함으로써 사업 초기단계에 전과정에서 발생가능한 비용을 예측하여 효율적인 관리체계를 수립할 수 있다. 또한, 전과정단계별로 대안들에 대한 비교검토를 통해 최적의 대안을 도출할 수 있으므로, 대안 선정 시점에서 유지·운용관리를 포함한 전과정동안의 경제성 등을 고려하여 합리적인 의사결정을 지원할 수 있다. 그림 1-18은 건설원가연구원에서 제공한 LCC 적용에 따른 건설비 산정비용을 비교한 것이다. 이에 따르면, 건설비만 고려할 때는 C안이 가장 저비용이었지만 제비용을 포함한 LCC를 고려할 때는 A안이 최저비용 대안인 것을 볼 수 있다.

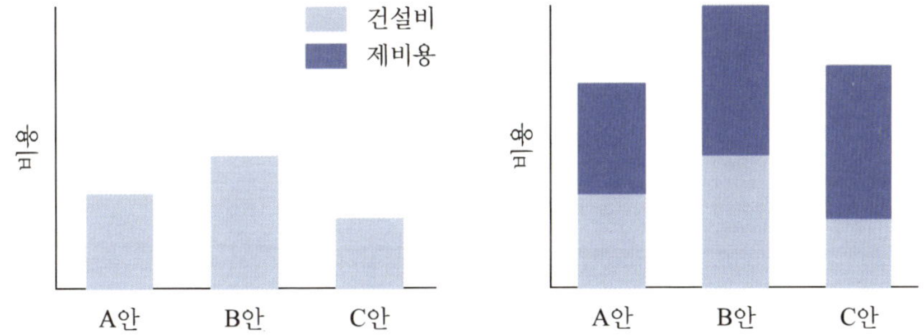

그림 1-18 전과정 비용(LCC) 산출의 예
[출처] 건설원가연구원(http://www.anycost.or.kr/?page_id=408)

4.3.3 에코디자인

자동차는 주행과정에서 총 온실가스의 80~90%가 발생하며, 냉장고와 에어컨, TV 등 가전제품도 사용단계에서 총 온실가스의 70% 이상을 배출한다. 샴푸와 세제류 등은 생산단계에서 온실가스의 60% 이상이 발생하며, 건축자재는 대부분 온실가스가 생산단계에서 배출된다. 유해물질의 경우, 인쇄물은 인쇄하는 과정에서 대부분 유해물질이 발생된다. 세정제는 세정제를 생산하는 과정에서도 다량의 유해물질에 노출되지만, 가정에서 사용하는 동안에서 가장 많은 유해물질에 노출된다. 자동차 소재의 경우는, 생산하는 과정에서 유해물질에 노출되기도 하지만 주행과정에서 발생한 대기오염물질로 인한 접촉이 가장 클 수 있다. 이처럼, 환경배출물은 제품의 특성에 따라, 또는 배출물의 종류에 따라 제품의 전과정 단계별 관련성과 배출패턴이 각기 다를 수 있다. 기업은 제품의 설계과정에서 제품의 오염물질 배출특성을 고려함으로써 환경영향을 줄인 친환경제품을 개발할 수 있다.

에코디자인(eco-design)은 제품 설계 시에 제품의 성능개선을 위해 품질과 디자인, 비용, 법적 기준 등 다양한 설계요소들을 고려하여 신제품을 개발하던 기존의 방식에 소재의 유해물질 함유 여부, 재활용성, 에너지효율 개선 등 전과정을 고려한 다양한 환경적 요소를 통합하여 제품을 설계하는 체계적인 과정이다(IEC 62430, 2009). 2000년도 초반부터 전기전자 제품에 대한 국제환경규제가 강화됨에 따라 IEC TC 111(Environmental standardization for electrical and electronic products and systems)은 2009년에 전기전자 제품에 국한하여 에코디자인을 수행하는 절차와 요건을 규정한 IEC 62430(Environmental Conscious Design, ECD)을 최초로 표준화하였고, 2019년에 개정판을 발표한 바가 있다. ISO에서는 2011년에 기업경영에 에코디자인의 요건을 체계적으로 통합하는 절차와 요건을 규정한 표준 ISO 14006(Environmental management systems - Guidelines for incorporating ecodesign)을 최초로 제정하였고, 2020년에 개정판을 발간하였다. 우리나라의 「환경기술 및 환경산업 지원법」 제26조(환경표지인증기준 개발 등의 지원)는 환경을 고려한 제품설계 및 생산기법의 개발 및 보급확산을 지원하도록 하고 있으며, 한국환경산업기술원에서 운영하는 환경경영정보포털(gmi.go.kr)에 개설된 에코디자인 부문에서는 2014년부터 2020년까지 제품의 전과정을 고려한 에코디자인 우수사례를 배포하여,

기업들의 친환경제품 설계에 참조할 수 있도록 하고 있다. 2020년 3월에 유럽 그린딜의 일환으로 발표된 EU 신순환경제실행계획(EU new circular economy action plan)에 따르면 제품의 생산, 사용, 폐기 등 전과정에서 발생한 환경영향의 80% 이상이 제품을 설계하는 과정에서 이미 결정된다고 강조하면서 에코디자인을 반영한 지속가능제품정책(Sustainable Product Policy, SPP)을 수립하겠다고 발표하였다(EC, 2020). 전과정사고는 에코디자인의 절차 중에서 제품의 환경측면의 주요이슈를 규명하는 과정에서 활용되며, 친환경제품에 대한 신제품의 개발 시에 기존 제품과 비교하여 신제품의 환경성 개선정도를 평가할 때도 활용된다.

4.3.4 제품 환경성 주장

기업은 자기들이 제조하여 시장에 출시하는 제품에 대한 환경성을 다양한 방식으로 주장한다. 환경마크와 같이 동종 제품보다 상대적으로 환경성이 우수하다는 것을 주장하는 방식과 환경성적표지와 같이 제품에 대한 다양한 환경성 정보를 소비자에게 투명하게 공개하여 소비자가 제품 구매 시 관련 정보를 확인하고 구매할 수 있도록 안내하는 방식이 있다. ISO 14020에 따르면 환경마크와 환경성적표지를 통해 제3자에 의해 공개되는 정보는 해당 제품의 전과정사고에 기반한 환경 우수성 또는 환경성 정보이어야 한다. 또한, 공개된 환경정보에 대해서는 반드시 이해관계가 없는 제3자에 의하여 객관적 검증이 이뤄져야 한다. 국제사회의 SCP 체계구축을 위해 소비자에게 정확한 환경정보를 전달하는 것이 중요해지는 상황에서 환경에 상당한 영향을 미치는 제품을 친환경제품인 것처럼 광고하는 그린워싱(green washing)은 SCP의 활성화에 걸림돌이 된다. 따라서 기업이 자사 제품에 대한 환경성을 주장할 때는 제품의 전과정사고에 기반한 환경정보를 산출한 후에 제3자의 객관적인 검증을 통해 신뢰성이 확보된 후에 공개해야 한다.

4.3.5 제품 책임주의

최근에는 기업들이 생산한 제품에 대해 무한책임을 지는 추세이다. 예를 들어, 외국에 제품을 수출할 때 제품 내에 유해물질이 포함되어 있으면, 제조하는 회사의 직접적인 실수가 아니더라도 반품을 포함한 관련된 모든 피해에 대한 책임을 제조사가 감당해야 한다. 따라서, 제품 제조업체들은 1차 협력사뿐만 아니라 2차, 3차에 이르기까지 협력사에 대한 체계적인 관리를 통해 제품의 전과정에서 유해물질이 포함되지 않도록 철저히 관리해야 한다. 제조물 책임법에 따라 제품을 판매할 때도 소비자에게 제품 주의사항을 충분히 공지하지 않으면 소비자가 사용과정에서 피해를 볼 때, 이에 대한 무한책임을 제조사가 져야 한다. 따라서, 제품 설계과정에서 발생 가능한 모든 소비패턴을 조사하고 이에 따른 안전요소를 파악하여 이를 방지할 수 있게 제품을 설계해야 한다. 또한, 제조자는 제품이 수명을 다한 후에 버려질 때도 일정 비율만큼이 재활용과 재사용될 수 있도록 수거 시스템을 구축하지 않으면 안 된다. 실제로, 우리나라는 제품 생산자에게 그 제품이나 포장재의 폐기물에 대하여 일정량의 재활용 의무를 부여하여 재활용하도록 하고, 이를 이행하지 않으면 재활용에 드는 비용 이상의 부과금을 생산자에게 부과하는 생산자책임재활용제도(Extended Producer Responsibility, EPR)를 시행하고 있다. 이렇듯 이제 기업들은 자사가 만든 제품의 원료부터 제품 사용, 제품 폐기에 이르기까지 제품의 전과정에 대한 책임을 지는 시대가 되고 있다.

4.3.6 오염 예방

1990년대까지는 사업장에서 발생한 오염물질을 적정하게 처리하는 사후처리에 의한 오염물 관리를 철저히 하면 기업경영에 큰 문제가 되지 않았다. 그러나, 최근에는 제품의 전과정을 고려해서 오염물질이 어느 단계에서 얼마나 배출되는지를 규명하고 그 원인을 파악해서, 사전에 통제하는 오염 예방을 하지 않으면 글로벌 제품환경규제에 효과적으로 대응할 수가 없게 되었다. 환경경영을 통해 오염 예방을 제대로 하기 위해서는 친환경적인 원료의 선택, 공정효율 개선에 따른 생산성 향상을 위한 체계적인 관리, 그리고 환경으로 배출된 오염물질의 적정처리에 이르기까지 전과정사고에 기반한 철저한 공정관리가 이뤄져야 한다.

Chapter

2

전과정평가 개요

1 기본 개념

LCA에 대한 국제표준인 ISO 14040:2006은 LCA를 다음과 같이 정의하고 있다.

> 전과정평가는 제품시스템의 전과정 동안에 투입물과 산출물, 잠재적 환경영향을 작성하고 평가한다.
> Life cycle assessment(LCA) is compilation and evaluation of the inputs, outputs and the potential environmental impacts of a product system throughout its life cycle.

LCA 정의를 쉽게 이해하는데 도움이 되는 핵심어는 '제품시스템(product system)', '전과정(life cycle)', '잠재적 환경영향(potential environmental impact)'이라고 할 수 있다. 제품은 최종 산출물로 유형의 상품 또는 무형의 서비스가 포함되며, '제품시스템'은 제품이 제조, 유통, 사용 및 폐기되는 시스템을 포함한다. 즉, '제품시스템'은 제품과 전과정을 통합한 것이라고 할 수 있다. 이에 대한 구체적인 설명은 '제3장 목적 및 범위정의'의 3.1절에서 제공한다. '전과정'은 앞에서 이미 설명한 바와 같이 제품과 관련된 원료 채취, 생산, 사용, 폐기 등 일련의 모든 과정을 의미한다. 또한, LCA는 실제 환경영향이 아닌 잠재적 환경영향을 평가하는데, 이에 대한 간략한 설명은 1.2절에서 다룬다.

1.1 제품시스템

ISO 14040:2006은 제품시스템을 하나 또는 그 이상의 정의된 기능을 수행하는 제품의 전과정에서 기본흐름(elementary flow)과 제품흐름(product flow)을 갖는 단위공정의 집합체라고 정의하고 있다. 즉, 제품시스템은 한 제품의 전과정과 연관된 모든 종류의 물질과 에너지, 배출물, 폐기물의 흐름을 통합한 집합체라고 할 수 있다. ISO 14040:2006은 제품(product)을 '어떤 상품이나 서비스(any goods or service)'라고 정의한다. 여기서 'goods(상품)'는 소비자 관점에서 구매하는 물건을 의미한다. 국립국어원의 제품과 상품에 대한 정의를 보면, 제품은 원료를 써서 물건을 만들어 낸 물품을 말하며, 상품은 사고 파는 물품으로 정의하고 있다. 서비스는 재화를 생산하지는 않으나 그것을 운반·배급하거나 생산·소비에 필요한 노무를 제공하는 일이라고 정의하고 있다. 즉, 서비스는 소비자에게 제공되는 무형의 제품이라고 할 수 있다. 따라서, LCA의 평가대상인 제품은 유형의 제품과 무형의 서비스를 모두 포함하며, 본 교재에서는 제품이라는 용어로 통일하여 사용하기로 한다. 제품의 범위는 제품의 원료 또는 부품용으로 생산한 중간제품과 소비자에게 판매하는 목적으로 생산한 최종제품을 포함한다. 아래에는 ISO 14040:2006에서 정의한 제품의 범위이다.

1. 제품은 다음과 같이 범주화된다.
   - 서비스(예: 수송)
   - 소프트웨어(예: 컴퓨터 프로그램, 전자사전)
   - 하드웨어(예: 엔진의 기계적 부품)
   - 가공물질(예: 윤활유)
2. 서비스는 유형과 무형의 요소들로 다음을 포함한다.
   - 유형의 제품에 대해 수행된 활동(예: 자동차 수리)
   - 무형의 제품에 대해 수행된 활동(예: 세금환급을 준비하는데 필요한 수입 명세서)
   - 무형의 제품에 대한 유통(예: 지식전송 상황에서 정보의 전달)
   - 소비자를 위한 분위기 조성(예: 호텔과 레스토랑에서)

LCA의 평가범위는 해당 제품을 생산하는 사업장이나 소비자가 사용하는 최종제품 등에 국한하는 것이 아니라 제품과 관련된 모든 가치사슬인 원료 채취부터 소재와 제품의 생산, 수송 및 유통, 제품 사용, 폐기(재활용 또는 소각, 매립을 포함)까지의 전과정을 포함한다. 따라서, 동일 제품이라도 원료의 채취와 생산, 수송, 유통 등이 다른 방식으로 이루어지면 제품시스템이 달라지고, 이에 따라 LCA의 결과도 달라진다. LCA는 제품을 평가하는 것이 아니라 제품시스템을 평가하는 것임을 유의해야 한다.

1.2 잠재적 환경영향

많은 경우에 LCA는 제품의 가치사슬 즉, 전과정에서 발생할 수 있는 환경영향을 평가하여 해당 제품의 환경영향을 줄일 기회를 규명하고 제공하기 위하여 활용된다. ISO 14040:2006과 ISO 14044:2006에서는 발생할 수 있는 영향을 평가한다는 의미를 'potential impact'의 단어로 표현하고 있다. 'potential'의 첫 번째 사전적 정의는 '～이 될 가능성이 있는'으로 말할 수 있다. 이는 현재가 아닌 미래 시점으로 '발생할 수 있는 영향을 예측한다.'라는 의미이다. 공장에서 고농도의 폐수가 방류되는 상황을 가정해 보자. 폐수의 방류로 인해 여름철에 인근 하천의 물고기들이 죽고, 녹조가 끼어 악취가 심하게 나는 상황이 발생한다. 이는 폐수 방류로 인해 현재 시점에서 발생한 영향이므로 실제 영향(actual impact)이다. 하지만 친환경제품을 설계하는 과정에서 대상 제품의 전과정에서 폐수의 방류로 인해 미래에 발생가능한 영향은 잠재적 영향(potential impact)이다. 즉, LCA는 발생한 영향을 평가하는 사후처리가 아닌 발생가능한 환경영향을 평가하는 평가 방법이다. 'potential'의 두 번째 의미는 발생될 수 있는 최대의 환경영향이다. 일반적으로 LCA는 제품시스템의 전과정 동안에 관련된 투입물과 배출물이 모두 환경영향을 미친다는 가정 하에 환경영향을 평가하므로 잠재적 영향을 평가한다고 할 수 있다.

LCA는 제품의 성능과 관련된 특성인 경제성, 안전성, 품질, 디자인, 환경성 중에서 환경성에 대해 평가하는 것을 의미한다(Lars G. L. 외, 1995). 따라서, LCA의 수행을 위해서 필요한 데이터도 환경성과 연관된 데이터이며, LCA를 통해 얻은 결과는 제품 전과정에서 발생 가능한 다양한 환경성 결과이다. LCA가 제품시스템과 관련된 다양한 측면 중에 환경성만을 평가하는 것을 강조하여 환경 전과정평가(environmental life cycle assessment)라고 부르기도 한다. 최근에는 제품의 전과정과 관련된 사회적인 측면을 평가하는 사회적 전과정평가(social life cycle assessment) 방법론이 논의되고 있다.

2 구성요소 및 기술적 골격

ISO 14040:2006에 따르면, LCA는 목적 및 범위정의(goal and scope definition), 전과정 목록분석(Life Cycle Inventory Analysis, LCI), 전과정 영향평가(Life Cycle Impact Assessment, LCIA), 전과정 해석(life cycle interpretation)의 4대 구성요소로 이루어지며, 그들의 연계성에 대한 기술적 골격은 그림 2-1과 같다.

2.1 구성요소

2.1.1 목적 및 범위정의

LCA의 첫 번째 요소인 목적 및 범위정의는 연구의 구체적이고 명확한 목적을 수립하고 연구의 목적에 맞게 대상시스템, 시스템경계, 데이터의 수집범위와 계산 방법 등을 설정하는 단계이다.

2.1.2 전과정 목록분석

LCA의 두 번째 요소인 LCI는 목적 및 범위정의 단계에서 설정한 대상시스템, 시스템경계, 데이터 수집범위 및 계산 방법 등에 따라 투입물과 산출물을 규명하고 그 양을 계산하는 단계로 LCI의 결과물은 환경부하(environmental load)라고 부른다.

2.1.3 전과정 영향평가

LCA의 세 번째 요소인 LCIA는 LCI를 통해 산출한 환경부하들을 환경적인 관점에서 분석하여 잠재적인 환경영향을 평가하는 단계이다.

2.1.4 전과정 해석

LCA의 네 번째 요소인 전과정 해석은 LCI와 LCIA로부터 얻은 주요 결과들이 목적 및 범위정의에서 설정한 요건에 따라 수행되었는지에 대한 검토를 거쳐 기업이 의사결정을 하는데 도움이 되도록 결론과 건의사항을 제시하는 단계이다.

2.2 기술적 골격

그림 2-1은 LCA의 기술 골격을 보여주고 있는데, 4대 구성요소들인 목적 및 범위정의, LCI, LCIA, 전과정 해석이 양방향 화살표에 의해 상호 연결되어 반복되는 구조로 되어있는 것을 확인할 수 있다. 이는 LCA를 통해 제품의 환경성을 평가하는 과정에서 LCA의 구성요소들이 반복적으로 수행되어야 함을 강조하는 것이다. 목적 및 범위정의와 LCI, LCIA 사이에 화살표가 순서대로 그리고 양방향으로 연결되어 있는데, 이는 LCIA를 위해서는 목적 및 범위정의 단계와 LCI 단계를 거쳐야 하며, 또한 반대로 수정과 보완이 필요할 때는 역방향으로 단계를 거쳐서 진행되어야 한다는 것이다. 반면에, 전과정 해석은 나머지 3개 구성요소와 각기 직접 연결되어 있다. 이는 전과정 해석 내에서 연구결과를 검토하는 과정에서 목적 및 범위정의가 제대로 되었는지, 아니면 LCI 단계에서 환경부하량이 맞게 계산되었는지, LCIA 단계에서 환경영향이 잘 평가되었는지를 종합적으로 반복해서 검토해야 함을 의미한다. 만일 그 과정에서 문제가 발견되면, 반대 방향의 화살표를 따라서 해당 구성요소로 돌아가서 다시 수행해야 한다.

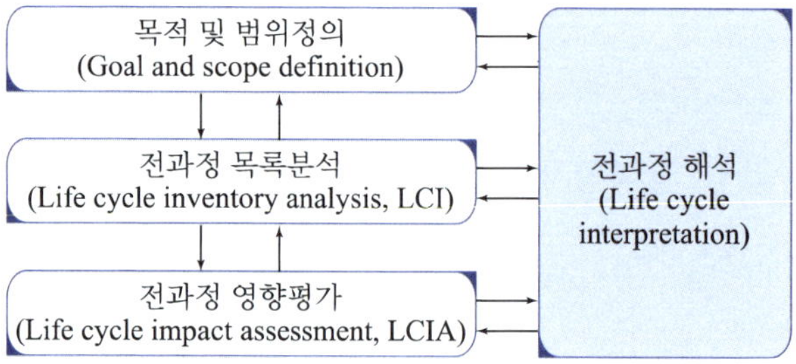

그림 2-1 전과정평가 기술 골격

3 전과정평가의 특징

3.1 시스템적 접근

LCA는 제품에 대한 환경영향을 평가하는 기법이며, 제품을 제조하는 단계 또는 제품을 소비하는 단계 등 제품시스템의 특정 단계에서 발생한 환경영향을 평가하는 것이 아니라 해당 제품시스템과 연관된 모든 전과정단계인 원료 채취, 소재 생산, 제품 제조, 유통, 사용, 폐기 단계에서의 환경영향을 종합적으로 평가한다. 따라서 동일 제품이라고 하더라도 원료 채취 방식, 제조공장, 유통방법 등에 따라 제품시스템이 달라질 수 있으며, 그에 따라 환경영향은 달라진다. 예를 들어, 탄소중립과 관련하여 최근에 연료전지의 에너지원으로 주목을 받는 수소에너지 시스템을 살펴보자. 연료전지에 주입되는 수소는 제조하는 방식에 따라 LNG, LPG, 부생가스의 개질반응에 의한 수소제조, 석탄가스화에 의한 수소제조, 물의 전기분해에 의한 수소생산 등 다양하다. 즉, 열거한 수소 제법들은 동일한 수소를 생산한다고 하더라도 각기 전혀 다른 전과정 즉, 제품시스템을 갖는다. 물의 전기분해에 의해 생산된 수소에너지 제품시스템을 보면, 전기분해에 사용되는 전기를 어떤 방식으로 생산했느냐에 따라 같은 전기분해 방식에 의해 생산된 수소에너지라고 하더라도 다른 제품시스템이 되어 환경성이 다르다. 이처럼 LCA는 제품이 아닌 제품시스템을 대상으로 물질과 에너지의 흐름과 양을 규명하여 환경영향을 평가한다.

3.2 다매체 환경이슈 고려

최근까지 사업장에서의 환경관리는 주로 대기오염물질, 수질오염물질, 고형폐기물 등 환경매체별로 관리해 왔다. 그림 2-2는 사업장에서 대기오염물질 관리를 위해 대기 집진설비를 보강하여 대기오염물질을 줄이는 것을 보여주고 있다. 공정 (a)는 원료 100이 투입되어 제품으로 92가 생산되고 대기배출물이 5, 수계배출물이 1, 폐기물이 2가 발생된다. 해당 공정에서 발생되는 대기배출물의 양을 줄이기 위해 기존의 대기 집진설비를 보강한 결과, 기존에 5

가 배출되던 대기배출물이 3으로 줄어들었다. 특정 환경매체인 대기배출물만 관리하는 환경관리자는 대기 집진설비의 보강으로 대기오염물질이 2만큼 감소하여 환경오염을 줄였다고 생각할 수 있다. 하지만, 질량 보존의 법칙에 따라 2만큼 줄어든 대기배출물은 사라진 것이 아니라 다른 환경매체인 폐기물로 이동하여 폐기물이 기존에 2에서 4로 늘어난 것을 볼 수 있다. 이를 배출물 이동(emission shift)이라고 부른다. 즉, 환경설비의 보강 등 환경관리에 따른 환경배출물의 이동을 제대로 파악하기 위해서는 특정 매체에만 집중하지 않고 여러 매체를 종합적으로 바라봐야 한다. 우리 정부에서도 다매체의 환경이슈를 종합적으로 고려하기 위하여 「환경오염시설의 통합관리에 관한 법률」에 따라 통합환경관리제도를 2017년부터 시행하고 있다. 통합환경관리제도는 종전 사업장에서 대기와 수질, 토양, 폐기물 등 환경매체별로 관리하던 허가방식을 하나로 통합하여 허가하는 제도로 저비용, 고효율의 최적가용기법(Best Available Technology, BAT)을 활용하여 오염물질의 배출을 최소·최적화하는 환경관리 방식이다(한대호, 2019). 이는 유럽연합의 IPPC(Integrated Pollution Prevention and Control)를 벤치마킹하여 우리나라의 현실에 맞게 설계한 제도로 다매체를 통합관리하는 대표적인 환경정책이다. 통합환경관리제도가 사업장의 환경성에 대하여 다매체를 통합관리하는 것이라면, LCA는 제품시스템에 대하여 대기와 수계배출물 등 다매체에 의한 환경영향을 평가하는 것이므로 그림 2-3과 같이 자원고갈과 지구온난화 등 다양한 잠재적 환경영향들을 종합적, 체계적으로 평가할 수 있다.

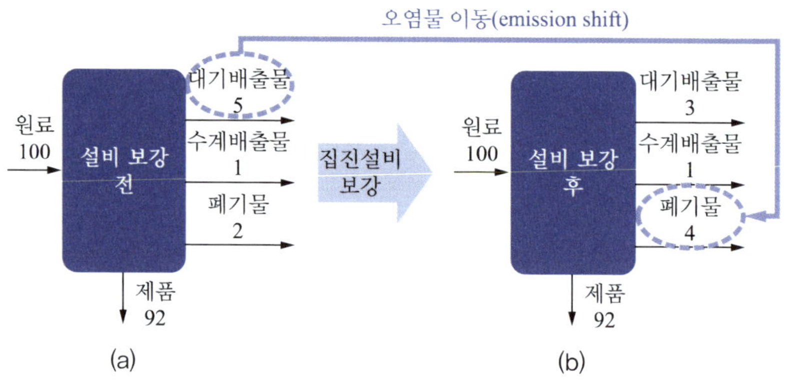

그림 2-2 오염물의 이동

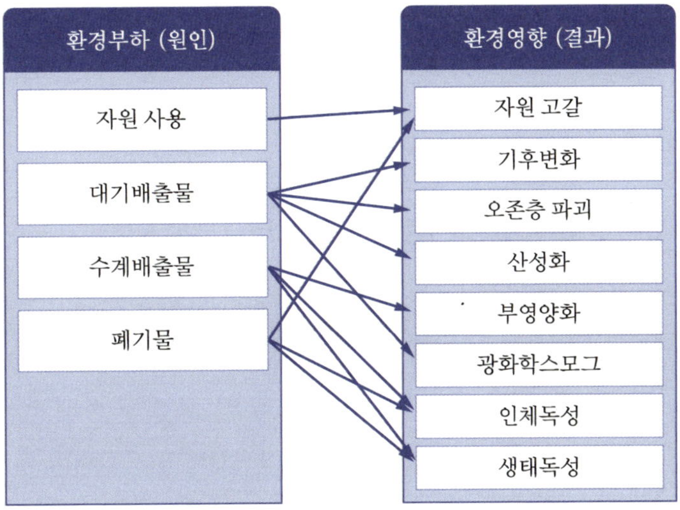

그림 2-3 다매체 환경부하와 환경영향 상관도

3.3 기능단위에 의한 평가

LCA는 사업장이 아닌 제품시스템의 전과정에서 발생한 환경영향을 평가하며 평가대상인 제품은 각기 고유한 기능을 갖는다. 소비자가 제품을 구매하는 이유는 해당 제품의 고유한 기능 때문이다. 냉장고를 구매하는 소비자는 냉장고의 냉장 및 냉동기능이 필요하여 제품을 구매하고, 자동차를 구매하는 이유는 목적지까지 편하고 빠르게 이동하는 기능 때문이다. 전자회사가 반도체를 구매하는 이유는 반도체의 기능을 자사 제품에 탑재하기 위함일 것이다. 이처럼 모든 제품은 각자 고유한 기능이 있으므로 LCA는 대상 제품에 대한 환경성을 평가할 때 제품의 고유한 기능을 규명하고, 이를 기준으로 평가한다. 특히, 같은 기능을 제공하는 제품들 사이에 환경성을 비교할 때는 반드시 같은 양의 기능을 기준으로 평가해야 한다. 500 mL 용기에 담겨있는 A 음료와 1,000 mL에 담겨있는 B 음료에 대한 환경성을 비교한다고 가정하자. 두 음료로 인해 발생된 환경영향을 합리적으로 비교할 방법을 생각해 보자. 음료를 구입하는 이유는 음료를 섭취하기 위함이다. 이것이 음료의 주요 기능이다. 따라서, 두 음료의 환경영향을 비교할 수 있는 적합한 방법은 섭취하는 두 음료의 용량을 같게 하고 비교하는 것이다. 예를 들어, 500 mL 용량의 A 음료와 1,000 mL B 음료를 합리적으로 비교하는 방법은 A 음료 2개와 B 음료 1개를 비교하는 것이다.

3.4 환경측면의 일장일단을 규명

3.2에서 설명한 바와 같이, LCA의 특성 중의 하나는 다매체의 환경이슈를 종합적으로 평가하는 것이다. 그림 2-2의 예에서 보는 것처럼, 환경성평가 시에 집진설비의 보강 전후에 대한 대기오염물질 및 폐기물 등의 다매체 환경이슈에 대한 평가를 수행한 결과, 집진설비의 도입으로 수질오염물질은 설비의 보강 전후에 같지만, 대기오염물질은 5에서 3으로 줄었고, 폐기물은 2에서 4로 늘어난 것을 확인한 바 있다. 이처럼, LCA를 수행하면 다매체 환경이슈를 동시에 고려하여 환경성을 평가하기 때문에 환경개선 노력으로 인해 어떤 매체의 환경영향은 줄어들었지만, 반면에 어떤 환경영향은 증가한 일장일단(trade-off)을 규명할 수 있다(Valentina P. L., 2015). LCA의 수행 결과로 대안들 사이에 서로 장단점이 있으면 의사결정권자는 사회적 가치 또는 고객 및 바이어의 요구, 회사의 상황 및 방침 등을 종합적으로 고려하여 대안들 사이

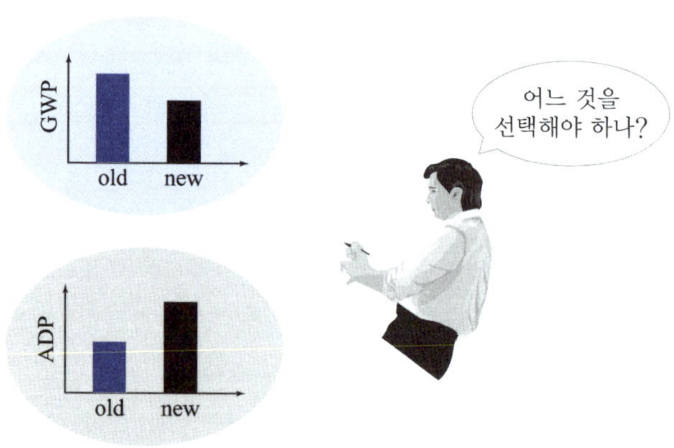

* GWP(Global Warming Potential, 지구온난화), ADP(Abiotic Resource Depletion, 무생물자원고갈)

그림 2-4 일장일단에 의한 의사결정의 예

에서 선택하게 된다(그림 2-4). 즉, LCA는 다매체 환경이슈를 종합적으로 고려하여 환경측면의 일장일단을 반영하여 선택할 수 있으므로 단편적인 의사결정을 최소화할 수 있다.

3.5 숨은 환경이슈 규명

2001년에 일본의 소니사는 세계적인 선풍을 일으킨 게임기인 플레이스테이션을 유럽시장으로 수출하기 위하여 네덜란드 암스테르담 항구로 입항을 하는 과정에서 EU가 규제하는 유해물질 성분이 제품 속에서 검출되면서 제품이 전량 반품이 되었다. 이는 제품환경규제가 전 세계적으로 알려지는 신호탄이 되었다(석승우 등, 2007). 이로 인해 소니사는 상당한 경제적 손해도 입었지만, 그보다 회사의 이미지에 막대한 손상을 입었다. 이때만 해도 제품의 성능이 우수하고, 사업장 환경법규를 잘 준수하면 시장에서 제품을 자유롭게 판매할 수 있다는 인식이 있었다. 하지만, 소니가 규제에 걸린 것은 자사의 공장이 아닌 가치사슬에 포함된 협력사 중 어딘가에서 EU가 규제하는 유해물질 성분을 투입하여 사용한 것 때문이다. 사업장에 대한 환경성평가에서는 제품의 가치사슬에서 발생한 환경문제를 파악할 수가 없다. 하지만, LCA를 수행하면 제품 가치사슬에서 발생한 모든 환경매체로 인한 환경영향을 종합적으로 평가하기 때문에 그동안 파악하지 못한 숨겨진 환경이슈를 규명할 수 있다.

Chapter 3

목적 및 범위정의

1 개요

목적 및 범위정의는 LCA의 첫 번째 구성요소이며, 목적정의(goal definition)와 범위정의(scope definition)로 구분할 수 있다. 목적정의는 LCA를 수행하는 방향성을 수립하는 것과 같으며, 범위정의는 정의된 연구의 목적을 달성하기 위해 연구를 얼마나 넓게 또는 깊게 수행할지 그 범위를 설계하는 단계이다.

2 목적정의

LCA를 성공적으로 수행하기 위해서는 연구를 수행하는 배경과 목적, 이유 등을 모호하지 않게 가능한 구체적으로 명확하게 수립해야 한다. ISO 14040: 2006에 따르면 목적정의 단계에서 다음의 4가지 요소를 반드시 구체적으로 정의해야 한다.

- 연구를 수행하는 이유는 무엇인가?
- 연구결과를 어디에 활용할 것인가?
- 누구에게 연구결과를 제공할 것인가?
- 연구결과를 일반대중에게 공개하는 비교주장의 목적으로 활용할 의도가 있는가?

2.1 연구의 수행이유

목적정의에서 반드시 해야 할 네 가지 사항 중의 하나는 연구를 수행하는 이유를 명확히 정의하는 것이다. LCA를 수행하는 이유는 매우 다양하지만 크게 분류하면 다음과 같은 3개를 들 수 있다.

- 기업 내부의 의사결정을 위한 자료 구축

- 기업구매자 또는 일반소비자와의 커뮤니케이션을 위한 환경성 정보 제공
- 정부 또는 지방자치단체의 환경 관련 정책 수립을 위한 자료 구축

최근 세계적인 추세에 따라 기업이 경영방침을 지속가능경영으로 수립하고, 생산공정과 제품을 친환경적으로 전환하기 위한 연구를 수행한다고 하자. 이 경우에 LCA를 수행하여 공정 및 제품에 대한 환경성을 평가하고 이를 환경개선의 해법을 찾기 위한 기초자료로 활용할 수 있다. 또한, 사회에서 환경에 관한 관심이 커지면서 녹색소비자가 점차 증가하고, 이들의 시장 파워가 형성되면서 이들에게 자사 제품에 대한 환경성 정보를 제공하기 위한 이유로 LCA를 수행할 수 있다. 정부와 지방자치단체는 지역주민들의 민원 해결을 위한 각종 정책을 수립하고 시행한다. 이 과정에서 정책 도입에 따른 예상되는 환경영향을 사전에 파악하고 이를 개선하기 위해 LCA를 수행할 수 있다.

2.2 연구결과의 활용처

연구결과를 어디에 활용할 것인가에 대한 문제는 앞에서 정의한 연구의 수행이유에 대한 구체적인 용도를 제시하는 것이다. 표 3-1은 연구의 수행이유와 연구결과의 활용처를 연결한 예이다. 제시된 수행이유별 활용처는 상황에 따라 다를 수 있다.

표 3-1 전과정평가의 수행이유와 활용처

<table>
<tr><th colspan="2">수행이유</th><th>활용처</th></tr>
<tr><td colspan="2">기업 내부의 의사결정 자료구축</td><td>제품 제조공정 개선, 친환경제품 설계 및 생산, 회사 지속가능경영 전략 수립</td></tr>
<tr><td rowspan="2">소비자와의 커뮤니케이션</td><td>기업구매자</td><td>친환경공급망 관리, 국제 환경규제 대응, 환경성적표지(EPD*) 인증</td></tr>
<tr><td>일반소비자</td><td>환경보고서 출판</td></tr>
<tr><td colspan="2">정책 자료제공</td><td>정책 방향 결정 또는 변경, 정책 활동 보고서</td></tr>
</table>

* EPD(Environmental Product Declaration)

연구의 수행이유가 기업 내부의 의사결정을 위한 기초자료 구축을 위한 경우, 그 활용처는 LCA를 통해 제품 제조공정을 개선, 친환경제품 설계 및 생

산, 또는 회사의 지속가능경영 전략 수립일 수 있다. LCA를 위해 생산공정으로부터 수집한 데이터를 제품 제조공정의 개선에 활용하기 위해서는 데이터를 세부공정별로 더욱 자세히 수집해야 한다. 반면에 LCA 결과를 지속가능경영전략 수립에 활용하는 경우에는 세부공정에 대한 데이터를 수집하지 않을 수도 있다.

기업구매자 또는 일반소비자와의 커뮤니케이션을 이유로 친환경공급망 관리, 국제 환경규제 대응, 환경성적표지(EPD) 인증을 취득하기 위해서는 환경성 정보의 제공 이외에도 환경성 개선 가능성을 확인하는 것도 중요하므로 공정을 세분화하여 데이터를 수집해야 한다. 반면에, 일반소비자에게 공개하는 환경보고서 등은 소비자가 알기 쉽게 정보제공이 목적이기 때문에 개선기회를 파악하기 위한 공정 세분화는 필요하지 않을 수 있다. 이처럼 연구의 수행이유와 활용처를 어떻게 정의하느냐에 따라 연구의 전체적인 방향과 깊이, 그에 따른 인력투입, 연구예산이 결정되므로, 연구의 수행이유와 활용처를 명확하게 정의하는 것은 매우 중요하다.

2.3 연구결과의 제출처

앞에서 언급한 연구의 수행이유와 연구의 활용처에 따라 연구의 방향과 깊이가 결정되지만, 연구결과를 누구에게 제출하느냐에 따라 연구보고서의 작성양식과 그 내용이 결정될 수 있다. 연구의 수행이유와 활용이 기업 내부의 공정개선일 경우를 가정해 보자. 연구수행자는 LCA를 통해 공정개선 대안에 대한 환경개선 효과를 담은 보고서를 작성하는데, 연구결과의 제출 대상이 기업의 최고경영자일 경우에는 최고경영자가 이해하기 쉽고 활용하기 쉬운 형태로 보고서를 작성하여 제출해야 한다. 만일, 연구결과의 제출처가 친환경인증을 위한 인증기관일 경우에는 해당 기관에서 요구하는 형식과 요건에 따라 데이터를 작성해서 제출해야 한다. 이 경우, 제출처에 따라 기밀 데이터의 사용 또는 공개 여부가 결정될 수도 있다. 이렇듯 연구의 목적정의에서 연구결과의 제출처가 누구인지를 사전에 명확히 정의하는 것도 범위정의 단계에서 연구의 방향을 설계할 때 중요한 요소이다.

2.4 연구결과에 대한 비교주장 여부

목적정의의 네 번째 의무 고려대상인 공개 비교주장 여부는 1997년에 출판된 ISO 14040의 초판에서는 포함되지 않았던 사항이다. 하지만 많은 경우에 LCA의 결과가 동일 기능을 수행하는 제품들 사이에 환경성을 비교하여 공개하기 위해 활용되기도 한다. 이에 따라 대중에게 공개되는 비교주장의 용도로 LCA 결과가 활용될 때 주의사항을 강조하기 위하여 연구결과의 비교주장 여부가 목적정의의 네 번째 요소로 포함되었다. 제2판인 ISO 14040:2006은 LCA 결과를 제3자에게 공개하여 자사 제품의 환경적 비교우위를 주장하는 것을 목적으로 사용할 때, 엄정한 비교를 위해 합의된 제품별 산정지침(Product Category Rules, PCRs)을 활용하여 동일한 기능단위, 동일한 수집데이터의 범위와 품질, 이해관계자에 의한 정밀검토 유형 등을 반드시 적용하도록 하고 있다. 즉, 연구목적에 비교주장의 여부가 포함되는지에 따라 연구의 범위정의 단계에서 반드시 고려해야 할 내용은 더욱 많아진다.

LCA 사례

LCA 수행에 대한 이해를 돕기 위하여 A사에서 생산한 PET 용기에 담긴 오렌지 음료를 대상으로 LCA 수행절차에 따라 19개 단계로 제공한다.

LCA 사례 **오렌지 음료 (1/19)**

오렌지 음료 제품시스템에 대한 LCA 수행의 첫 단계인 목적을 다음과 같이 정의한다.

- **연구의 수행이유** : LCA를 수행하는 이유는 국내 소비자의 친환경제품에 대한 소비 욕구가 증가하여 한국의 친환경제품 시장을 선점하기 위하여 제품 전과정에서 환경영향의 저감요소를 찾고 이를 단계적으로 개선하는 것이다.
- **연구결과의 활용처** : 규명된 환경영향 저감요소에 대한 개선방안을 도출한 후, 환경보고서로 작성하여 친환경 마케팅에 활용한다.
- **연구결과의 제출처** : 소비자와 구매자에게 신제품 출시에 앞서 LCA 결과

를 이해하기 쉽게 환경보고서로 작성하여 제공한다. 이때, 보고서는 제3자 검증을 수행한 보고서의 유형으로 한다.

- **연구결과에 대한 비교주장 여부** : LCA 결과를 환경성적표지 인증을 통해 타사제품과 비교주장의 용도로 활용하지는 않는다.

3 범위정의

범위정의는 정의된 LCA 수행의 목적을 달성시키기 위해 필요한 범위를 세부 항목별로 어떻게 설정할 것인지를 구체화하는 과정이다. ISO 14044:2006는 범위정의 단계에서 아래 항목들을 반드시 구체적으로 명확하게 정의하도록 하고 있다.

- 연구대상 제품시스템
- 기능 및 기능단위
- 시스템경계
- 데이터 품질요건
- 할당절차 및 할당방법
- 영향평가 방법론
- 가정 및 한계 사항
- 정밀검토 유형
- 해석방법
- 연구보고서 종류 및 형식

위의 각 항목에 대하여 앞에서 정의된 연구의 목적에 맞게 범위를 설정해야 한다. 연구의 목적에 맞게 범위가 제대로 정의되지 않으면 연구가 진행되는 과정에서 그 방향과 깊이가 연구의 목적과 전혀 다르게 진행될 수 있으므로, 그림 3-1과 같이 정의된 연구목적을 고려하여 10개의 항목에 대하여 각각 그 범위를 명확하게 설정해야 한다.

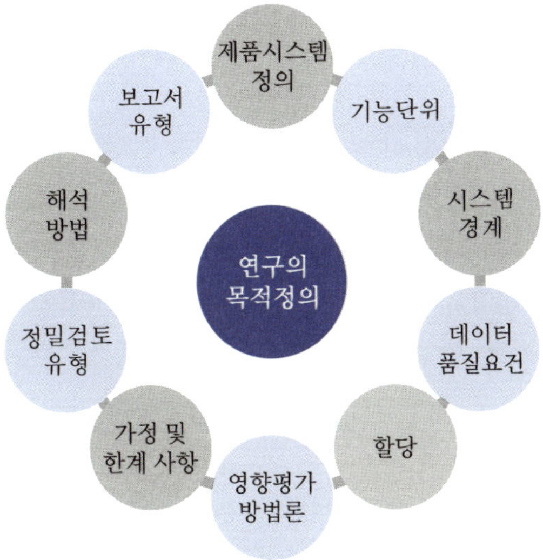

그림 3-1 목적정의 및 범위정의의 관계

3.1 제품시스템

모든 제품은 그 제품의 고유한 기능과 용도가 있으며, 그 기능을 달성하기 위해 제품별로 필요한 전과정흐름을 가지는데, 이를 제품시스템이라고 한다. 다른 제품은 물론 같은 종류의 제품이라 할지라도 제조사에 따라, 그리고 같은 제조사에서도 공장에 따라 다른 전과정흐름, 즉, 다른 제품시스템을 가질 수 있다. 제품시스템은 각 제품이 가지는 특정한 전과정흐름, 즉 원료 취득, 소재 및 부품 생산, 제품 제조, 유통, 사용과 폐기 등을 포함한다. ISO 14040: 2006의 정의에 따르면 제품시스템은 하나 또는 그 이상의 정의된 기능을 수행하는 제품에 대하여 기본흐름과 제품흐름으로 이루어진 단위공정들을 그 제품의 전과정을 고려하여 모형화한 집합체라고 정의하고 있다. 전과정 동안에 제품시스템으로 들어가고 제품시스템에서 나가는 흐름(flow)을 기본흐름과 비기본흐름(non-elementary flow)으로 정의하고 있고, 비기본흐름은 다시 제품흐름과 중간흐름(intermediate flow)으로 구분한다.

3.1.1 기본흐름

기본흐름을 이해하기 위해서는 자연계와 기술계에 대한 설명이 필요하다. 위키백과(Wikipedia)에 의하면, 생태학적 의미에서의 자연계(eco-sphere)는 대기, 수계, 토양 및 생물권으로 구성된 생태계라고 정의되어 있다. 다시 말해서, 인간의 흔적이 전혀 없는 순수한 자연 상태를 의미한다. 기술계(techno-sphere)는 자연상태의 물질과 에너지원이 인간의 활용목적에 따라 다양한 형태로 변형되거나 가공, 사용되어 최종적으로 자연계로 다시 돌아가기 전까지를 말한다.

기본흐름은 자연상태에 있는 지구상의 자원과 에너지원에 어떤 형태의 채굴 또는 채취도 적용되기 전의 흐름이다. 또한, 기술계에서 용도가 다해 버려져서 최종적으로 자연계로 돌아가는 흐름도 기본흐름에 해당된다. 따라서 기본흐름은 자연계와 기술계의 경계를 오가는 흐름을 말한다. 자연계에서 기술계로 자원과 에너지원이 들어오면서 지구의 가용한 자원이 고갈되는 영향을 유발시킨다. 광물자원 고갈, 에너지자원 고갈, 수자원 고갈 등이 대표적인 환경영향이다. 기술계에서 자연계로의 최종 배출물과 폐기물의 흐름은 대기오염 또는 수질오염, 토양오염 등의 환경영향을 유발시킨다. 지구온난화, 스모그, 미세먼지 영향, 부영양화 등이 이에 해당된다. 그림 3-2는 자연계와 기술계의 사이에 존재하는 기본흐름을 도식화한 것이다. 기본흐름은 기본 투입물(elementary input)과 기본 산출물(elementary output)이 있으며, 그 예는 다음과 같다.

- 기본 투입물 : 철광석, 원유, 석탄, 천연가스, 나무, 지하수 등
- 기본 산출물 : 이산화탄소, 메탄, 방류수, 매립 폐기물 등

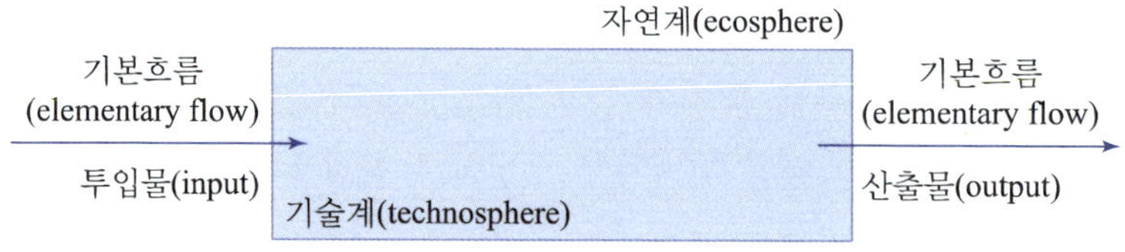

그림 3-2 자연계와 기술계, 기본흐름의 관계

3.1.2 제품흐름

ISO 14040:2006은 제품흐름을 다른 제품시스템에서 해당 제품시스템으로 들어오거나 해당 제품시스템에서 다른 제품시스템으로 나가는 흐름이라고 정의한다. 즉, 자연계에서 기술계로 들어오는 기본흐름(자원, 에너지원 등)을 인간의 요구에 따라 한 제품시스템에서 생산되어 다른 제품시스템으로 나가거나 들어오는 흐름으로, 그림 3-3의 점선 화살표의 흐름을 말한다.

그림 3-3은 제품시스템의 시스템경계 내부를 크게 상위흐름(upstream flow), 생산단계, 하위흐름(downstream flow)으로 구분하고 있다. 일반적으로 생산단계의 범위는 제품 제조사가 생산공정과 공정데이터를 통제할 수 있는 범위까지로 정의하는데, 제품 제조사가 1차 협력사를 통제할 수 있으면 1차 협력사가 생산단계에 포함될 수 있고, 그렇지 않으면 상위흐름에 포함된다. 즉, 생산단계는 상위흐름단계에서 제조된 소재 또는 부품이 제품 제조사로 들어오는(gate) 과정부터 제품 제조사에서 제품을 생산하여 소비자에게 보내는(gate) 과정까지를 포함하므로 그 범위를 gate to gate(GtG)라고 부른다. 상위흐름은 자연계(cradle)에서 자원과 에너지원을 채취하는 과정부터 소재 또는 부품을 생산하여 제품 제조사로 보내는 과정까지의 모든 흐름을 말하며, 이를 cradle to gate(CtG)라고 한다. 상위흐름을 전과정단계로 구분하면 원료 채취단계와 제조전단계(pre-manufacturing stage)가 이에 해당하며, 제조전단계에는 소재 및 부품 생산이 포함된다. 하위흐름은 제품 제조사에서 생산한 제품(gate)이 유통과정을 통해 소비자가 소비한 후에 폐기물을 재활용 또는 처리하여 최종적으로 자연(grave)으로 보내는 과정까지의 흐름으로, 이를 gate to grave라고 한다. 하위흐름에는 전과정단계 중에 유통단계(distribution stage), 사용단계(use stage), 폐기단계(end of life stage)들이 포함된다. 제품흐름에 포함된 투입물과 산출물 목록의 예는 다음과 같다.

- 투입물 : 원료, 보조원료, 연료, 전기, 공정수, 수송(ton · km) 등
- 산출물 : 폐수, 폐기물 등

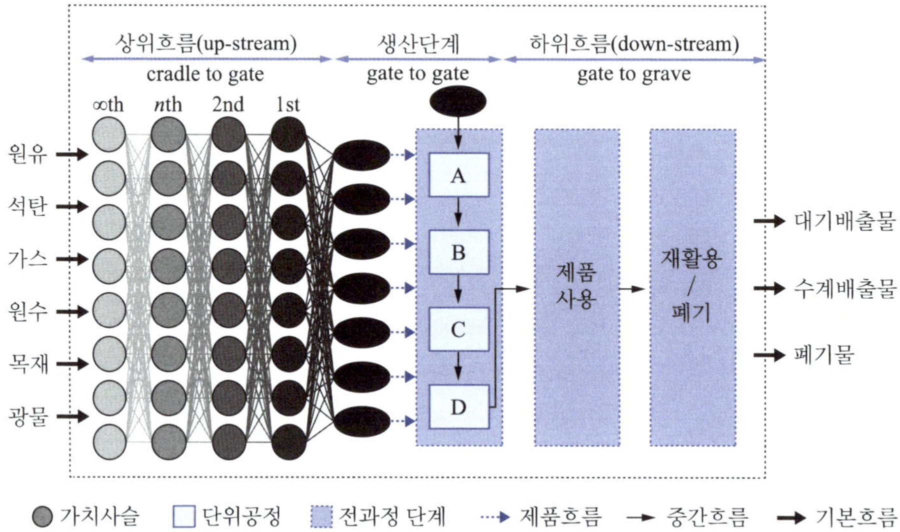

그림 3-3 자연계와 기술계, 제품흐름, 중간흐름 등의 관계

3.1.3 중간흐름

ISO 14040:2006은 중간흐름을 한 제품시스템 내에서 단위공정 간의 제품과 물질, 에너지 흐름이라고 정의한다. 그림 3-3에서 보는 바와 같이 생산공정 내부의 단위공정인 A, B, C, D 사이에 흐름 등이 여기에 포함된다.

3.1.4 단위공정

ISO 14040:2006은 LCA에서 제품시스템을 구성하고 있는 단위공정(unit process)들을 데이터 수집의 최소단위로 정의하고 있다. 제품시스템은 제품 전과정의 모든 단계를 포함하며, 이는 단위공정들이 연결된 집합체이다. 연구의 목적에 맞게 제품시스템을 정의하고, 그 경계를 설정하기 위해서는 단위공정들의 세분화 수준을 결정하고 이들을 연결하는 것이 필요하다. 그림 3-4는 단위공정 작성에 대한 예이다. 일반적으로 단위공정과 연계된 흐름 중 단위공정으로 들어가는 세로흐름(↓)은 원료의 흐름이고, 단위공정에서 흘러나가는 세로흐름(↓)은 제품 또는 중간제품의 흐름이다. 즉, 단위공정으로 원료가 들어가고 제품이 생산되는 세로흐름을 총칭하여 주요 흐름(main flow)이라고 한다. 단위공정을 경계로 들어가고 나오는 흐름 중 단위공정으로 들어가는 가로흐름(→)은 연료와 전기, 공정수 등과 같이 각 단위공정이 가동되도록 지원하는 흐름이고, 단위공정에서 나가는 가로흐름(→)은 공정에서 발생한 배출물과 폐기물의 흐름이다. 따라서 단위공정의 가로흐름은 생산공정과 관련된 흐름이기에 공정흐름(process flow)이라고 부른다.

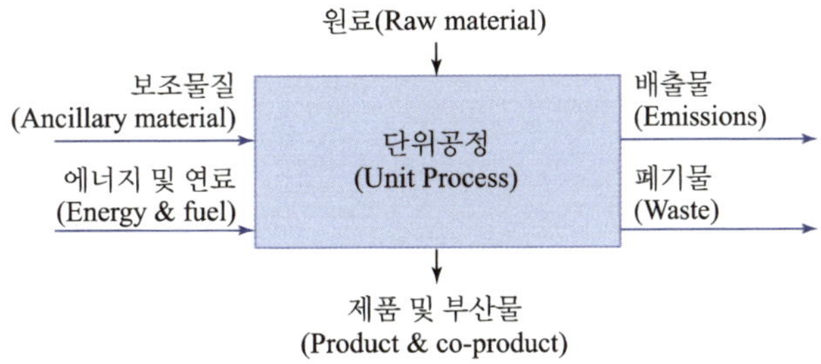

그림 3-4 단위공정과 물질 흐름

3.1.5 제품시스템

제품시스템은 단위공정들과 기본흐름 및 제품흐름, 중간흐름들로 구성되는데, 연구의 목적에 맞게 전과정단계별 단위공정의 세분화 정도를 결정하고, 단위공정별로 들어오고 나가는 기본흐름과 제품흐름을 규명하고, 이들을 연결하여 제품시스템을 작성한다. 일반적으로 표 3-2와 같이 제품시스템의 범위는 제품의 특성에 따라 분류할 수 있는데, 소비자가 직접 소비하는 소비제품(consumer product)은 원료를 채취하여 제품을 생산하고 소비하며 폐기하는 온전한 전과정을 포함한다. 원료, 부품과 같은 중간제품은 소비자가 직접 사용하는 최종제품이 아니므로 각각의 고유한 사용단계와 폐기단계를 가지지 않는다. 서비스는 무형의 제품이므로 소비자에게 서비스를 제공하는 것까지를 포함한다.

위와 같이 연구의 목적과 제품의 특성에 따라 제품시스템과 관련된 전과정 범위가 달라질 수 있다. 제품시스템의 범위가 결정되면, 연구의 목적에 맞게 각 전과정단계를 구성하는 단위공정의 상세 수준을 결정한다. 그리고, 결정된 단위공정으로의 투입물과 산출물의 제품흐름과 기본흐름을 규명하고, 단위공정들 사이의 물질 흐름을 연결하여 제품시스템을 작성한다. 일반적으로 제품시스템을 작성하는 순서는 제품을 생산하는 생산단계부터 시작한 후에, 생산단계로 투입되는 상위흐름(upstream)과 생산공정에서 나가는 하위흐름(downstream)을 각각 연결한다.

표 3-2 제품군별 제품시스템

제품군	제품시스템의 범위
중간제품	원료 채취 → 제품 생산
최종 소비제품	원료 채취 → 제품 생산 → 제품 사용 → 제품 폐기
서비스	원료 채취 → 서비스 생산

아래에는 PET 용기에 담긴 오렌지 음료 제품시스템의 작성을 위한 가상의 정보와 이를 도식화한 제품시스템의 예를 보여준다.

LCA 사례 오렌지 음료 (2/19)

A사 오렌지 음료의 전과정을 고려한 제품시스템의 정보는 아래와 같다.

- 오렌지 원액은 해외에서 선박으로 수송해 온다.
- PET 용기는 국내 사출성형 업체에서 제조하여 트럭으로 운송해 온다.
- 용기에 부착할 라벨은 국내 업체에서 제조하여 트럭으로 운송해 온다.
- 국내의 설탕 제조업체에서 제조한 설탕을 트럭으로 운송해 온다.
- 음료 제조업체에서 오렌지 음료를 만드는 과정은 정수장에서 수돗물을 파이프라인으로 공급받아서 내부에서 추가 정제한 후에 제품 수로 활용한다. 이때 물을 정제하기 위해 필터가 사용된다.
- 음료 제조 시에 사용된 원료는 오렌지 원액과 수돗물, 설탕이 포함되며, 가공과정에서 전기와 파이프라인으로 이송된 LNG로 만든 스팀이 활용된다.
- 음료 제조과정에서 발생한 폐수는 폐수처리장으로 보내져서 최종적으로 처리된 폐수는 하천으로 방류된다.
- 생산한 음료제품은 전국 물류센터로 유통된 후에 각 가정으로 배달된다.
- 가정에서는 음료제품을 냉장고에 신선하게 보관하며, 섭취한 후에 폐PET

용기는 분리 배출한다.

- 폐PET 용기는 75%가 수거되어 재활용업체로 보내서 소재로 재활용되고, 25%는 소각 처리된 후에 남은 재가 매립된다.

이상의 정보를 토대로 작성한 오렌지 음료의 제품시스템은 그림 3-5와 같다. 가장 큰 파선의 박스는 오렌지 음료에 대한 기술계와 자연계를 구분하는 시스템경계이다. 시스템경계 내의 제품시스템은 음료 제조와 음료 유통단계, 음료 섭취단계, 음료 폐기단계를 포함한다. 작은 네모박스는 단위공정을 의미하며, 점선은 기본흐름, 굵은 실선은 제품흐름이다. S는 선박수송을 T는 트럭수송을 의미한다.

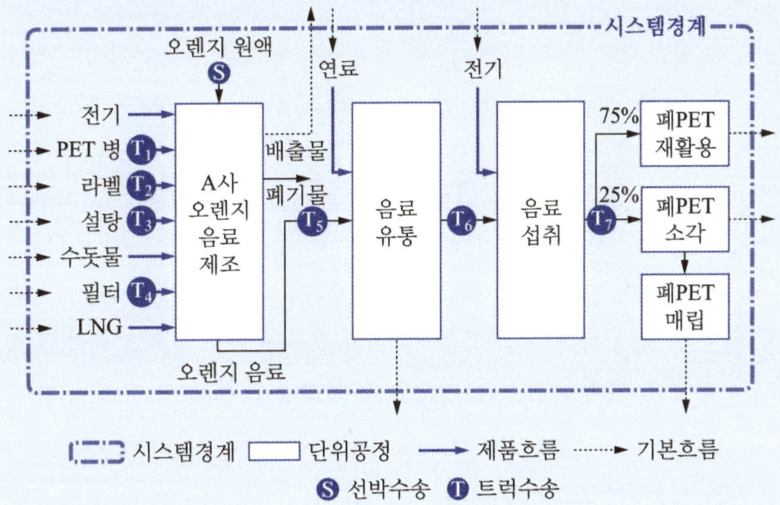

그림 3-5 오렌지 음료 제품시스템

3.2 기능 및 기능단위

3.2.1 제품의 기능

ISO 14040:2006은 모든 제품은 고유한 기능이 있으므로 제품에 대한 LCA

를 위한 기준으로 제품의 기능을 활용하도록 명시하고 있다. 자동차의 환경영향을 평가하고자 할 때, 일반적으로 자동차 1대를 기준으로 평가한다. 그러나, 다른 모델 자동차들과 환경성을 서로 비교할 때, 단순히 자동차 1대를 기준으로 환경성을 평가하여 비교해도 문제가 되지 않을까? 만일 A와 B 자동차가 연비는 물론 안전성, 안락함 등을 포함하여 모든 기능을 같게 제공한다면 문제가 되지 않을 것이다. 하지만 두 자동차가 배기량이 다르고, 안전성, 안락성 등의 성능이 다르다면 단순히 각 차 1대를 비교하는 것은 문제가 될 수 있다. 자동차의 고유한 기능은 사람이나 물건을 원하는 지역으로 이동시키는 것이고, 이 기능을 구현하는 과정에서 자동차의 종류에 따라 기능을 구현하는데 수반되는 성능들이 달라지기 때문이다.

마찬가지로, 천 기저귀와 일회용 기저귀에 대해 개별적으로 환경성을 평가하는 것이 연구의 목적이라면 천 기저귀 1개, 일회용 기저귀 1개를 기준으로 평가해도 된다. 그러나 천 기저귀와 일회용 기저귀의 환경성을 평가하여 비교한다고 하면, 천 기저귀 1개와 일회용 기저귀 1개를 비교하는 것은 적합하지 않을 수 있다. 그 이유는 두 종류 기저귀의 주 기능이 유아의 대소변을 처리하는 것이지만, 이 기능을 구현하는 과정에서 천 기저귀와 일회용 기저귀의 성능이 서로 다르기 때문이다. 천 기저귀는 여러 번 빨아서 재사용을 할 수 있지만, 일회용 기저귀는 천 기저귀보다 사용상 간편하지만 한 번밖에 사용할 수 없기 때문이다. 따라서, LCA를 사용하여 제품의 환경성 평가를 할 때에는 대상 제품의 기능을 기준으로 수행해야 한다.

3.2.2 기능단위와 기준흐름

ISO 14044:2006는 LCA 수행결과가 제품시스템 간 비교주장에 사용될 때 반드시 동일 기능단위(functional unit)에 근거하여 LCA를 수행해야 한다고 명시하고 있다. 기능단위는 정량화된 기능을 의미하며, 그림 3-6과 같이 ISO TR 14049의 페인트 사례를 인용하여 LCA 수행의 기준이 되는 기능단위를 설정하는 절차를 평가대상 제품에 대한 기능의 규명, LCA를 위한 주요 기능 선정, 기능단위 설정, 제품의 성능규명과 기준흐름(reference flow) 결정으로 설명한다.

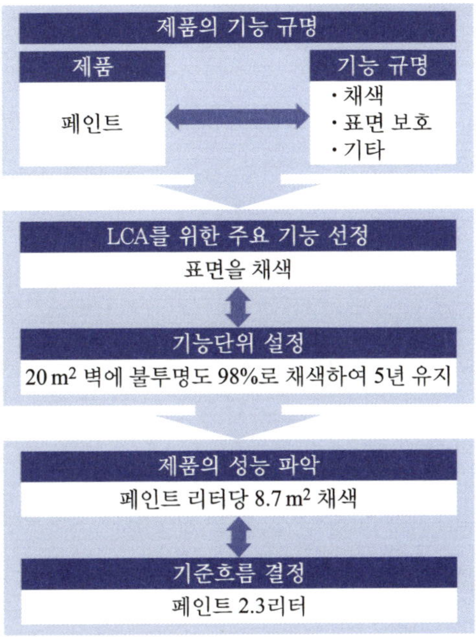

그림 3-6 기능단위 설정 절차의 예

(1) 제품의 기능 규명

기능단위 설정을 위한 첫 번째 절차는 대상 제품의 기능을 규명하는 것이다. 근래에 기술발전과 더불어 자원생산성을 높이기 위한 탈물질화(dematerial-ization)의 일환으로 한 제품이 다양한 기능을 수행할 수 있게 설계, 제조되고 있다. 프린터 복합기의 기능은 문서 출력은 물론 복사와 팩스, 스캔 등이 포함된다. 휴대폰은 단순 통화기능 이외에 음악 청취, 인터넷 검색, 사진 촬영, 녹음 등 매우 다양한 기능을 제공한다. 샴푸와 린스는 다른 기능을 제공하는 생활용품이지만 바쁜 현대인의 요구사항을 반영하여 샴푸와 린스 기능을 통합한 제품이 많이 출시된다. 전구의 주된 기능은 조명의 제공이지만, 때에 따라서는 열을 공급할 수도 있고 장식을 위한 도구로 사용될 수도 있다. 기능단위 설정을 위한 첫 단계에서는 제품이 가지는 고유한 그리고 다양한 기능들을 규명한다. 그림 3-6을 보면 페인트의 기능으로 채색과 표면 보호, 장식 등이 있다.

(2) LCA를 위한 주요 기능 선정

대상 제품의 다양한 기능들이 규명되고 나면 기능 중에서 LCA의 대상이 되는 주요 기능을 선정한다. 페인트는 채색, 표면 보호, 장식 등의 기능이 있는데 제조과정에서 이 기능들을 구현하기 위해 도료와 안료를 생산하고 이를 가공하는 과정에서 환경부하가 주로 발생한다. 벽에 페인트를 채색하고 나면 표면을 보호하는 부가기능이 구현될 수도 있다. 그림 3-6은 LCA를 위한 페인트의 주요 기능으로 채색기능을 선정하였다.

(3) 기능단위 설정

ISO 14040:2006은 기능단위를 '어떤 제품시스템에 대한 환경성평가를 위한 기준단위로 사용하기 위해 정량화된 기능'이라고 정의하고 있다. 기능단위를 설정할 때는 다음의 사항을 반영해야 한다.

- 해당 제품시스템의 전과정을 포함
- 선정된 제품의 주요 기능을 정량적으로 표현
- 내구재는 제품의 수명을 포함

기능단위 설정을 페인트를 예로 들어 설명한다. 페인트에 대한 LCA의 주요 기능으로 선정된 채색기능을 정량적으로 표현하기 위하여 채색하는 면적을 설정한다. 그림 3-6에서는 페인트의 기능단위를 "20 m^2의 벽을 채색"으로 정량화하였다. 채색의 의미는 단순히 "벽에 페인트를 바른다"라는 의미도 있지만 "어느 정도로 채색하는지"에 대한 정량화도 필요하다. 이를 반영하여 기능단위를 "20 m^2의 벽을 불투명도 98%로 채색"으로 설정하였다. 페인트는 상당 기간 사용되는 내구재의 성격을 갖고 있다. 즉, 사용단계를 가진 내구재 제품은 기능단위 설정 시에 그 수명을 고려해야 하는데, 페인트도 제품들의 성능에 따라 수명이 다를 수 있다. 예를 들어, A사 페인트는 채색 후 수명이 10년인데, B사 페인트는 20년이 되어도 기능을 정상적으로 구현하고 있을 수 있으므로, 기능단위 설정 시에 사용 기간에 대한 정량화도 필요하다. 페인트의 수명을 기능단위에 반영하여 기능단위를 "20 m^2의 벽을 불투명도 98%로 채색하여 5년 유지"로 설정하였다.

(4) 제품의 성능 파악

설정된 기능단위를 구현하는데 필요한 제품의 양인 기준흐름(reference flow)을 산출하기 위하여 선정된 기능과 관련하여 제품의 성능을 파악해야 한다. A사 페인트와 B사 페인트의 성능의 예는 아래와 같다.

1. 페인트 1 L로 불투명도 98%로 채색할 수 있는 면적
   - A 페인트 : 8.7 m^2
   - B 페인트 : 10.0 m^2
2. 페인트를 칠한 후 지속시간
   - A 페인트 : 5년
   - B 페인트 : 3년

(5) 기준흐름의 결정

ISO 14040:2006은 기준흐름을 기능단위에 의해 표현된 기능을 수행하는데 필요한 주어진 제품시스템으로부터의 산출물의 기준이라고 정의하고 있다. 기준흐름이 결정되면 그림 3-7과 같이 제품시스템은 이를 기준으로 한 정량적인 흐름으로 전환된다. 기준흐름 설정을 페인트를 예로 들어 설명한다. 두 페인트의 성능에 따라 기능단위를 만족시키기 위한 제품의 양을 산정하면, A 페인트는 2.3 L가 필요하고 B 페인트는 2.0 L가 필요하다. 다음으로 페인트의 유지기간을 고려하면 A 페인트는 수명이 5년이므로 2.3 L가 필요하지만, B 페인트는 수명이 3년이므로 이를 반영하면 3.3 L의 페인트가 필요하다. 이상과 같이, 제품 사이의 환경성을 비교할 때는 반드시 동일 기능단위의 설정 하에서, 각 제품의 성능을 반영하여 기능단위를 만족시키기 위해 필요한 제품의 양, 즉 기준흐름들의 전과정동안의 환경성을 비교해야 한다.

1. 20 m^2의 벽을 불투명도 98%로 채색
   - A 페인트 : 20 m^2 ÷ (8.7 m^2/L) = 2.3 L
   - B 페인트 : 20 m^2 ÷ (10.0 m^2/L) = 2.0 L
2. 20 m^2의 벽을 불투명도 98%로 채색하여 5년간 유지
   - A 페인트 : 2.3 L × (5/5) = 2.3 L
   - B 페인트 : 2.0 L × (5/3) = 3.3 L

3.2.3 기능단위 설정의 예

전구와 병, 손 건조기에 대한 기능단위 설정 및 기준흐름의 결정에 적용한 예는 표 3-3과 같다. 이는 ISO TR 14049:2012에 소개된 예이다.

오렌지 음료 사례의 그림 3-5에서 제품시스템을 정의한 것을 보면 전과정 단계별로 물질 및 에너지 흐름을 화살표로 나타내고 있으나, 그 양을 표현하고 있지 않다. 기능단위 설정과 그에 따른 기준흐름이 결정되고 나면, 생산단계에서 기준흐름에 해당하는 제품을 생산하기 위해 필요한 상위흐름과 하위흐름의 양이 결정된다. 즉, 기준흐름이 결정되면 전과정단계의 세부흐름을 정량적으로 표현하게 된다.

표 3-3 기능단위 설정, 기준흐름 결정의 예

제품	전구	병	손 건조
기능	• 빛 공급 • 열 공급 • 기타	• 음료 보호 • 자유로운 관리 • 제품이미지 제고 • 기타	• 손 건조 • 박테리아 제거 • 기타
선정된 기능	• 빛 공급	• 음료 보호	• 손 건조
기능단위	• 5,600 K로 300 lx의 밝기로 50,000시간 유지	• 50,000 L 음료 보호	• 1,000쌍 손 건조
제품성능	• 전구 1개가 100 lx 밝기로 10,000시간 유지	• 0.5 L 일회용 병	• 한 쌍 손 건조를 위해 1장 종이수건 사용
기준흐름	• 15개 일광전구	• 0.5 L 일회용 병 100,000개	• 2,000장 종이수건

아래 LCA 사례에서 A사 오렌지 음료에 대해서 기능단위를 설정하고, 이를 만족시키기 위한 기준흐름을 결정하였다. 그리고, 그림 3-7에서 기준흐름을 중심으로 상위흐름과 하위흐름들이 정량적으로 전환된 것을 확인할 수 있다.

LCA 사례 **오렌지 음료 (3/19)**

A사의 오렌지 음료에 대한 환경성을 평가하고 이를 B사의 오렌지 음료와 비교하기 위하여 동일 기능단위를 설정하고 적용하였다. A사의 오렌지 음료 1개는 500 mL이고, B사의 오렌지 음료 1개는 1,000 mL다. A사와 B사 음료의 기능을 음료의 섭취로 정의하고, 주어진 기능단위 하에서 아래에 제시한 각 제품의 성능을 토대로 기준흐름을 결정한다. 참고로 A사와 B사의 대표 음료용기인 PET병의 무게는 100 mL당 각각 5.5 g과 5.0 g이고, 두 회사 음료의 밀도는 1 g/mL이다.

- **기능단위 설정** : 1,000 mL 오렌지 음료를 PET 용기에 담아 보관하고 섭취
- **기준흐름**

  A사 : - 음료 : 500 mL/개 × 2개 × 1 g/mL = 1,000 g

  - PET병 : 5.5 g/100 mL × 1,000 mL = 55 g

  B사 : - 음료 : 1,000 mL × 1개 × 1 g/mL = 1,000 g

  - PET병 : 5.0 g/100 mL × 1,000 mL = 50 g
- 기준흐름을 반영하여 작성한 A사 오렌지 음료에 대한 제품시스템은 그림 3-7과 같다.

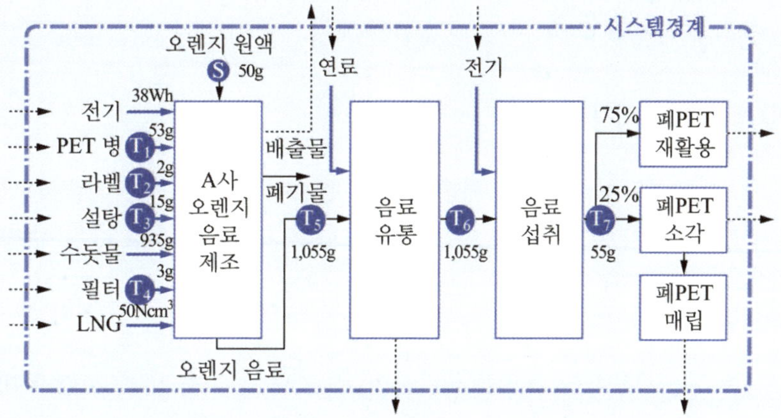

그림 3-7 오렌지 음료의 정량적 제품시스템

문제 1 **기준흐름 산정**

LCA를 활용하여 일회용 기저귀와 천 기저귀에 대한 환경성 비교평가를 위해 두 제품에 대한 기준흐름을 산정하고자 한다. 아래의 기능단위와 각 제품의 성능을 고려하여 각 기저귀의 기능단위를 만족하는데 필요한 기준흐름 즉, 기저귀 무게는 얼마인지 계산하시오.

- **(기능단위)** 유아의 기저귀 착용 기간인 30개월 동안 대소변을 처리
- **(성능 기준)** 천 기저귀 무게 : 50 g/개, 일회용 기저귀 무게 : 80 g/개
  - 천 기저귀 재사용 횟수 : 30회
  - 하루 기저귀 교체 횟수 : 천 기저귀(8회), 일회용 기저귀(4.5회)
- **(가정)** 1개월은 30일로 가정

풀이

■ 기능단위당 기저귀 개수

- 천 기저귀 : 30개월 × 30일/월 × 8회/일 ÷ 30회 = 240개
- 일회용 기저귀 : 30개월 × 30일/월 × 4.5회/일 = 4,050개

■ 기능단위당 기저귀 무게(기준흐름)

- 천 기저귀 : 240개 × 50 g/개 = 12,000 g = 12 kg
- 일회용 기저귀 : 4,050개 × 80 g/개 = 324,000 g = 324 kg

3.3 시스템경계

3.3.1 시스템경계

제품시스템에는 해당 제품과 관련된 자연계 또는 기술계 내의 물질 흐름과 에너지 흐름, 폐기 흐름 등이 포함된다. 원칙적으로 LCA 수행을 위해서는 제품시스템에 관련된 모든 흐름이 시스템경계 내에 포함되어야 한다. 그러나, 제품시스템과 관련된 모든 흐름에 대하여 데이터를 수집하여 LCA를 수행하는 것은 현실적으로 불가능할 뿐 아니라, 너무 많은 시간과 비용이 요구된다. 이에 일정한 기준에 따라 제품시스템의 전과정에서 환경영향에 대한 기여도가 낮을 것으로 예상되는 단위공정과 물질 흐름, 에너지 흐름의 일부를 시스

템경계에서 제외하는 기준이 부득이하게 필요하다. 이처럼 일정 기준에 따라 환경 기여도가 낮은 흐름들의 일부를 체계적으로 제외하는 기준을 제외기준(cut-off criteria)이라고 한다. LCA는 전과정 동안의 모든 투입물과 산출물에 대한 신뢰도 높은 데이터의 수집과 계산을 통해 최종결과를 얻는 것이 최선이지만, 실제로는 주어진 인력과 시간, 비용을 고려하여 연구의 목적에 맞는 결과를 얻을 수 있도록 데이터의 수집범위를 결정하는 체계적인 절차를 통해 시스템경계를 설정하게 된다.

3.3.2 제외기준

ISO 14044:2006에서 시스템경계는 어떤 단위공정들이 제품시스템 일부가 되는지를 상술하는 일련의 기준(set of criteria specifying which unit processes are part of a product system)을 통해서 정의된다. '일련의 기준'이란 데이터의 수집범위에 대한 정량적 요건으로 제외기준이 해당되며 ISO 14044:2006은 다음의 절차를 따르도록 권고하고 있다. 제외기준 절차에는 누적무게기준, 누적에너지기준, 환경 관련성 등이 적용되며, 세 가지 기준에 따라 데이터 수집범위에 포함된 단위공정들은 시스템경계에 포함되며, 모든 관련 데이터는 수집되어야 한다.

(1) 누적무게기준

시스템경계 설정 시에 적용되는 제외기준의 첫 번째는 누적무게기준에 의해 시스템경계를 설정하는 것이다. 제품시스템으로 들어가는 모든 투입물 또는 모든 산출물의 총무게 대비 각 투입물 또는 산출물의 무게비율을 산출한 후에 무게비율(wt %)이 큰 것부터 누적하여 정해진 비율까지의 투입물 또는 산출물을 시스템경계 내에 포함한다. 이 개념은 투입물 또는 산출물의 무게가 무거울수록 환경영향이 클 거라는 가정을 전제로 한다. 일반적으로 기업은 산출물보다 투입물 데이터의 관리가 더 정확하므로 ISO 14044:2006는 투입물을 대상으로 제외기준을 설정하는 것을 우선으로 하되, 산출물을 대상으로 제외기준을 설정할 수도 있다고 명시하고 있다. 누적무게기준의 정량적인 수치는 연구의 목적에 맞게 설정할 수 있다. 아래의 예시는 제외기준을 누적무게비율 99%로 설정한 경우를 가정하여 A부터 F까지가 데이터 수집대상으로 선정된 것을 보여준다.

투입물 명칭	무게 (kg)	누적무게비율 (%)
A	72.5	72.5
B	19.2	91.7
C	3.7	95.4
D	1.8	97.2
E	1.0	98.2
F	0.8	99.0
…	1.0	100.0
합계	100.0	

제외기준을 누적무게비율 99%로 정의한다고 가정할 때, 데이터 수집대상은 A, B, C, D, E, F가 포함된다.

(2) 누적에너지기준

제외기준의 두 번째는 누적에너지기준에 의해 데이터 수집범위를 결정하는 것이다. 모든 투입물의 에너지 함량을 산출하고 이들의 총 에너지 함량 대비 각 투입물의 에너지 함량 비율을 누적하여 정해진 비율까지의 투입물을 데이터 수집대상으로 결정한다. 누적에너지기준 적용의 목적은 투입량이 적어 무게기준으로는 시스템경계에서 제외될 수 있지만, 에너지 함량이 커서 환경영향이 클 수 있는 투입물을 포함하기 위함이다. 아래에는 누적에너지비율 99%를 기준으로 한다고 가정하고 투입물별로 에너지양을 산정한 결과 무게기준으로는 비록 7번째이지만 에너지 함량 기준으로는 두 번째인 G가 데이터 수집대상에 포함되는 것을 볼 수 있다. 누적무게비율 또는 누적에너지비율에 따라 수집대상으로 선정된 모든 투입물이 데이터 수집대상이 되므로 데이터 수집대상은 A, B, C, D, E, F, G가 된다.

투입물	무게 (kg)	에너지양 (MJ)	누적에너지비율 (%)
A	72.5	33.5	45.5
G	0.7	21.9	75.3
B	19.2	10.1	89.0
C	3.7	4.0	94.4
D	1.8	2.1	97.3
E	1.0	1.5	99.3
…	1.1	0.5	100.0
합계	100.0	73.6	

99% 누적에너지기준을 적용할 때, 데이터 수집대상은 A, G, B, C, D, E이며, 누적무게기준까지 포함하면 수집대상은 A, B, C, D, E, F, G이다.

(3) 환경 관련성

제외기준의 세 번째는 환경 관련성에 의한 데이터 수집범위를 결정하는 것이다. 제품시스템으로 투입되는 물질 중에서 무게와 에너지 함량이 적어서 시스템경계 설정 시에 제외대상인 투입물이라도 인체와 생태계에 해로운 유해화학물질을 함유한 경우에는 데이터 수집대상에 포함한다. 유해화학물질 목록은 유독물질, 사고대비물질, 제한물질, 금지물질 등으로 화학물질정보시스템(national chemical information system)에서 CAS 번호를 입력하여 검색할 수 있다. CAS 번호는 화학물질을 사용하는 사업장에 비치한 물질안전보건자료(Material Safety Data Sheet, MSDS) 목록에서 확인할 수 있다.

LCA 사례 오렌지 음료 (4/19)

- **시스템경계 설정**

  A사의 오렌지 음료에 대한 LCA를 위해 설정된 기능단위를 만족시키기 위해 필요한 기준흐름에 따라 그림 3-7과 같이 투입산출물 흐름이 규명되었다. 이를 토대로 시스템경계를 설정하고 일차데이터의 수집대상을 선정하기 위하여 제외기준으로 누적무게기준과 누적에너지기준을 각각 98%로 설정하고 적용하였다.

  표 3-4와 같이 에너지원인 전기와 LNG를 제외하고 누적무게기준으로

98%를 적용하면 총 6개 중 3개인 수돗물, PET병, 오렌지 원액이 데이터 수집대상에 포함되며, 무게기준에 의해 설탕, 필터, 라벨이 제외되었다.

표 3-4 누적무게기준 98%에 의한 제외기준 설정

No.	물질명	단위	투입량	비율(%)	누적무게비율(%)
1	수돗물	g	935.0	88.37%	88.37%
2	PET병 (뚜껑 포함)	g	53.0	5.01%	93.38%
3	오렌지 원액	g	50.0	4.73%	98.11%
4	설탕	g	15.0	1.42%	99.53%
5	필터	g	3.0	0.28%	99.81%
6	라벨	g	2.0	0.19%	100.00%

표 3-5와 같이 누적에너지기준을 적용하기 위하여 투입물별로 에너지 함량을 산출하였다. 각 투입물별 에너지 함량은 전과정 목록(LCI) 데이터를 활용하여 해당 투입물의 전과정에서 직·간접 에너지 함량을 조사하였다. 누적에너지기준 98%를 적용하여 데이터 수집대상을 선정한 결과 필터를 제외한 PET병, 설탕, 오렌지 원액, 라벨, 수돗물이 포함되었다. 누적무게기준의 적용 시에 제외되었던 설탕과 라벨이 누적에너지기준의 적용으로 다시 포함된 것을 알 수 있다.

표 3-5 누적에너지기준 98%에 의한 제외기준 설정

No.	물질명	단위	투입량	에너지양(MJ)	비율(%)	누적에너지비율(%)
2	PET병 (뚜껑 포함)	g	53.0	35.1	55.80	55.80
4	설탕	g	15.0	12.5	19.87	75.68
3	오렌지 원액	g	50.0	8.8	13.99	89.67
6	라벨	g	2.0	3.9	6.20	95.87
1	수돗물	g	935.0	1.5	2.38	98.25
5	필터	g	3.0	1.1	1.75	100.00

누적무게기준과 누적에너지기준에 따라 표 3-4와 표 3-5에서 보는 바와 같이, 총 6개 투입물 중에서 필터를 제외한 5개가 수집대상에 포함된다.

시스템경계 내에 포함된 대상물질들을 포함하여 시스템경계 설정하고, 시스템 내의 정량적 흐름을 수정한 결과는 그림 3-8과 같다. 필터의 흐름은 다른 물질의 흐름과는 달리 옅은 회색인데, 이는 데이터 수집대상에서 제외되었음을 의미하는 것이다.

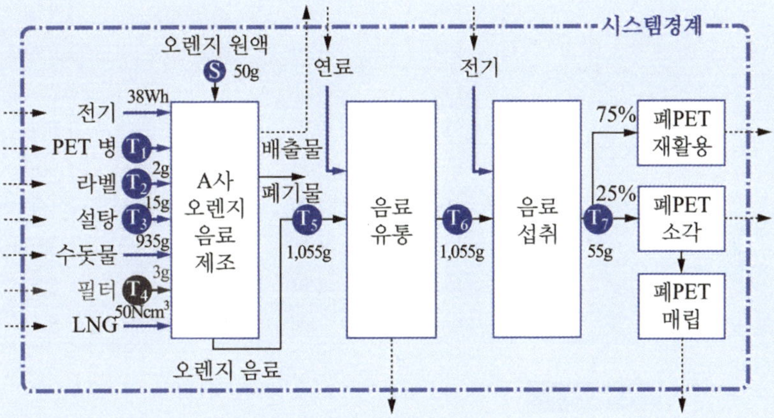

그림 3-8 조정된 오렌지 음료의 제품시스템

- **환경 관련성에 의한 제외기준 설정**

  연구대상 제품이 음료이므로 내용물과 용기에 MSDS 상에 유해성이 있는 물질이 포함되지 않을 것으로 분석되어 추가로 데이터 수집대상에 포함할 투입물은 없다.

문제 2 **제외기준 설정**

아래의 투입물 목록 중 시스템경계를 설정하기 위하여 누적무게비율 95%와 누적에너지비율 95%, 환경 관련성을 제외기준으로 설정하였다. 시스템경계 내에 포함되어 데이터 수집대상이 되는 물질명을 열거하시오.

물질명	소재 무게		에너지 함량		환경 관련성
	단위	무게	단위	에너지양	
A	ton	2,500	MJ/ton	2,300	
B	ton	31,000	MJ/ton	2,000	

C	ton	520	MJ/ton	1,850	
D	ton	125,000	MJ/ton	1,950	
E	ton	70	MJ/ton	153,000	
F	ton	3	MJ/ton	1,100	○
G	ton	5,100	MJ/ton	300	
H	ton	350	MJ/ton	2,000	
I	ton	105	MJ/ton	1,950	
J	ton	180	MJ/ton	1,900	
K	ton	1	MJ/ton	2,100	○
L	ton	720	MJ/ton	1,800	
M	ton	11,500	MJ/ton	1,900	
N	ton	2,300	MJ/ton	2,100	
O	ton	421	MJ/ton	320	
P	ton	150	MJ/ton	750	
Q	ton	80	MJ/ton	530	○

풀이

- **(1단계)** 누적무게비율 95%에 의한 수집대상 선정 : D, B, M, G를 선정
  - A부터 Q의 투입물을 무게순으로 나열한 후에 전체 무게의 합인 180,000 ton을 분모로 두고 A부터 Q의 무게비율을 산정
  - D(69.4%) → D+B(86.7%) → D+B+M(93.1%) → D+B+M+G(95.9%)
- **(2단계)** 누적에너지비율 95%에 의한 수집대상 선정 : D, B, M, E를 선정
  - 투입물별로 무게(ton)와 단위 에너지 함량(MJ/ton)을 곱한 후에 A부터 Q까지의 계산 값을 통합 : 354,219,770 MJ
  - A부터 Q의 에너지 비율을 계산한 후에 무거운 것부터 누적하여 98%가 될 때까지 합산
  - D(68.8%) → D+B(86.3%) → D+B+M(92.5%) → D+B+M+E(95.5%)
- **(3단계)** 환경 유해성이 확인된 성분을 함유한 투입물 포함 : F, K, Q가 선정
- **(결과)** 17개 투입물 중 B, D, E, F, G, K, M, Q 등 8개 투입물이 수집대상에 선정됨

문제 3 제외기준 설정

아래 표는 석유화학 소재인 ABS(Acrylonitrile Butadiene Styrene)를 생산하기 위한 투입물 목록이다. 이들 중, NaOH, PAA(Polyacrylamide), Vinyl bag을 데이터 수집대상에서 제외하려면 누적무게비율을 얼마로 설정해야 하는지 소수점 첫째 자리로 나타내시오.

물질명	단위	양
Acrylonitrile	kg	322.5
Styrene	kg	188.5
Butadiene	kg	200.9
NaOH	kg	12.1
Process water	kg	110.3
PAA	kg	2.7
Electricity	kWh	52.9
Vinyl bag	kg	2.1

풀이

- **(1단계)** 누적무게비율을 계산하기 위하여 전기를 제외한 물질을 무거운 순으로 나열
  - Acrylonitrile(322.5), Butadiene(200.9), Styrene(188.5), Process water(110.3), NaOH(12.1), PAA(2.7), Vinyl bag(2.1)
- **(2단계)** 무게의 합인 839.1 kg을 기준으로 투입물별 무게비율을 계산
  - Acrylonitrile(38.4%), Butadiene(23.9%), Styrene(22.5%), Process water(13.1%), NaOH(1.4%), PAA(0.3%), Vinyl bag(0.3%)
- **(3단계)** 투입물별 무게비율이 무거운 것부터 누적으로 계산하여 Process water까지 합산
  - Acrylonitrile(38.4%) → Acrylonitrile + Butadiene(62.4%) → Acrylonitrile + Butadiene + Styrene(84.8%) → Acrylonitrile + Butadiene + Styrene + Process water(98.0%)
- **(결과)** 누적무게비율 98.0%로 설정

3.4 데이터 품질요건

범위정의 단계의 네 번째 항목인 데이터 품질요건은 시스템경계 내에 포함된 수집 단위공정과 관련된 물질 흐름 및 에너지 흐름에 대하여 필요한 데이터의 품질을 구체화하는 과정이다.

3.4.1 데이터 구분

데이터는 수집 출처에 따라 일차데이터(primary data)와 이차데이터(secondary data)로 구분한다. 또한, 데이터 생성방법에 따라 측정데이터, 계산데이터, 문헌데이터, 추정데이터로 구분한다.

(1) 데이터 출처에 따른 분류

① 일차데이터

ISO 14067:2018은 일차데이터를 직접 측정하거나 측정치에 근거하여 계산한 데이터라고 정의한다. 연구대상 제품시스템 내의 각 단위공정에서 직접 수집한 데이터를 현장데이터(site-specific data)라고 하고, 이는 일차데이터에 포함된다. 일차데이터 목록을 용도별로 분류하면 아래와 같이 원부자재, 에너지 및 유틸리티, 배출물(대기, 수계), 폐기물, 제품 및 부산물, 수송 및 유통 물동량 등을 포함한다.

㈀ 원부자재 종류별 사용량(예: PE, PET, 고무, 설탕, 윤활유)
㈁ 에너지 및 연료원별 사용량(예: 전기, LPG, LNG, 경유)
㈂ 유틸리티 종류별 사용량(예: 스팀, 압축공기, 공정수)
㈃ 대기배출물별 발생량(예: CO_2, NO_x, SO_2, VOC)
㈄ 수계배출물별 발생량(예: BOD, COD, SS, T-N)
㈅ 폐기물 종류별 발생량(예: 폐종이, 폐고무, 폐목)
㈆ 제품 및 부산물 생산량
㈇ 원부자재 및 연료원 등의 수송 물동량(ton·km)

② 이차데이터

ISO 14067:2018은 이차데이터를 일차데이터의 요건을 충족하지 못한 데이터라고 정의한다. 이차데이터에는 LCI 데이터베이스 및 문헌데이터, 추정치 등이 포함된다. 시스템경계 내에 포함된 모든 단위공정에서 일차데이터를 수집하는 것이 바람직하다. 하지만 제품시스템의 가치사슬에 포함된 협력사에서 관리하는 투입물과 산출물 데이터와 제품 사용 및 폐기과정에서의 투입물과 산출물 데이터는 제품 제조사가 직접 관리할 수 없을 수 있으므로, 부득이 이차데이터를 수집할 수도 있다.

대표적인 이차데이터로는 LCI 데이터베이스가 있다. 이는 제품의 가치사슬에 포함된 주요소재, 부품, 에너지 및 연료, 수송, 재활용, 소각, 매립 등에 대하여 기본흐름 투입물과 산출물 세트로 구성된 것이다. 대표적인 LCI 데이터베이스를 제공하는 플랫폼에는 UN 환경 프로그램(environmental programme)이 Life Cycle Initiative를 통해 운영하는 GLAD(Global LCA Data network)와 스위스 비영리협회인 Eco-invent에서 운영하는 Eco-invent 플랫폼, 우리나라 한국환경산업기술원의 국가 LCI 데이터베이스 정보망 등이 있다.

(2) 데이터의 생성방법에 따른 분류

① 측정데이터

측정데이터는 생산 현장에서 직접 계측하거나 고지서와 구매 장부 등을 통해 회사에서 직접 관리하는 데이터로 일차데이터에 포함된다. 수집한 데이터 목록 중 측정데이터가 많아질수록 연구결과의 신뢰도가 높아진다. 측정데이터는 계측범위에 따라 공장 단위와 제품 단위, 공정 단위로 구분할 수 있다. 일반적으로 원료와 보조물질은 제품 단위로 데이터를 측정한다. 반면에 공정에 사용되는 전기, 스팀, 공정수와 같은 유틸리티는 제품 단위가 아닌 공장 단위로 관리하는 경우가 많으므로 LCA를 위해서는 공장 단위 데이터를 제품 단위로 전환해야 한다. 일반적으로 공장 단위로 관리하는 데이터는 유량계 등을 통해 공장 전체의 사용량을 측정하는데, 이를 LCA에 활용되기 위해서는 제품별 생산 현황과 제품별 특성을 반영하여 제품별로 데이터를 분배해야 한다. 이처럼 측정데이터에 기반하여 데이터를 세분화하여 얻은 데이터도 측정데이터로 간주한다.

② 계산데이터

측정데이터가 존재하지 않으면 물질 수지 또는 열역학 법칙을 활용한 계산 과정을 통해 데이터를 산출하게 되는데, 이를 계산데이터라고 한다. 예를 들어, 기후변화의 주요 원인 중의 하나인 이산화탄소는 대기환경보전법 상에서 측정항목에 포함되지 않아 온실가스 배출계수를 활용하여 이산화탄소 배출량을 계산한다. 예를 들면, 발효 공정에서 이산화탄소와 휘발성 유기화합물이 발생하는데, 이들을 측정할 수 없으므로 화학양론식에 의해 발생량을 계산한다. 공정수를 일정 온도까지 가열할 때 필요한 열량도 직접 측정하기 쉽지 않아서 아래와 같은 열량 계산식을 활용하여 열량을 환산한 후에 이를 토대로 연료량을 역산한다. 이와 같은 과정을 통해 수집한 데이터를 계산데이터라고 한다.

③ 문헌데이터

연구논문이나 국가 또는 업종별 통계 데이터, LCI 데이터베이스 등을 활용하여 수집한 데이터를 문헌데이터라고 한다. 공장이 정상상태로 가동된 기간이 짧거나 영세 기업이어서 데이터 관리가 어려운 경우 등 다양한 이유로 유효한 데이터를 수집하기 힘들 수가 있다. 또한, 특정 제품의 가치사슬에서 제품의 폐기단계에 포함된 재활용과 소각, 매립공정은 불특정 다수의 기업에서 처리하기 때문에 대표성 있는 데이터를 수집하기 어렵다. 이 경우에 문헌데이터를 사용할 수 있다. 부득이하게 문헌데이터를 데이터 계산에 활용한 경우에는 그 사유와 출처를 명확하게 보고서에 기록하고, 그 정당성을 증명해야 한다.

④ 추정데이터

측정 또는 계산 등을 통해 산출한 데이터가 아니라 전문가의 경험에 의해 수집한 데이터를 추정데이터라고 한다. 이는 측정데이터 또는 계산데이터, 문헌데이터가 없는 부득이한 경우에만 사용할 수 있다. 추정데이터는 연구의 신뢰도를 떨어뜨릴 수 있으므로 가급적 사용을 최소화해야 하지만 활용해야 한다면 이에 대한 명확한 사유를 보고서에 기록하고, 그 정당성을 증명해야 한다.

3.4.2 데이터 품질요건

(1) 데이터 품질지표

ISO 14044:2006에 따라 데이터를 수집할 때, 가급적 아래에 제시한 10가지 데이터 품질지표(Data Quality Indicator, DQI)를 고려해야 한다.

- 시간적 범위
- 지역적 범위
- 기술적 범위
- 정확성
- 완전성
- 대표성
- 일관성
- 재현성
- 데이터 출처
- 수집정보의 불확도

그림 3-9는 신뢰도가 높은 LCA 결과를 얻기 위해 위에서 제시한 10가지 데이터 품질지표를 활용하여 수집된 데이터에 대해 데이터 품질평가(Data Quality Assessment, DQA)를 수행하는 절차를 보여준다. LCA의 범위정의에서 데이터 품질요건(Data Quality Requirements, DQR) 설정 시에 수집데이터의 시간적 범위, 지역적 범위, 기술적 범위 등 3대 품질요건은 반드시 설정해야 하며, 연구의 목적에 따라 정확성과 완전성, 대표성 등의 데이터 품질지표를 활용하여 데이터 품질평가가 수행된다. 데이터 품질평가 후에 데이터의 단위환산 오류 여부 및 일부 데이터 누락 여부를 확인하고, 최종적으로 데이터의 일관성과 재현성을 검토하는 절차를 거치게 된다.

그림 3-9에서 보는 바와 같이 데이터 품질평가는 수집한 데이터가 설정된 품질요건을 충족시키는지를 평가하는 절차와 데이터를 활용하여 얻은 결과에 대한 품질을 평가하는 절차로 구분한다(Ashley E. and Wesley I., 2016).

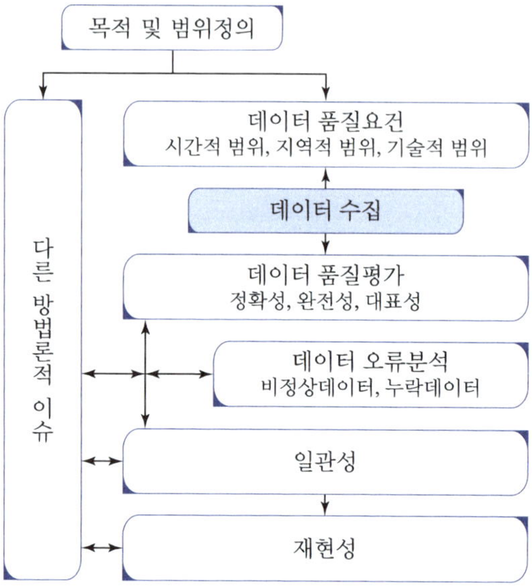

그림 3-9 데이터 품질평가 절차

데이터 품질요건

① 시간적 범위(time-related coverage)

데이터의 작성시기에 대한 요건을 설정하고, 이를 데이터 수집 시에 반드시 반영해야 하며, 이는 데이터의 품질을 높이는 데 중요하다. 가능한 최신의 데이터를 수집하는 것이 실제 현장 상황을 최대한 반영할 수 있으므로 데이터의 유효기간을 주기적으로 관리하여 데이터를 최신화하는 것은 중요하다. 연구의 목적 및 범위에 따라 달라질 수 있지만, 일반적으로 시간적 범위는 최대 3년에서 5년까지의 데이터 중에서 가장 최근의 데이터를 유효데이터로 인정한다. 일차데이터는 데이터의 통제가 가능한 제조 사업장에서 수집하기 때문에 데이터의 최신화가 비교적 쉽지만, 이차데이터는 데이터의 최신화가 상대적으로 어렵다. 다음은 시간적 범위에 대한 데이터 품질요건의 예이다.

품질요건(예)

- 사업장에서 직접 통제할 수 있는 일차데이터는 최근 3년 이내의 생산실적 중 가장 최신의 생산데이터이어야 한다.
- 사업장에서 직접 통제할 수 없는 이차데이터는 최근 5년 이내 중 가장 최신의 생산데이터이어야 한다.

② 지역적 범위(geographical coverage)

데이터 수집 시에 지역적인 범위를 설정하는 것이 중요하다. 예를 들면, 지역별로 다른 기후로 인해 같은 제품을 생산하는데 필요한 에너지양이 달라질 수 있고, 지역별로 사용하는 전기에 대한 에너지 믹스(energy mix)가 달라 1 kWh당 탄소배출계수가 다를 수 있기 때문이다. 에너지 믹스는 전기 1 kWh 발전에 기여하는 화력발전(석탄, 유류, 가스 등), 원자력발전, 수력발전, 재생에너지발전(풍력, 태양광), 신에너지발전(연료전지) 등의 비율이며, 원자력과 수력, 신·재생에너지의 비율이 높을수록 1 kWh당 탄소배출계수가 낮아질 수 있다. 만일 음료 용기를 생산하는데 사용되는 PET를 국내산과 중국산의 비율을 각 50%씩 사용한다고 가정할 때, 수집데이터의 지역적 범위를 고려하지 않고 상대적으로 수집하기 쉬운 국내 생산업체로부터 수집한 데이터를 활용하여 결과를 산출하면 전혀 다른 왜곡된 결과를 얻을 수 있다. 중국은 화력발전의 비중이 우리나라보다 높아 중국의 전력 1 kWh당 탄소배출계수가 우리나라의 전기 1 kWh당 탄소배출계수보다 높기 때문이다. 아래는 지역적 범위에 대한 데이터 품질지표의 데이터 품질요건의 예이다.

품질요건(예)

- 이차데이터는 대상지역의 데이터를 수집하는 것을 원칙으로 하되, 여의치 않을 때는 에너지 믹스가 유사한 지역의 데이터를 사용할 수 있다.

③ 기술적 범위(technology coverage)

데이터 수집 시에 생산공정에 적용된 기술적 범위를 고려해야 한다. 어떤 생산기술을 사용하느냐에 따라 생산수율과 환경영향이 달라질 수 있으므로 적용된 생산기술과 관련된 데이터를 수집하는 것은 중요하다. 예를 들어, 최근 탄소중립의 이슈화로 대체 에너지원으로 수소에너지가 부각되면서 수소 제법별로 온실가스 배출량에 관한 관심도 증가하고 있다. 상용화되어 있는 수소 제법은 천연가스 분해법, 납사 분해법, 물의 전기분해법 등 다양하며, 제법별로 수소 1 Nm^3을 생산하는 과정에서 발생한 온실가스 배출량도 각기 다르다. 따라서 수소생산에 대한 데이터를 수집할 경우, 사업장에서 사용한 수소의 제법과 동일 수소생산 데이터를 수집해야 한다. 아래는 기술적 범위에 대한 데이터 품질지표의 데이터 품질요건의 예이다.

품질요건(예)

- 일차데이터는 천연가스 분해기술을 활용하여 수소를 생산한 공정으로부터 수집해야 한다.

데이터 품질평가

④ 정확성(precision)

그림 3-9에서 보는 바와 같이, 정확성은 데이터의 품질요건에 맞게 수집한 데이터의 품질평가를 위한 품질지표 중의 하나이다. 정확성은 수집한 데이터가 평균으로부터 분포의 범위가 어느 정도인지를 나타내는 데이터 품질지표이다. 수집한 데이터의 표본이 여러 개가 있을 때 이들의 값이 얼마나 몰려 있는지를 확인하는 과정으로 주로 표준편차(standard deviation)가 사용되는데, 표준편차는 작을수록 평균값에서 변량들의 거리가 가깝다는 것을 의미한다. 전기사용량 데이터를 예로 들어보자. 공장 관계자는 매일 전력사용량을 계측하여 일지에 기록하고, 기록한 일지를 모아서 월보를 작성하고, 월보를 모아서 연보를 작성한다. 일지와 월보, 연보에는 전기사용량과 함께 생산량도 기록된다. 사업장으로부터 데이터를 수집할 때, 연보에 담긴 연간 생산량과 연간 전력사용량 데이터를 수집하면 표본은 1개이므로 수집한 데이터의 정확성을 확인할 수 없다. 사업장으로부터 최소한 12개월 생산실적을 반영한 월보 또는

일보에 담긴 데이터를 수집하면 월별 또는 일일 전기데이터의 편차를 토대로 의미있는 해석을 할 수 있다. 즉, 월보 또는 일보에 담긴 12개 데이터 또는 조업일수에 해당하는 일자의 데이터를 수집하면 생산량 1 ton당 전력사용량 데이터들이 평균치를 중심으로 얼마나 모여 있는지를 데이터의 정확성을 통해서 확인할 수 있다. 통계학적으로 유의미한 결과로 인정을 받기 위해서는 일반적으로 표본 수가 최소 30개 이상이어야 하므로 객관적인 결과로 외부에 공개하는 용도로 활용하기 위해서는 공정데이터를 최소 30개 이상 수집한 후에 데이터의 정확성을 분석하는 것이 적합하다.

품질요건(예)

- 매년 수집대상 데이터별로 30개 이상의 표본을 수집하여 표준편차가 ±0.5 이내에서 관리한다.

⑤ 완전성(completeness)

그림 3-9에서 보는 바와 같이, 데이터의 완전성은 데이터 품질요건에 따라 수집한 데이터의 품질평가를 위한 품질지표 중의 하나이다. ISO 14044:2006에서 완전성은 측정 또는 추정된 데이터의 비율이라고 정의되어 있다. 1994년에 LCA의 데이터 품질에 대한 책을 발간한 환경독성화학회(Society for Environmental Toxicity and Chemistry, SETAC)는 데이터를 수집할 수 있는 데이터 포인트의 수에 대비하여 실제 얻은 데이터의 양이라고 정의한다(SETAC, 1994). 예를 들어, 공장에서 생산한 제품을 포장하기 위해 사용되는 수축랩에 대한 LCA를 수행하려고 하는데, 수축랩을 생산하는 공장은 25개가 있다. 이들 중 15개의 공장에서 데이터를 수집했다면 데이터의 완전성은 60%가 된다. 데이터의 완전성이 낮으면 연구결과의 신뢰도를 떨어뜨릴 수 있으므로 완전성이 낮은 경우에는 민감도 분석을 수행한다.

품질요건(예)

- 동일 제품을 생산하는 사업장들 중에 최소 60% 이상의 사업장들에서 데이터를 수집해야 한다.

⑥ 대표성(representativeness)

그림 3-9에서 보는 바와 같이 대표성은 수집한 데이터에 대한 품질평가를 위한 품질지표 중의 하나이다. ISO 14044:2006은 대표성을 수집한 데이터가 관심 대상 모집단을 반영한 정도를 정성적으로 나타내는 데이터 품질평가 지표라고 정의한다. 앞에 설명한 완전성에서 설명한 수축랩의 예를 다시 들면, 수축랩을 생산하는 25개 공장에서 생산한 총생산량이 10만 톤이고 데이터를 수집한 15개 공장에서 생산한 수축랩이 5만 톤이면, 완전성은 60%이지만, 대표성은 50%가 된다.

품질요건(예)

- 동일 제품을 생산하는 사업장들의 총생산량 중에서 누적으로 최소 70% 이상을 차지하는 사업장들에서 데이터를 수집해야 한다.

(2) 데이터 품질평가 방법

데이터 품질평가는 수집데이터가 연구의 범위에서 정의한 데이터 품질요건에 부합하는지를 평가하는 과정이다. 데이터 품질평가 방법으로는 미국 환경성(United States Environmental Protection Agency, US EPA)에서 2016년에 발간한 전과정 목록 데이터를 위한 데이터 품질평가 가이드(Guidance on Data Quality Assessment for Life Cycle Inventory Data)와 EU PEF(Product Environmental Footprint) 가이드, 네덜란드 라이덴 대학(Leiden university)에서 발간한 LCA를 위한 품질평가(Quality Assessment for LCA) 등에서 제시한 Pedigree 매트릭스법이 일반적이다(Nico W. et al., 1999).

표 3-6은 네덜란드 라이덴 대학의 LCA를 위한 품질평가에 수록된 Pedigree 매트릭스의 5대 품질지표의 각 점수구간별 품질기준을 정의한 예이다. 5대 데이터 품질지표는 그림 3-9의 데이터 품질평가를 위한 지표인 신뢰성, 완전성, 대표성이 포함되며, 대표성은 시간적 대표성, 지리적 대표성, 기술적 대표성으로 세분화된다. 즉, Pedigree 방법의 품질지표로는 5대 지표가 사용되며, 품질지표별 점수구간은 1점부터 5점까지이고, 지표별 점수는 1점에 가까울수록 데이터 품질이 우수함을 의미한다. 최근에 EU PEF 가이드에서는 표 3-6에 제시

된 5대 품질지표 이외에 방법론적 적절성 및 일관성 지표를 추가한 Pedigree 매트릭스를 제시하고 있다. 이처럼 Pedigree 방법은 연구에 따라 상황에 맞게 변형하여 사용할 수도 있다.

표 3-6 Pedigree를 활용한 5대 품질지표의 점수구간별 품질기준의 예

구분		1	2	3	4	5
대표성	시간적	3년 미만	6년 미만	10년 미만	15년 미만	15년 이상
	지역적	충분한 지역에서 수집한 데이터	넓은 지역에서 수집한 평균 데이터	유사 지역에서 수집한 데이터	다소 유사한 지역에서 수집한 데이터	유사하지 않은 지역에서 수집한 데이터
	기술적	해당 공장에서 수집한 데이터	같은 기술을 사용한 다른 회사에서 수집한 데이터	다른 기술을 적용한 회사에서 수집한 데이터	같은 기술을 적용한 유사 공정과 소재로부터의 데이터	다른 기술을 적용한 유사 공정과 소재로부터의 데이터
신뢰성		측정에 근거한 검증데이터	부분적 가정에 근거한 검증 데이터 또는 측정에 근거한 미검증 데이터	부분적 가정에 근거한 미검증 데이터	정성적인 추정데이터	비정성적 추정데이터
완전성		충분한 기간 동안 현장에서 충분한 표본에 의한 대표적 데이터	충분한 기간 동안 다소 적은 현장에서 수집한 데이터	짧은 기간 동안 충분한 현장에서 수집한 데이터	짧은 기간 동안 다소 적은 현장에서 수집한 데이터	다소 적은 지역에서 수집한 불충분한 데이터

Pedigree를 활용한 데이터 품질평가는 품질지표별 품질평가와 데이터 품질평가 등 두 단계로 구성된다. 품질지표별 품질평가는 각 수집대상 사업장에서 수집한 데이터에 대하여 Pedigree를 활용하여 각 품질지표에 대하여 품질평가를 수행한 후에 각 사업장의 품질지표 결과로부터 품질지표별로 평균을 도출한다. 단 한 개의 품질지표라도 품질기준을 만족하지 못하면 데이터를 다시 수집해야 한다. EU PEF는 품질지표별 기준을 3.0 이하로 설정하고 있다.

다음으로 품질지표별 품질평가 평균을 활용하여 데이터 품질평가를 수행한다. 이는 아래의 관계식과 같이 품질지표별 평균값에 대한 총평균을 의미한다. 데이터 품질평가 결과가 품질기준을 만족하였다고 하더라도 각 품질지표에 대한 품질기준을 만족하지 못하면 데이터를 다시 수집해야 한다. 반대의 경우도 데이터를 다시 수집해야 한다. EU PEF 가이드는 데이터 품질기준을 2.5 이하로 설정하고 있다. 지표별 품질기준인 3.0 이하를 만족하였더라도 전체 평균이 2.5 이하를 만족해야만 한다는 것을 의미한다(EC, 2012). 아래는 i 데이터에 대한 5개 품질지표별 품질점수에 대한 평균(S_i)를 산출하는 관계식이다.

$$S_i = \frac{TiC_i + GC_i + TeC_i + P_i + C_i}{5}$$

TiC(시간적 범위), GC(지역적 범위), TeC(기술적 범위), P(정확성), C(완전성), i(데이터)

LCA 사례 오렌지 음료 (5/19)

오렌지 음료에 대한 데이터 품질평가를 위해 정의한 Pedigree Matrix는 표 3-7과 같다.

- **데이터 품질지표(DQI)** : 시간적 범위, 지역적 범위, 기술적 범위, 완전성 등 4가지를 선정
- **데이터 품질평가 방법**
  - 방법론 : 네덜란드 라이덴 대학에서 발간한 'Quality Assessment for LCA'에 제시된 Pedigree Matrix를 현 상황에 맞게 조정한 매트릭스를 사용
  - 수집 데이터별 점수화 방법 : A, B, C 등급으로 구분하며, A등급은 지표별 품질평가 점수의 평균값이 1.5점 이하이어야 하고, B등급은 1.5점 초과 2.5점 이하이어야 하며, C등급은 2.5점 초과로 설정

표 3-7 오렌지 음료에 대한 데이터 품질평가용 Pedigree Matrix				
	시간적 범위 (TiC)	지역적 범위 (GC)	기술적 범위 (TeC)	완전성 (C)
1점	3년 이내의 데이터	해당 사업장 데이터	해당 사업장 데이터	측정데이터
2점	5년 이내의 데이터	국내 동종 사업장 데이터	동일 기술을 사용한 타 회사 최신데이터	계산데이터
3점	7년 이내의 데이터	해외 동종 사업장 데이터	동일 기술을 사용한 최근 10년 이내 타 회사 데이터	동일 업종 문헌 데이터
4점	9년 이내의 데이터	국내 유사 사업장 데이터	유사 기술을 사용한 타 회사 최신데이터	유사 업종 문헌 데이터
5점	10년 초과 데이터	해외 유사 사업장 데이터	유사 기술을 사용한 최근 10년 이내 타 회사 데이터	추정데이터

- **데이터 품질 목표 설정** : 품질지표의 품질평가 결과는 C등급에 해당하는 2.5점 이상을 받은 데이터가 전체의 20%를 넘을 수 없다. 또한, 품질평가 결과는 B등급에 해당하는 2.5점 이하이어야 한다.

3.5 할당

단위공정별로 수집한 데이터에 대한 검증과 품질평가를 통과한 데이터에 대하여 LCI를 위한 계산을 수행한다. 일반적으로 산업공정들은 서로 다른 제품시스템이 공유하는 경우가 많은데, 이 경우에는 단위공정에서 수집한 데이터들을 다른 제품시스템 사이에서 적절하게 분배해야 하는데, 이를 할당(allocation)이라고 하며, 범위정의 단계에서 적용할 할당방법을 정의해야 한다. 그림 3-10은 한 제품시스템의 전부 또는 일부가 다른 제품시스템과 공유되고 있음을 보여주고 있다. 제품시스템들 사이에 공유되고 있는 공정들은 그 공정들에 관련된 투입물과 배출물도 제품시스템 간에 공유된다. 따라서 제품시스템 간에 공유되는 단위공정에 대한 투입물과 배출물을 제품시스템별로 배분해야 각 제품시스템과 관련된 단위공정의 투입물과 배출물을 산출할 수 있다(Henrik W. 외, 1997). 그림 3-10의 왼쪽은 원유를 채취, 수송, 정제한 후에 납사 분해를 통해 프로필렌과 스티렌을 생산하는 공정으로 두 제품 즉, 프로필렌과 스티렌 시스템 간에 공유되고 있음을 보여주고 있다. 한편, 그림 3-10의 오른쪽은 원유를 채취하여 고분자를 생산한 후에 사출성형공정을 통해 제품 1과 폐기물이 발생하며, 이 폐기물은 재생을 위한 사출공정을 통해 제품 2를 생산한다. 제품 1 시스템과 제품 2 시스템이 원유채취에서 고분자 생산공정까지의 공정을 공유하고 있음을 보여준다.

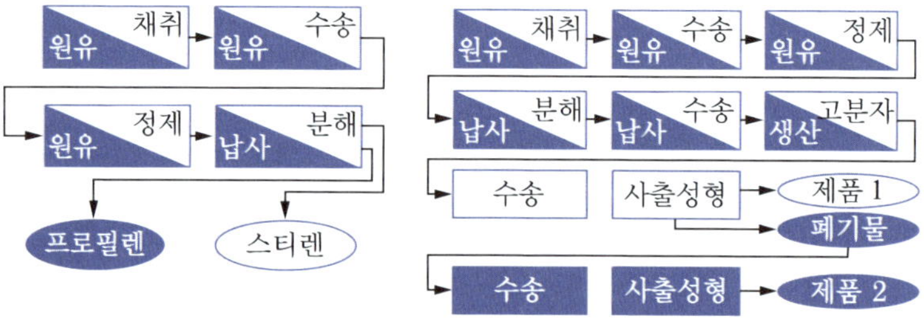

그림 3-10 제품시스템 전부(좌) 또는 일부(우) 공유공정의 예
[출처] EDIP(Environmental Development of Industrial Products, 1997)

할당이 필요한 경우는 그림 3-11과 같이 다중 산출 공정(multi-output process)과 다중 투입 공정(multi-input process), 열린고리 재활용(open-loop recycling) 등 세 가지이다. 다중 산출 공정에서의 할당은 동일 사업장에서 여러 제품이 동시에 생산될 때, 제품별로 환경부하를 배분하는 경우를 말하고, 다중 투입 공정에서의 할당은 소각로 또는 폐수처리장 등에서 다른 폐기물 또는 폐수들이 공정으로 투입된 후에 동시에 처리될 때, 발생한 환경부하를 폐기물 또는 폐수별로 배분하는 경우를 말한다. 열린고리 재활용은 앞단의 제품시스템에서 발생한 폐기물을 재활용하여 뒷단의 제품시스템에서 원료로 사용하는 경우에 폐기물 재활용과정에서 발생한 환경부하를 배분하는 경우를 말한다. 하지만, 위에서 소개한 3가지 경우에서 할당을 위해 투입물과 산출물 데이터들을 인위적으로 배분하는 과정을 거치게 되는데, 이는 연구결과의 신뢰도를 떨어뜨릴 수 있으므로, ISO 14044:2006은 가능한 할당을 회피하도록 하고, 회피할 수 없는 경우에만 할당을 수행하도록 명시하고 있다. 할당의 원칙과 절차, 수행방법 등에 대한 세부내용은 제4장 전과정 목록분석의 '5. 데이터 계산'에서 자세히 다룬다.

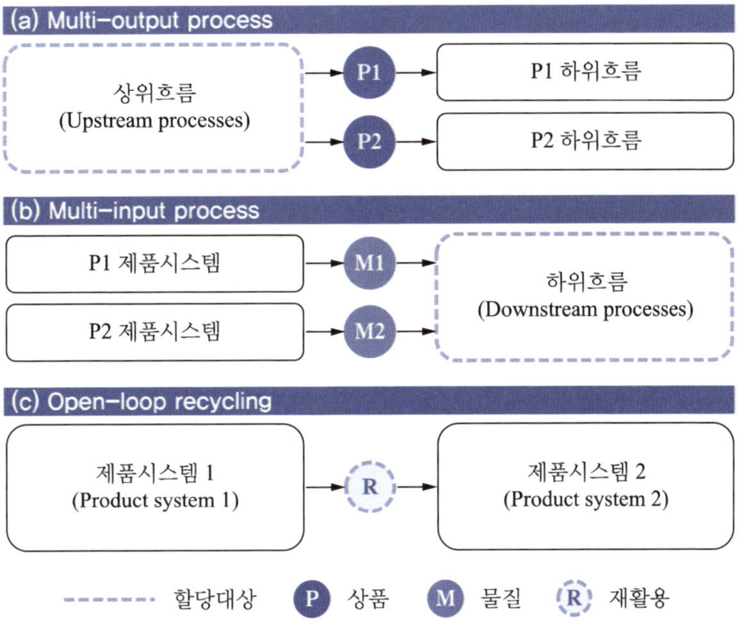

그림 3-11 다중 산출과 다중 투입, 열린고리 재활용에 대한 제품시스템 모형

LCA 사례 오렌지 음료 (6/19)

- 오렌지 음료의 제품시스템에 대한 할당방법은 다음과 같다.
  음료 제조공정에서의 다중 산출(multi-output)에 의한 할당은 무게비에 의한 할당을 원칙으로 한다. 다만, 주산물과 부산물 간의 단가 차이가 30% 이상이면 경제적인 가치를 기준으로 할당을 수행한다.

3.6 영향평가 방법론

수집된 투입물과 산출물 데이터를 계산하여 LCI를 수행하여 얻은 결과를 LCI 결과라고 하며, 이를 활용하여 LCIA를 수행하게 된다. 범위정의 단계에서 연구의 목적에 맞게 연구대상 제품시스템의 환경영향을 평가하기 위해 적용할 LCIA 방법론을 선정해야 한다. LCIA 방법론의 선정에는 영향범주와 범주지표를 선정하는 것도 포함된다. 표 3-8은 국제적으로 많이 활용되고 있는 LCIA 방법론들을 보여주고 있다. 다음의 사항을 고려하여 연구의 목적에 적합한 LCIA 방법론을 선정한다.

- 방법론에 포함된 지역적 범위가 해당 제품 또는 서비스를 생산하는 지역적 범위를 포함하는지 여부
- 방법론에 포함된 영향범주에 연구의 목적에 따라 선정된 영향범주가 포함되는지 여부
- 방법론에서 평가하는 환경영향의 수준(중간점, 종말점)이 연구의 목적에 부합한 수준의 환경영향을 평가할 수 있는지 여부
- 방법론이 연구의 목적에 따라 정규화 또는 가중화 등의 선택적 요소에 대한 영향을 평가할 수 있는지 여부
- 방법론이 최근 환경이슈를 평가할 수 있는지 여부

LCIA 방법론과 관련된 세부 사항은 '제5장 전과정 영향평가'에서 자세히 설명한다(Rolf F. 외, 2016).

표 3-8 영향평가 방법론 비교

명칭	출처	영향범주/보호 대상	특징
CML 2001	네덜란드 라이덴 대학	• 영향범주 : 산성화, 지구온난화, 부영양화, 담수독성, 인체독성, 해양독성, 오존층 파괴, 광화학스모그, 토양독성	• 중간점 수준의 범주지표가 적용 • 특성화 인자는 상응인자법으로 개발 • 정규화 인자는 유럽기준과 세계기준으로 구분하여 제시
CExD 2007	스위스 ETH	• 재생가능에너지 : 풍력, 태양광, 수력, 바이오매스, 조력 • 재생불가능에너지 : 화석연료, 원자력, 목재 • 재생불가능자원 : 금속, 광물	• 중간점 수준의 범주지표가 적용 • 특성화 인자는 한 단위(kg, m^3 등)당 누적엑서지요구량(MJ)으로 표시 • LCIA 결과는 MJ로 표시되며, 정규화 기준은 없음
Eco-indicator 99	네덜란드 PRé	• 영향범주 : 발암, 지구온난화, 이온화방사선, 오존층	• 종말점 수준의 피해영향을 산정(자원, 생태계, 인간건

	Consulting	파괴, 호흡기영향, 산성화, 부영양화, 생태독성, 토지 이용 • 보호 대상 : 인체건강, 생태계 질, 자원	강) • 환경배출물을 경로분석, 노출분석, 피해산정에 의해 환경성평가 • 정규화와 가중화 인자 제시
Ecological scarcity 2006	스위스 ETH		• 대기배출물, 수계배출물, 토양배출물, 에너지사용, 폐기물, 방사선폐기물 등 6개 데이터범주에 포함된 흐름별로 환경지수(eco-point/g)를 산출 • 특성화, 정규화 단계가 없음
EDIP 2003	덴마크 기술대학	• 영향범주 : 지구온난화, 오존층 파괴, 광화학스모그(식물, 인체), 산성화, 토양부영양화, 수생부영양화, 생태독성, 인체독성, 폐기물, 자원고갈	• EDIP(Environmental Design of Industrial Products) 97버전의 개정판 • 중간점 수준의 범주지표와 상응인자법에 의한 특성화 인자를 활용 • 정규화 기준과 가중화 인자를 제시
EPS 2000	스웨덴 IVL	• 보호 대상 : 인체건강, 생태계 생산성, 생물종다양성을 제시	• 환경회계 기반 방법론으로 환경피해복구비용에 대한 지불의사(WTP)에 기반하여 개발한 환경부하별 ELU(Environmental Load Unit)을 활용하여 환경지수를 산정 • 특성화, 정규화 단계가 없음
IMPACT 2002+	스위스 EPFL	• 영향범주 : 산성화(수생, 토양), 부영양화(수생, 토양), 생태독성(수생, 토양), 토지이용, 인체독성, 호흡기영향, 이온화방사선, 오존층 파괴, 광화학스모그, 지구온난화, 에너지고갈, 광물자원고갈	• 방법론 및 범주지표, 특성화 인자 등은 Eco-indicator 99, CML 2001, IPCC에서 차용 • 피해범주를 인체건강, 생태계질, 기후변화, 자원 등으로 구분하여 종말점 환경영향 평가 • 정규화, 가중화는 Eco-indicator 99 방법을 적용

ReCiPe 2018	네덜란드 RIVM	• 영향범주 : 오존층 파괴, 인체독성, 이온화방사선, 미세먼지, 기후변화, 토양생태독성, 토양산성화, 토지이용(농지, 도시), 토지변형, 생태독성(해양, 담수), 부영양화(해양, 담수), 화석연료고갈, 광물고갈, 수자원고갈 • 보호 대상 : 인체건강, 생태계 질, 자원	• Eco-indicator 99 방법론을 벤치마킹한 중간점과 종말점 환경영향을 평가 • 정규화 기준과 가중화 인자를 활용한 정규화와 가중화 수행
TRACI 2008	US EPA	• 영향범주 : 오존층 파괴, 지구온난화, 산성화, 부영양화, 광화학스모그, 생태독성, 인체독성(대기오염, 발암, 비발암), 화석연료고갈, 토지이용, 수자원고갈	• 중간점 수준의 LCIA 방법론 • 특성화 인자는 상응인자법으로 개발 • 정규화 기준만을 제시하고 있음
USETox 2010	UNEP-SETAC Life cycle initiative	• 영향범주 : 인체독성(발암, 비발암), 생태독성	• 비교위해성평가(comparative risk assessment, CRA)를 LCIA에 적용한 방법론 • 환경구획을 도시대기, 시골대기, 담수, 연안수, 천연지, 농지 등으로 구분하여 독성인자 제시 • 특성화 인자는 글로벌과 스위스 상황을 고려한 경로분석, 노출분석 등을 통해 산출
Environmental Footprint(EF) 3.0	EC JRC 2020	• 영향범주 : 기후변화, 오존층 파괴, 인체독성(발암), 인체독성(비발암), 미세먼지 영향, 이온화방사선, 광화학오존생성, 산성화, 부영양화(토양), 부영양화(상수), 부영양화(해양), 생태독성(상수), 토지이용, 자원고갈(물), 자원고갈(광물), 자원고갈(화석연료)	• 중간점 수준의 LCIA 방법론 • 특성화 인자는 주로 상응인자법으로 개발 • ISO 14040의 요건과는 달리 정규화와 가중화의 수행을 의무화

LCA 사례 오렌지 음료 (7/19)

본 연구에서 선정한 LCIA 방법론은 표 3-8에 제시된 LCIA 방법론 중 네덜란드 라이덴 대학에서 발간한 CML 2001의 방법론을 선택하였다. CML 방법론을 통해 선정된 영향범주는 자원고갈, 산성화, 부영양화, 담수독성, 기후변화, 인체독성, 해양독성, 오존층 파괴, 광화학스모그, 토양독성 등이다.

3.7 가정 및 한계 사항

LCA 연구에는 많은 양의 데이터를 수집하고, 계산하는 과정이 수반되므로 부득이하게 합리적인 가정이 필요한 때도 있고, 데이터 수집 및 데이터 계산 과정에서 한계점이 발생하기도 한다. 연구 과정에서 적용된 가정 및 한계 사항은 반드시 기록해야 하며, 이들은 연구의 신뢰도를 떨어뜨릴 수 있으므로 민감도 분석을 수행하여 그 타당성을 검토해야 한다. 일반적으로 많이 인용될 것으로 예상되는 가정 및 한계 사항에 대한 항목들은 다음과 같다.

- 전과정 각 단계에서의 투입물과 배출물은 같은 시간에 일어나는 것으로 가정한다.
- 제품 생산을 위한 각종 설비 제조와 건축물과 도로 등 인프라 구축과정에서의 환경영향은 그 영향이 의미있는 것으로 판단되지 않을 때는 제외할 수 있다.
- 화재 및 폭발과 같은 비정상 상태로 운영하는 기간의 공정데이터는 데이터 수집에서 제외한다.
- 제품 운송과정에서 사용되는 운송 모드가 매우 다양하여 일반화할 수 없는 경우에는 국가 평균 물동량을 적용한다.
- 가정에서의 제품 사용에 따른 패턴을 일반화할 수 없는 경우에는 국가 통계조사 결과를 활용한다.

LCA 사례 오렌지 음료 (8/19)

오렌지 음료에 대한 LCA에서 적용한 가정 및 한계사항은 다음과 같다.

1. 오렌지는 미국 캘리포니아에서 생산하지만, 현지 상황에 맞는 LCI 데이터베이스가 없어서 오렌지를 한국에서 생산하는 것으로 가정하고 한국 LCI 데이터베이스를 사용한다.
2. 유통매장에서 구매한 음료는 냉장고에서 보관하지만, 보관에 따른 전력 사용량의 산출이 명확치 않으며 그 영향이 크지 않을 것으로 판단되어 고려대상에서 제외한다.
3. 유통단계에서의 냉장에 따른 환경영향은 없는 것으로 가정하되, 공장에서 유통매장까지의 이동 거리는 50 km를 적용한다.
4. 수거된 폐PET의 재활용 및 소각, 매립 비율은 환경부의 최근 통계 데이터를 활용한다.
5. 음료제조 공정에서는 다른 여러 종류의 에너지 원단위를 가진 탄산음료와 과일음료를 생산하는데, 업체의 데이터관리 한계로 인해 음료별로 에너지 원단위를 산출하기 불가능하여 생산량 무게비를 활용하여 에너지 사용량을 할당한다.

* 이상의 가정에 대하여 민감도 분석을 수행하여 타당성을 확인하였다.

3.8 정밀검토 유형

ISO 14044:2006은 정밀검토(critical review)를 한 제품에 대한 LCA 수행 절차 및 과정과 LCA에 대한 국제표준이 규정하는 원리와 요건 사이의 일관성을 규명하는 과정이라고 정의한다. ISO TS 14071:2014는 ISO 14044:2006에서 정의한 정밀검토에 대하여 그 과정과 검토자의 자격 및 절차를 제시하고 있다. 정밀검토 시에는 일반적으로 다음 사항에 대한 검토를 포함한다.

- LCA의 수행방법론이 국제표준에 따르는지에 대한 검토
- LCA의 수행방법론이 과학적이고 기술적으로 적절한지에 대한 검토
- 사용한 데이터가 연구의 목적을 위해 적절하고 타당한지에 대한 검토
- 연구결과에 대한 해석이 한계 사항이나 연구의 목적을 반영하고 있는지

에 대한 검토

- 연구보고서가 투명하고 일관되게 작성되었는지에 대한 검토

정밀검토의 유형은 아래와 같으며 연구의 목적과 범위에 맞게 다음 중에서 적합한 유형을 선정한다.

- 독립된 내부 전문가에 의한 검토
- 독립된 외부 전문가에 의한 검토
- 이해관계자에 의한 검토

정밀검토는 아래와 같은 적격성을 갖춘 전문가들이 수행해야 하며, 해당 LCA 수행 또는 지원기관과 독립적이어야 한다.

- ISO 14040:2006과 ISO 14044:2006의 요구사항을 숙지한 자
- LCA 방법론 및 실무의 세부사항을 이해하는 자
- 정밀검토 실무 경험이 있는 자
- 연구에서 선정된 중요 환경영향범주와 연관되는 과학적 지식이 있는 자
- 평가대상 제품시스템의 환경적, 기술적, 유관 성과측면을 이해하는 자
- 연구에 사용되는 용어를 이해하는 자

LCA 사례 **오렌지 음료 (9/19)**

연구의 목적이 음료에 대한 5년 단위의 환경성평가를 통해 환경성 개선 정도를 고객에게 알리는 것이므로 정밀검토 유형은 독립된 외부 전문가에 의한 검토를 수행하는 것으로 선정한다. 만일 연구결과가 대중에게 공개되는 경우에는 이해관계자에 의한 정밀검토를 수행한다.

3.9 해석방법

해석은 전과정 연구의 목적 및 범위정의에 맞게 수행한 LCI와 LCIA 결과를 토대로 환경측면의 주요이슈를 규명하고, 그 적절성에 대한 평가를 거쳐 결론과 한계, 건의사항을 제시하는 단계이다. 범위정의에서는 전과정 해석과

관련하여 LCI 및 LCIA 결과를 활용하여 환경측면의 주요이슈를 규명하는 절차와 방법, 규명된 주요이슈를 평가하는 방법 등을 정의한다. 환경측면의 주요이슈를 규명하기 위하여 LCI 및 LCIA 결과를 구조화(structuring)하는 방법들은 아래와 같으며, 적용할 방법들을 사전에 정의한다.

- 개별 전과정단계들의 기여도 비교(예: 소재 생산, 제품 제조, 폐기물 처리 등)
- 공정간 기여도 비교(예: 수송, 에너지 공급 등)
- 다른 관리방식들의 수준 간 기여도 비교(예: 변화와 개선이 통제될 수 있는 자사 공정, 외부의 통제에 의한 공정)
- 개별 단위공정 간 기여도 비교(예: 혼합공정, 반응공정, 후처리공정 등)

또한, LCI와 LCIA 결과들을 적절하게 구조화하고, 이를 토대로 환경측면의 주요이슈를 규명하기 위하여 사용될 수 있는 기여도 분석(contribution analysis), 지배성 분석(dominance analysis), 효과분석(influence analysis) 중 어느 기법을 어느 수준까지를 수행할지를 정의한다.

3.10 연구보고서 종류 및 형식

LCA 결과를 수록한 연구보고서의 종류와 형식은 목적정의에서 정한 연구의 수행이유, 연구결과의 활용분야, 연구결과의 제공처, 비교주장 여부를 고려하여 범위정의에서 선정한다. 연구의 목적정의에 따라 LCA 결과가 이해관계자를 포함한 제3자와 커뮤니케이션의 용도로 활용되는 경우에는 연구보고서에 추가로 포함해야 할 요건을 명확히 정의해야 한다. 특히, 목적정의에서 LCA 결과가 대중에게 공개하는 비교주장의 용도로 활용되는 것으로 정의된 경우에는 ISO 14044:2006의 5.3에 제시된 요건에 맞게 연구보고서가 작성될 수 있도록 사전에 명확히 정의한다.

4

Chapter

전과정 목록분석

1 개요

LCI는 목적 및 범위정의에서 설정한 요건에 따라 데이터를 수집한 후에 검증과정을 거치고 이를 토대로 환경영향을 일으키는 원인이 될 수 있는 환경부하를 정량적으로 계산하여 목록화하는 과정이다. ISO 14044:2006에서 설명한 그림 4-1의 절차에 따라 LCI를 수행한다.

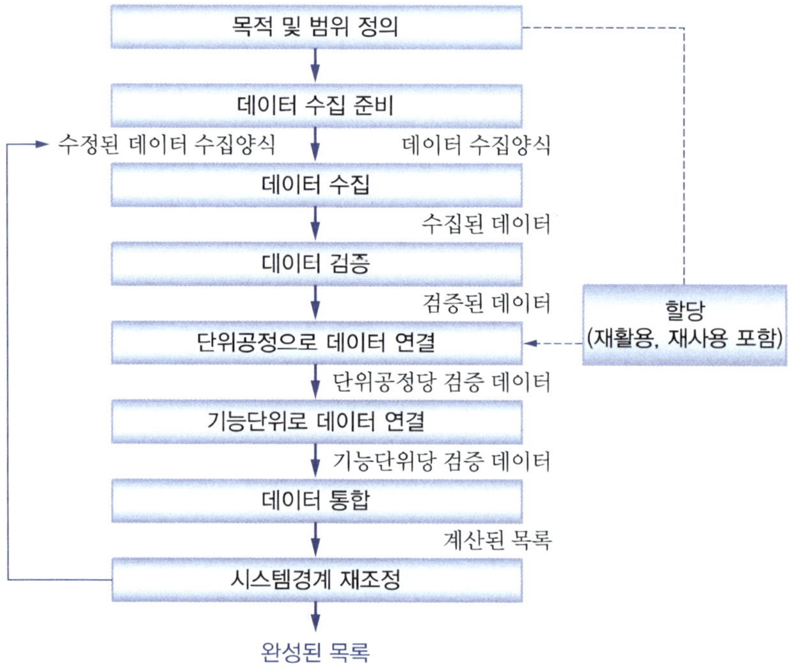

그림 4-1 전과정 목록분석 수행 절차

2 데이터 수집 준비

시스템경계 내에 포함된 각 단위공정에 대하여 관련 투입물과 산출물 데이터를 수집하는 과정은 LCI의 핵심 절차 중의 하나이다. 데이터를 체계적으로 수집하기 위해서는 데이터 수집을 위한 최소단위인 단위공정들을 결정하고 단위공정들을 연결하는 공정흐름도의 작성과 데이터 수집을 위해 정형화된 수집양식을 작성하는 과정이 선행되어야 한다. 이 일련의 과정을 데이터 수집 준비단계라고 한다.

2.1 단위공정 결정

제3장 목적 및 범위정의 단계의 '3.1 제품시스템'에서 소개한 바와 같이, 제품시스템은 전과정을 고려하여 연구의 목적에 맞게 결정된 단위공정들을 물질과 에너지 흐름으로 연결하여 모형화한 집합체이다. 단위공정들의 세부수준을 결정하고 물질과 에너지의 흐름으로 단위공정들을 연결하여 모형화하는 것은 효과적인 데이터 수집을 위해 매우 중요하다.

일반적으로 제품을 생산하기 위해서는 여러 공정들을 거치게 된다. 그림 4-2는 포장박스에 완충용으로 들어가는 발포폴리스티렌(EPS) 패널을 생산하는 공정을 단순화해서 보여준다. EPS 패널 제조단계에서는 석유화학공장에서 발포제가 포함된 폴리스티렌(PS)에 열을 가해 발포제를 발포시키는 발포공정, 발포물을 일정한 크기의 알갱이로 만드는 숙성공정, 일정 크기의 알갱이를 패널형태로 만드는 성형공정, 만들어진 패널을 일정한 크기로 잘라내는 재단공정, 납품하기 위하여 포장하는 공정들을 거친다. EPS 생산에 공급되는 유틸리티는 전기와 스팀이 있고, 환경설비는 대기집진설비와 폐기물처리설비가 있다. 그림 4-2의 왼쪽은 EPS 패널제조공정을 5개의 단위공정으로 세분화한 것이고, 오른쪽은 1개의 단위공정으로 통합한 경우이다. 즉, 왼쪽은 EPS 패널 1톤을 생산하는데 필요한 전기량과 스팀양 등 투입물과 산출물을 5개의 단위공정별로 각각 수집하는 경우이고, 오른쪽은 통합된 EPS 패널제조공정으로 투입과 산출되는 투입물과 산출물을 통합하여 수집한다. 어떤 방식으로 LCI

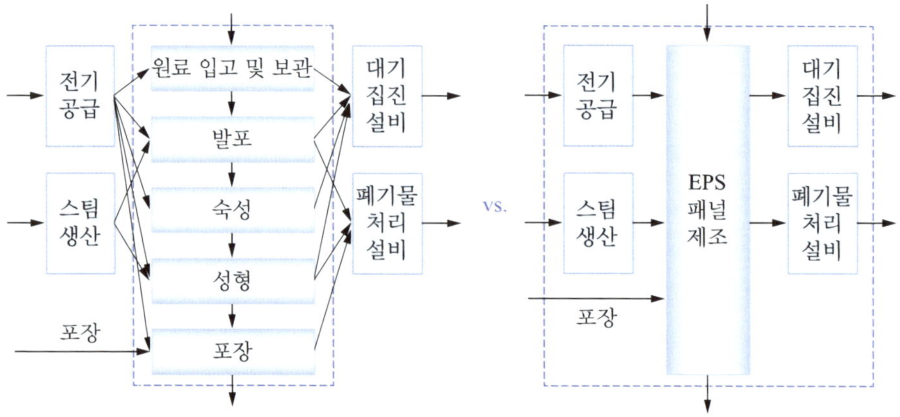

그림 4-2 단위공정의 결정의 예

를 수행하더라도 최종 결과는 같을 수 있으나, 각각 단위공정의 세부수준이 다르므로 그 데이터의 수집절차는 다르게 된다.

LCA 수행 목적이 EPS 패널의 생산공정에서 온실가스 배출량을 줄이기 위함이라고 가정하면 그림 4-2의 왼쪽과 같이 단위공정을 세분화하여 단위공정별로 온실가스 배출의 요인을 파악하고 이를 토대로 감축방안을 모색하는 것이 필요할 것이다. 반면에, 연구의 목적이 환경성적표지 인증을 위해 제품의 온실가스 총발생량을 파악하는 것이라고 하면, 오른쪽과 같이 단위공정을 통합해서 데이터를 수집함으로써 간편하게 LCA를 수행할 수 있다. 이처럼 데이터 수집 준비단계에서는 연구의 목적을 고려하여 단위공정의 수준을 결정해야 하는데, 단위공정의 세분화 정도가 연구의 목적에 큰 문제가 안 되면 사업장의 기존 데이터 관리 현황을 반영하여 단위공정의 세부수준을 결정하기도 한다.

그림 4-3은 동일 제품 P를 생산하지만, 세부공정이 다른 A, B, C사의 사업장에 대한 환경성을 비교를 위해 대표 단위공정을 설정하는 예이다. 이 경우에 사업장간 공정의 유사성을 고려하여 대표 단위공정을 결정한 후에 제품간 환경영향을 평가하고 비교할 수 있음을 보여주고 있다.

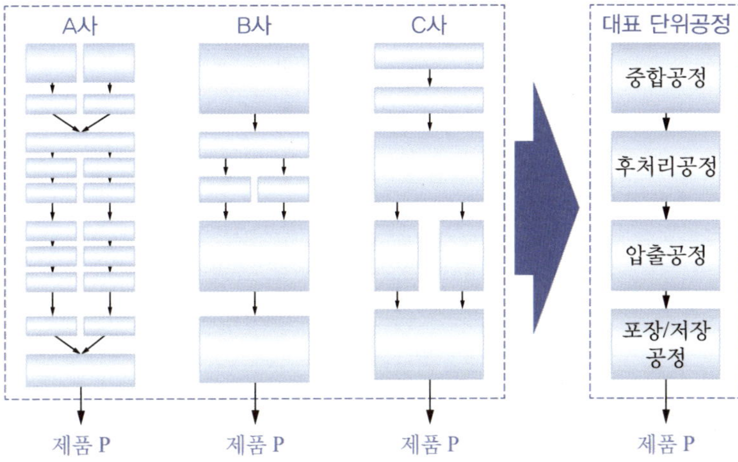

그림 4-3 세부 생산공정이 다른 동일 제품의 대표 단위공정 결정의 예

2.2 공정흐름도 작성

시스템경계 내에 포함되는 단위공정들의 세분화 정도가 결정되고 나면, 단위공정들에 대한 충분한 이해를 바탕으로 단위공정 간에 물질 및 에너지, 폐기물, 배출물의 흐름을 연결하여 대상 제품시스템에 대한 공정흐름도를 작성한다. 일반적으로 최종제품의 제조공정을 시작으로 물질과 에너지의 상위흐름과 하위흐름을 연결하여 공정흐름도의 작성을 진행한다. 공정흐름도에는 공정 내부 또는 단위공정간 물질 및 에너지 등의 내부 순환흐름도 포함되어야 한다.

LCA 사례 오렌지 음료 (10/19)

그림 4-4는 오렌지 음료 제품시스템에 포함된 단위공정 중 음료 제조와 관련된 단위공정들과 단위공정간 물질 및 에너지 등의 흐름을 연결하여 작성한 공정흐름도를 도식화한 것이다. 배합공정, 살균공정, 주입공정, 후살균 및 포장공정 등이 음료 제조 단위공정으로 통합되어 있고, 공정설비에는 정수공급, 스팀공급, 전기공급설비가 있다. 환경설비는 대기집진설비와 폐수

처리설비, 폐기물선별설비를 포함한다.

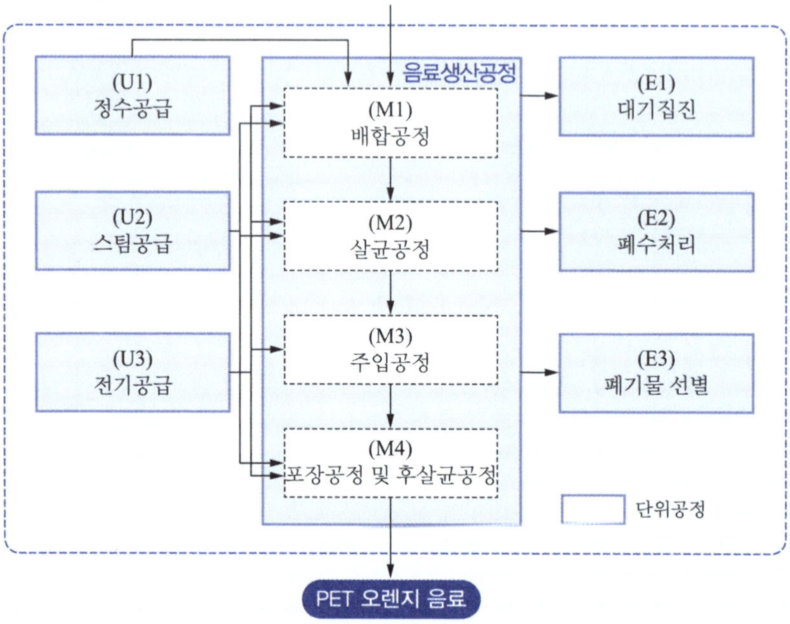

그림 4-4 오렌지 음료 제품시스템 내 제조공정의 공정흐름도

2.3 데이터 수집을 위한 설문지

연구의 목적에 맞게 단위공정들이 결정되고, 그들을 연결하여 공정흐름도가 작성되고 나면, 단위공정별로 데이터를 수집해야 한다. 데이터를 수집하는 과정에는 많은 인력과 시간이 소요될 수 있다. 데이터를 효율적이고 체계적으로 수집하기 위해서는 단위공정별로 수집할 데이터 항목들을 예상하여 나열하고, 수집한 데이터를 LCA 수행에 필요한 단위로 전환하기 위한 환산인자 등을 미리 준비한다. 데이터 수집방법에는 현장 방문을 통한 대면 인터뷰, 전화 인터뷰, 설문지 작성 등 다양한 방법이 있다. 일반적으로 설문지를 활용한 대면 인터뷰 방식의 데이터 수집이 가장 일반적이며, 전화 인터뷰는 보충 자료를 수집하는 경우에 주로 활용된다. 설문지를 활용한 데이터 수집 시에 설문지에 포함되어야 할 항목들은 작성자 인적사항과 사업장 및 생산공정의 현황, 단위공정별 투입물과 산출물 데이터 등이다.

설문지 작성자의 인적사항은 수집된 데이터를 효과적으로 점검하거나 주기적으로 개정하는 경우 데이터 수집의 신뢰도와 재현성을 높이기 위해 필요하다. 공정흐름도에 포함된 단위공정별로 데이터를 작성한 담당자들과 단위공정별로 작성한 데이터를 취합한 자를 모두 포함한다. 작성자의 인적사항에 포함해야 할 정보는 다음과 같다.

- 작성자의 성명
- 작성자의 소속과 담당 업무
- 작성자의 개인 연락처 및 이메일 주소
- 작성자의 부서 연락처

데이터 수집기간에 비정상상태가 있는지와 생산공정 현황 중 공장 평균 가동시간 및 불량률 등에 대한 정보를 별도로 수집하는 것이 효과적이다. 이들은 데이터 수집과정 이후에 진행될 데이터 검증 및 데이터 계산과정에서 유용하게 활용된다. 사업장 현황 및 공정설명에 관해 수집해야 할 정보는 다음과 같다.

- 사업장 주소지 및 공장 배치도
- 사업장의 생산공정 전반에 대한 설명
- 사업장에서 유틸리티와 환경설비를 공유하는 모든 생산공정에서 생산한 제품목록과 연간 생산량(연구대상 제품 포함)
- 데이터 수집기간에 사업장의 화재 또는 폭발과 같은 비정상상태 가동 현황
- 제품별 일평균 가동시간 및 가동률, 연간 평균 조업 일수
- 제품별 불량률

표 4-1은 ISO 14044:2006에서 제시한 데이터 수집 양식의 예이다. 작성자의 인적사항과 단위공정명 및 번호, 작성 장소, 작성 연도와 기간, 단위공정에 대한 기술적 개요, 투입물(물질, 에너지, 물)과 산출물(제품, 배출물, 폐기물)에 대한 명칭, 단위, 양, 자료작성 방법 등을 상세히 입력한다. 계절적 편차를 줄이기 위하여 부득이한 경우를 제외하고 12개월 동안 생산실적을 반영한 투입

물 및 산출물 데이터를 일별 또는 월별로 수집하는 것이 바람직하다. 업체의 사정상 연간 데이터의 관리가 어렵거나 보안상 데이터의 공개가 어려우면 원단위 데이터와 제품에 대한 평균 불량률 데이터를 활용하여 생산 현황을 간접적으로 반영한 데이터를 작성한다. 만일, 연구의 목적이 LCA 수행 결과를 활용하여 공인 인증을 획득하는 것이라면, 인증기관의 산정지침에서 원단위 데이터의 수집이 허용되는지를 사전에 확인한 후에 수집 데이터의 유형을 결정해야 한다.

표 4-1 단위공정별 데이터 수집 양식의 예

<table>
<tr><td>작성자</td><td colspan="2"></td><td>작성일자</td><td colspan="2"></td></tr>
<tr><td>단위공정
번호:</td><td colspan="2"></td><td>사업장
지역</td><td colspan="2"></td></tr>
<tr><td>작성연도</td><td></td><td>시작 월</td><td></td><td>종료 월</td><td></td></tr>
<tr><td colspan="6">단위공정 개요:</td></tr>
</table>

투입물 (원료, 공정수, 에너지 등)	단위	양	자료작성 개요	공급처
산출물 (배출물, 폐기물, 제품 등)	**단위**	**양**	**자료작성 개요**	**목적지**

단위공정으로의 투입물은 많은 경우에 협력사에서 생산하여 제품 제조업체로 수송해 오며, 단위공정의 산출물 중 제품은 물류센터나 대리점을 통해 유통되고, 폐기물은 폐기물 처리업체로 수송한다. 이처럼 단위공정별 투입물과 산출물에 대한 수송에 따른 환경부하를 반영하기 위하여 이들에 대한 수송데이터를 수집한다. 표 4-2는 ISO 14044:2006이 제시한 수송데이터의 작성양식의 예이다.

표 4-2 수송데이터 작성양식의 예

명칭	도로 수송			
	거리 (km)	수송용량 (ton)	실제하중 (ton)	공회차 (empty return)

3 데이터 수집

데이터 수집 준비과정에서 데이터 수집의 최소단위인 단위공정의 세분화 정도가 결정되고, 단위공정간 흐름을 연결한 공정흐름도가 작성된 후에 단위공정별 투입물과 산출물 목록을 포함한 설문지의 작성이 완료되고 나면 연구의 범위정의에서 정의한 데이터 품질요건에 맞게 데이터를 수집하게 된다. 데이터 수집은 현장 방문, 설문지, 전화 인터뷰 등을 통해 진행된다.

3.1 수집대상 데이터 범주

사업장으로부터 데이터 수집의 대상이 되는 데이터 범주(data category)는 표 4-3과 같다.

표 4-3 투입물과 산출물에 대한 데이터 범주

구분	데이터 범주
투입물	- 원료 및 보조물질 - 연료 및 에너지(전기 포함) - 기타 물리적 인자(수송 물동량, 밀도, 발열량 등)
산출물	- 제품 및 부산물 - 대기배출물(온실가스 포함) - 수계배출물 - 폐기물 - 기타 환경오염물

(1) 원료

제품 생산을 위해 투입되며 최종제품 일부를 구성하는 일차 또는 이차 물질을 말한다. 이차 물질이란 재생 소재를 의미한다. 펄프, 플라스틱, 고무, 철강 등과 같은 모든 소재는 원료에 해당되며, 이들의 사용은 광물 자원고갈을 유발시킬 수 있다.

(2) 보조물질

제품 생산을 위해 투입되지만, 최종제품에는 남아있지 않은 물질이며, 윤활유, 세척제, 필터 등이 이에 해당된다.

(3) 연료 및 에너지

연료는 연소과정을 통해 에너지를 생성하는 물질로 천연가스, 휘발유, 등유, 경유, 연탄 등이 해당된다. 에너지는 물리학적 정의로 일을 할 수 있는 능력이라고 규정되며, 자체적으로 동력원이 되는 것으로 전기, 스팀 등이 해당된다. 에너지를 생성하기 위해 연소되는 연료들은 많은 경우에 에너지 자원고갈을 유발시킬 수 있다.

(4) 제품 및 부산물

제품은 생산공정에서 얻은 주산물이며, 부산물은 연산품(co-product)과 부산품(by-product)으로 세분화할 수 있다. 즉, 연산품은 제품과 함께 판매 가치가 비교적 큰 것을 말하고 부산품은 연산품보다 경제적 가치가 낮은 것을 말한다. LCA 수행과정에서 생산공정에서 제품과 함께 생산된 다양한 부산물들이 경제적 가치가 있는지에 따라 경제적 가치가 있으면 부산물로 분류하고 그렇지 않으면 폐기물로 분류한다. 하지만 실제로는 상황에 따라 경제적 가치가 있을 수 있고, 그렇지 않을 수도 있는 산출물들이 있다. 이 경우 범위정의 단계의 가정 및 한계사항에서 이를 부산물로 적용할 것인지 폐기물로 고려할 것인지를 결정하여, 그 이유와 함께 문서화해야 한다.

(5) 대기배출물

대기 중에 인위적으로 배출된 오염물질로 양, 농도 및 지속시간이 어떤 지역의 불특정 다수에게 불쾌감을 주거나 해당 지역에 공중보건상 위해를 끼치는 물질을 대기배출물이라 하며, 가스상 물질과 입자상 물질로 구분된다 (WHO, 2021). 대기환경보전법에 따르면, 가스상 물질은 연소, 합성, 분해 과정에서 발생하거나 물리적 성질에 의해 발생되는 기체상 물질로 황산화물(SO_x), 질소산화물(NO_x), 오존(O_3) 등이 있다. 입자상 물질은 물질의 파쇄, 선별 등 기계적 처리 또는 연소, 합성, 분해 과정에서 발생하는 고체상 또는 액체상의 미세한 물질로 0.1 μm에서 1 μm 크기의 미세먼지 또는 초미세먼지 등이 이에 해당된다. 이들은 지구온난화, 오존층 파괴, 산성화, 광화학스모그 등의 영향을 유발시킬 수 있다.

(6) 수계배출물

물환경보전법에 따르면, 수계배출물은 사람의 건강, 수생태계, 동식물의 생육에 직접 또는 간접적으로 위해를 끼칠 우려가 있는 수질오염 유발물질로 암모니아, 질소 화합물, 인 화합물, 중금속(납, 니켈) 등을 포함한다. 이들은 산성화, 부영양화, 인체독성 및 생태독성 등의 영향을 미칠 수 있다.

(7) 폐기물

폐기물은 생활이나 산업활동에서 활용 가치가 없어서 버려지는 물질이며, 특정 폐기물과 일반폐기물로 구분한다. 특정 폐기물은 산업활동에 수반하여 발생하는 슬러지, 폐유, 폐산, 폐알칼리, 폐고무, 폐합성수지 등 환경과 인간 건강에 해를 끼치는 물질이며, 일반폐기물은 그 외의 폐기물로 주로 가정에서 배출되는 쓰레기와 사업장에서 배출되는 무해성의 폐기물이다. 또한, 고형물의 함량이 5% 미만인 것을 액상 폐기물, 15% 미만인 것을 반 고상 폐기물, 15% 이상인 것을 고상 폐기물로 분류한다.

3.2 수집데이터 정보

제품시스템 내에 포함된 단위공정들에 대하여 데이터를 수집할 때는 다음의 기본정보와 부가정보를 포괄적으로 수집해야 한다.

- 기본정보 : 데이터 범주, 명칭, 양, 단위
- 부가정보 : 데이터 수집 및 생성 연도, 작성 기간, 작성 지역, 수송 방식 또는 유통 방식, 데이터 출처, 작성자 인적사항, 단위공정에 관한 기술개요 등

(1) 기본정보

① 데이터 범주

수집대상 데이터의 특성을 고려하여 어떤 데이터 범주에 분류되는지를 사전에 명확히 파악해야 한다. 투입물에 대한 데이터 범주에는 원료, 보조물질, 에너지 및 연료 등이 있으며, 산출물에 대한 데이터 범주는 제품 및 부산물, 대기배출물, 수계배출물, 폐기물 등을 포함한다.

② 명칭

데이터의 명칭은 오도되지 않고 명확하게 기록해야 한다. 국제적으로 사용하는 관용명이 아닌 자사에서 사용하는 별도의 명칭을 기재해서는 안 된다. 예를 들어, 설문지에 기재해야 할 물질의 관용명이 에틸렌이고, 회사에서 관리하는 명칭이 A-34라고 하면 설문지의 명칭란에는 A-34가 아닌 에틸렌을 기입해야 한다. 다만, 회사 엔지니어의 이해를 돕기 위해 에틸렌이란 명칭 이외에 A-34를 추가로 기재하는 것은 무방하다.

③ 양

물질의 양을 입력할 때는 콤마(,)와 소수점(.)을 구분하여 신중하게 작성한다. 콤마는 숫자를 세 자리씩, 천 단위로 구분할 때는 사용한다. 하지만 자료의 출처에 따라 소수점을 콤마와 혼용해서 사용하는 경우가 있으니 자료조사 시에 신중해야 한다.

④ 단위

데이터 수집과정에서 빈번하게 발생되는 실수 중의 하나는 단위환산 과정에서 잘못 계산하는 경우이다. 설문지 상에서 기재된 단위가 부피(L 또는 m^3) 또는 열량(cal, MJ)일 경우, 이를 무게(kg, ton) 또는 다른 열량(kWh) 등으로 전환할 수 있는 환산인자도 함께 기재하는 것이 효과적이다. 일반적으로 LCA에서 사용하는 단위는 kg, ton, kWh, MJ 등이다. kWh는 전기에 한하여 사용한다. 기업에서 LCA에서 사용하는 무게가 아닌 부피, 열량 등의 단위가 사용될 때는 무게 단위로 환산할 수 있는 환산인자에 관한 정보도 함께 수집한다.

㈀ 부피 단위를 무게 단위로 전환

기업에서 관리하는 데이터의 단위가 부피일 경우 이를 무게 단위로 환산할 수 있는 밀도(density, mg/L)를 수집한다. 고체와 액체는 온도와 압력의 변화에 따라 밀도차가 거의 없지만 기체는 온도와 압력에 따라 밀도가 크게 차이가 난다. 따라서 수집데이터가 기체일 경우에 측정조건을 명확히 파악하는 것이 중요하다. 일반적으로 m^3는 기압과 온도에 무관하게 특정 상태에서 측정한 기체의 부피이고, Nm^3은 특정 조건에서 측정한 부피를 0℃, 1기압 상태로 환산한 부피를 말한다. 즉, 기체의 경우 측정상태를 확인한 후에 같은 수준의 데이터를 수집해야 한다.

㈁ 열량 단위를 무게 단위로 전환

발열량은 연료가 연소할 때 발생하는 열량으로, 고체 및 액체 연료는 단위 중량(1 kg)의 연소로 발생하는 열량을 kcal로 나타낸 것이고, 기체연료는 0℃, 1기압의 표준상태에서 단위 체적(1 Nm^3)을 연소할 때 발생하는 열량을 kcal로 나타낸 것이다. 발열량은 고위발열량(Higher Heating Value, HHV)과 저위발열량(Lower Heating Value, LHV)으로 구분한다. LHV는 연료의 연소과정에서 발생한 열량을 말한다. HHV는 총발열량이라 불리며, LHV에 연소과정에서 발생한 수증기의 잠열까지를 합한 것을 말한다. 따라서 발열량에 대한 데이터를 사용할 때는 HHV와 LHV 중에 선택하여 일관성있게 사용해야 한다. 통상 발열량은 LHV를 말한다.

문제 4 단위환산

질소산화물(NO_x)의 대기배출량을 산정하기 위하여 표준상태(1기압, 25℃)에서 측정한 아래의 공정 데이터를 토대로 2019년 한 해 동안 대기 중으로 배출량을 계산하시오.

- 평균 조업시간 : 일일 8시간 연속가동, 월평균 24일 가동
- 일평균 유량 : 2,500 Sm^3/min
- NO_x 농도 : 0.1 mg/m^3
- 제거효율 : 85%

풀이

■ 분당 평균 유량과 농도, 평균 조업시간, (1 − 제거율)을 곱하여 질소산화물의 배출량을 계산

유량		농도		평균 조업시간						배출률

$$\frac{2{,}500\ \mathrm{Sm^3}}{\mathrm{min}} \times \frac{0.1\ \mathrm{mg}}{\mathrm{m^3}} \times \frac{60\ \mathrm{min}}{1\ \mathrm{hour}} \times \frac{8\ \mathrm{hour}}{1\ \mathrm{day}} \times \frac{24\ \mathrm{day}}{1\ \mathrm{month}} \times \frac{12\ \mathrm{month}}{1\ \mathrm{year}} \times \frac{0.15}{1}$$

- 배출량 : 5,184,000 mg/year = 5,184 g/year = 5.184 kg/year

문제 5 대기배출물량 환산

아래 표는 A 공장에서 발생한 대기배출량을 월 2회 측정한 결과이다. 대기배출물에 대한 성상을 분석한 결과 산소(O_2)가 80 wt%, 질소산화물(NO_x)이 12 wt%, 황산화물(SO_x)이 5 wt%, 휘발성 유기화합물(VOC)이 3 wt%인 것으로 분석되었다. 조업시간은 일 18시간이고, 6개월간 조업 일수는 150일이다. 이를 토대로 6개월간 산소와 질소산화물, 황산화물, 휘발성 유기화합물의 발생량은 각각 몇 kg인지 소수점 첫째 자리로 나타내시오. 단, 시간당 대기배출량의 최대값과 최소값은 제외한다.

월	일	농도(mg/m^3)	유량(Sm^3/hr)
1	10	24.5	2,250
	20	22.9	2,300
2	10	30.1	2,350
	20	30.3	2,250
3	10	35.2	2,350
	20	24.5	2,300

4	10	28.5	2,320
	20	27.8	2,250
5	10	29.0	2,320
	20	27.8	2,350
6	10	25.0	2,300
	20	24.5	2,300

풀이

- 농도 단위인 mg/m^{3}와 유량의 단위인 Sm^3/hr을 곱하면 시간당 대기배출물량이 됨
- 시간당 대기배출물량 계산
  - 시간당 대기배출물량(mg/hr) = 농도(mg/m^3) × 유량(Sm^3/hr)

월	일	농도(mg/m^3)	유량(Sm^3/hr)	배출량(mg/hr)	비고
1	10	24.5	2,250	55,125	
	20	22.9	2,300	52,670	최소값
2	10	30.1	2,350	70,735	
	20	30.3	2,250	68,175	
3	10	35.2	2,350	82,720	최대값
	20	24.5	2,300	56,350	
4	10	28.5	2,320	66,120	
	20	27.8	2,250	62,550	
5	10	29.0	2,320	67,280	
	20	27.8	2,350	65,330	
6	10	25.0	2,300	57,500	
	20	24.5	2,300	56,350	

- 시간당 평균 배출량 계산
  - 12개 배출량 데이터 중 최소값(52,670)과 최대값(82,720)을 제외한 10개 데이터의 평균값을 계산
  - 평균값 : 62,552 mg/hr
- 6개월간 총배출량 계산
  - 6개월간 총배출량(kg)

    = 시간당 평균 배출량(mg/hr) × 18 hr/day × 150 day

    = 62,552 mg/hr × 18 hr/day × 150 day

$= 168{,}890{,}400\ mg\ =\ 168.9\ kg$

■ 성상별 배출량

• 성상별 배출량 = 6개월간 총배출량 × i 배출물의 비율(%)

$O_2 = 168.9\ kg \times 0.8 = 135.1\ kg$

$NO_x = 168.9\ kg \times 0.12 = 20.3\ kg$

$SO_x = 168.9\ kg \times 0.05 = 8.4\ kg$

$VOC = 168.9\ kg \times 0.03 = 5.1\ kg$

(2) 부가 정보

① 데이터 수집 연도

수집한 데이터의 생성 연도를 명확히 조사해야 한다. 2020년 12개월 동안의 생산실적에 대한 데이터를 2021년에 수집하여 작성했다면, 데이터 수집 연도는 2020년이다.

② 데이터 작성 기간

특정기간이 아닌 연간 지속적으로 생산하는 제품의 경우에 계절적, 시간적 편차를 최소화하기 위하여 데이터 작성 기간은 12개월로 하는 것을 원칙으로 한다. 연중 생산되는 제품이지만 특정 기간동안 화재 또는 폭발 등으로 인해 조업이 중단되는 비상상황이 발생한 경우에는 해당 기간의 데이터를 수집대상에서 제외하는데, 이 경우에는 비정상 가동 기간에 대한 최신의 다른 연도의 데이터를 사용하여 12개월 동안의 데이터로 보정한다. 물놀이용 튜브와 같이 여름철에만 한정 판매되는 제품의 경우에는 연중 생산하지 않고 특정 기간에만 생산하므로 이 경우에는 실제 생산기간의 데이터를 수집한다. 다만, 보고서에 12개월 데이터가 아닌 특정기간의 데이터를 수집한 사유를 명확히 기록해야 한다.

③ 데이터 작성 지역

데이터를 작성한 지역의 정확한 위치를 조사한다. 이는 수송거리를 파악하고, 상위흐름 데이터베이스를 선택할 때 필요하다.

④ 수송 방식

일반적으로 수송은 거점 간 또는 지역 간에 장거리로 화물을 이동시키는 것을 말한다. 제품시스템의 전과정에서 수송의 범위는 소재를 부품 또는 제품을 제조하는 사업장으로 수송하는 것과 제품을 각 거점 또는 지역으로 수송하는 것을 포함한다. 수송에 대한 데이터를 수집할 때는 수송 모드와 수송 거리를 고려해야 한다. 수송 모드는 육상수송, 해상수송, 항공수송으로 구분한다. 일반적으로 육상수송은 트럭수송이며, 해상수송은 운송 거리에 따라 국내의 항만을 오가는 연안수송과 국가 간 항만을 오가는 원양수송으로 나뉜다. 화물의 종류에 따라 운송하는 화물선의 종류도 컨테이너선, 벌크선, 로로선, 유조선으로 구분한다. 컨테이너선은 컨테이너를 운반하는 화물선을 말하고, 벌크선은 곡물이나 광석, 원목, 시멘트, 철광석과 같이 포장하지 않은 화물을 운반하는 용도이다. 로로선은 자동차와 같은 자체 이동능력이 있는 화물을 운반하는 용도이며, 유조선은 석유류, 화공 약품, LPG, LNG 등 액체화물을 비포장 상태로 선적하여 운반하는 용도의 화물선이다. 수송 모드에 따라 1톤의 화물을 싣고 1 km를 운반하는 것에 해당하는 1 ton·km당 환경영향이 다르므로 데이터 수집 과정에서 해당 원료 또는 소재 등의 수송 방식 및 모드를 명확히 파악해야 한다. 수송 거리는 편도 수송 거리와 왕복 수송 거리로 구분한다. 예를 들어, 소재 A를 싣고 제품 제조사업장으로 수송한 후에 인근 지역에서 다른 제품을 싣고 원래 지역으로 복귀한다고 하면, 일반적으로 편도 수송 거리를 적용하면 된다. 원래 지역으로 복귀할 때, 다른 제품을 싣지 않으면 왕복 거리를 적용하는 것이 맞다. 하지만, 원래 지역으로 복귀할 때, 다른 제품을 싣는지 확인할 수가 없으므로 연구의 범위정의 과정에서 수송 거리를 편도로 할지 왕복으로 할지를 사전에 결정해 두면 데이터 수집을 원활히 진행할 수 있다. 특히 해외 수송일 경우에 각 국가의 주요 항구 간 평균 해상거리는 국립해양조사원(www.khoa.go.kr)의 해상거리를 참조하며, 주요 공항 간 평균 운항 거리는 항공 정보 포털(www.airportal.go.kr)의 운항 거리를 참조한다.

⑤ 유통 방식

일반적으로 유통은 거점지역 등으로 수송된 제품을 특정 건물 또는 지역으로 배송하는 것을 말한다. 제품시스템의 전과정에서의 유통의 범위는 제품을 생산한 사업장에서 물류센터 또는 대형 매장 등으로 수송과 그 제품을 소매점 또는 가정 등으로 배송하는 것을 포함한다. 유통 시에도 수송 모드와 수송 거리를 조사해야 한다. 하지만 특정 제품시스템에 대한 유통 시나리오를 파악하는 것은 상황에 따라 다를 수 있기에 유통의 수송 모드와 수송 거리를 조사하는 것이 매우 어렵다. 범위정의 단계에서 유통을 데이터 수집대상에 포함할 것인지, 포함한다면 수송 모드와 수송 거리에 관한 결정을 어떤 방식으로 할 것인지를 사전에 결정하고 이에 따라 관련 데이터를 수집한다.

⑥ 데이터 출처

데이터를 작성한 부서와 데이터를 기록한 문서에 대한 정보를 명확히 조사한다. 이는 데이터 검증과정에서 발견된 데이터의 오류나 데이터 작성에 대한 의문점을 해결하고자 할 때 귀중하게 활용될 수 있는 정보이다. 예를 들어, 원료와 보조물질의 투입량에 대한 출처로 구매부서와 생산부서에서 작성한 연보데이터가 주로 이용되는데, 구매부서의 데이터는 생산과정에서의 수율은 반영되지 않지만 원료 등을 보관하는 과정에서의 불량률 등은 고려할 수 있다. 반면에 생산부서의 데이터는 생산수율은 반영할 수 있지만, 보관과정의 불량률은 파악할 수가 없다. 따라서, 데이터 수집과정에서 구매부서와 생산부서에서 수집한 데이터를 모두 수집하여 활용하는 것이 데이터의 신뢰도를 높이는 방안일 수 있다.

⑦ 작성자 인적사항

데이터 작성자의 인적사항은 데이터 출처와 함께 데이터의 재현성을 높일 때 유용하게 활용될 수 있다. 데이터 작성자는 시간이 지나면 부서이동으로 인해 관련 업무를 하지 않을 수 있기에 작성자의 연락처와 이메일 주소 등을 미리 파악해 두어야 한다.

⑧ 단위공정에 대한 기술개요

수집대상 단위공정들의 특성과 경계에 대하여 상세하게 설명해야 한다. 단위공정과 관련된 데이터 검증 및 계산과정에서 물질 및 에너지의 흐름을 중복으로 계산하거나 간과하여 빠트릴 수 있으므로 각 단위공정의 기술적 특성과 경계를 명확하게 나타내어야 한다.

문제 6 원단위 데이터 환산

오렌지 음료에 대한 LCA를 위해 단위공정별로 데이터를 수집하였다. 업체의 사정상 연간 생산실적을 반영한 데이터 수집이 어려워 부득이하게 불량률을 고려치 않은 아래의 표와 같은 원단위 데이터와 불량률(3%) 정보를 수집하였다. 이를 활용하여 생산 현황이 반영된 데이터로 전환하시오.

투입물	단위	양	산출물	단위	양
원액	g	50.0	오렌지 음료	g	1,073.0
수돗물	g	980.0	폐수	g	30.0
PET용기	g	53.0			
설탕	g	15.0			
필터	g	3.0			
라벨	g	2.0			
전기	kWh	0.1			

풀이

- 원단위 데이터에서 전기를 제외한 총투입량은 1,103 g이고, 제품을 포함한 총산출량도 1,103 g임.
- 불량률이 3%이기 때문에 제품을 제외한 총투입량과 총산출량을 0.97로 나누면 불량률이 반영된 총투입량과 산출량이 산출됨.
  - 총투입량과 총산출량 : 1,103 g/0.97 = 1,137.1 g
  - 총전기량 : 0.1 kWh/0.97 = 0.103 kWh
- 총산출량 1,137.1 g 중 오렌지 음료량인 1,073.0 g을 제외하면 64.1 g의 배출물 또는 폐기물 흐름이 계산됨.
  - 폐수량도 불량률 3%에 따라 증가하므로 30/0.97 = 30.9 g이 됨.
  - 불량률 3%에 해당하는 로스(loss)는 폐기물 발생량으로 간주하여, 그 양은 64.1 g에서 30.9 g을 제외한 33.2 g이 됨.

투입물	단위	양	산출물	단위	양
원액	g	51.5	오렌지 음료	g	1,073.0
수돗물	g	1010.3	폐수	g	30.9
PET용기	g	54.6	폐기물	g	33.2
설탕	g	15.5			
필터	g	3.1			
라벨	g	2.1			
전기	kWh	0.1			

LCA 사례 오렌지 음료 (11/19)

표 4-4는 설문지를 활용하여 수집한 2020년 12개월 동안 생산 실적을 반영한 오렌지 음료 제조공정의 투입물과 산출물 데이터이다. 데이터 중 원부자재는 생산연보를, 유틸리티는 유틸리티 연보를, 폐기 흐름은 환경 연보에서 관련 데이터를 제공받았다. 2020년에 500 mL 오렌지 음료 3578만개, 37,747.9 ton을 생산하였다.
수집한 데이터에 대한 검증은 4. 데이터 검증의 LCA 사례(13/19)에서 자세히 설명한다.

표 4-4 오렌지 음료 제조공정의 투입·산출물 데이터

INPUT					
No.	물질명	단위	투입량	데이터출처	수입원
1	PET 병	ton	1,919.1	생산연보	한국PET
2	라벨	ton	72.4	생산연보	A비닐
3	주스원액	ton	1,819.4	생산연보	미국원액
4	수돗물	ton	34,023.0	유틸리티연보	수자원공사
5	세척수	ton	28,500.0	유틸리티연보	수자원공사
6	필터	ton	10.0	유틸리티연보	B설비
7	설탕	ton	545.8	생산연보	C제당
8	전기	MWh	1,252.3	유틸리티연보	한국전력
9	LNG	Nm^3	448,100.9	유틸리티연보	가스공사
OUTPUT					
No.	물질명	단위	산출량	데이터출처	처리원
1	PET 음료	ton	37,747.9	생산연보	
2	폐수	ton	29,108.3	환경연보	A처리장
3	폐PET	ton	23.6	환경연보	B재활용
4	지정폐기물	ton	30.0	환경연보	C용역

3.3 데이터 품질평가 수행

단위공정별로 수집한 데이터가 범위정의 단계에서 정의한 데이터 품질요건을 만족하는지를 확인하기 위하여 데이터 품질평가를 수행한다. 정의된 데이터 품질요건에 적합하지 않은 특정 단위공정의 데이터는 다시 수집해야 한다. 아래에는 오렌지 음료의 생산공정으로부터 수집한 데이터에 대한 품질평가의 예이다.

LCA 사례 오렌지 음료 (12/19)

표 3-7에서 제시한 LCA 사례(5/19)의 품질평가용 Pedigree Matrix를 사용하여 오렌지 음료 제품시스템에 포함된 단위공정들인 음료 생산공정, PET병 생산, 라벨 생산, 수돗물 생산, 전기 생산, LNG 생산, 설탕 생산 등 7개 단위공정에서 수집한 데이터에 대하여 품질평가를 수행한 결과는 표 4-5이다. 품질지표는 시간적 범위, 지역적 범위, 기술적 범위, 완전성 등 4개이다. 아래는 음료 생산공정에서 수집한 데이터에 대한 품질평가 결과이다. 12개 데이터 중 11개가 A등급이고, 폐수 데이터만 B등급으로 평가되었다.

표 4-5 오렌지 음료 제조공정 데이터의 품질평가

음료생산공정							
No.	물질명	시간적 경계	지역적 경계	기술적 경계	완전성	평균	등급
1	PET 병	1	1	1	1	1	A
2	라벨	1	1	1	2	1.25	A
3	주스원액	2	1	1	2	1.5	A
4	수돗물	1	1	1	1	1	A
5	세척수	1	1	1	1	1	A
6	필터	1	1	1	1	1	A
7	설탕	1	1	1	1	1	A
8	전기	1	1	1	1	1	A
9	LNG	1	1	1	1	1	A
10	폐수	2	1	1	3	1.75	B
11	폐PET	2	1	1	2	1.5	A
12	지정폐기물	1	1	1	2	1.25	A

표 4-5의 품질평가 결과는 LCA 사례(5/19)에서 설정한 품질목표를 만족하여 수집한 데이터는 적합한 것으로 분석된다.

4 데이터 검증

단위공정별로 데이터 품질요건에 맞는 데이터를 수집하고 나면 수집한 데이터에 대한 적합성 검증을 수행해야 한다. 데이터 검증은 물질 수지에 의한 검증이 기본이다. 하지만 연구대상 제품이 에너지 또는 에너지원일 경우 물질 수지(mass balance) 이외에 에너지 수지(energy balance)에 의한 검증도 수행한다.

4.1 물질 수지 검증

물질 수지는 각 단위공정에 대하여 투입물과 산출물 간의 인과관계를 통하여 질량 보존의 법칙을 만족하는지를 확인하는 과정이다. 그림 4-5와 같이 단위공정으로 100이 투입되면 산출물로 100이 나오는지를 확인하는 것이 물질 수지를 확인하는 과정이다. 실제로 단위공정별로 데이터를 수집하면 투입물과 산출물의 양이 같지 않은 경우도 많다. 따라서 물질 수지 검증은 투입물과 산출물 간의 인과관계를 고려하여 빠트리거나 잘못된 물질 흐름을 수정하여 투입물과 산출물의 흐름을 같게 맞추는 과정이라고 할 수도 있다.

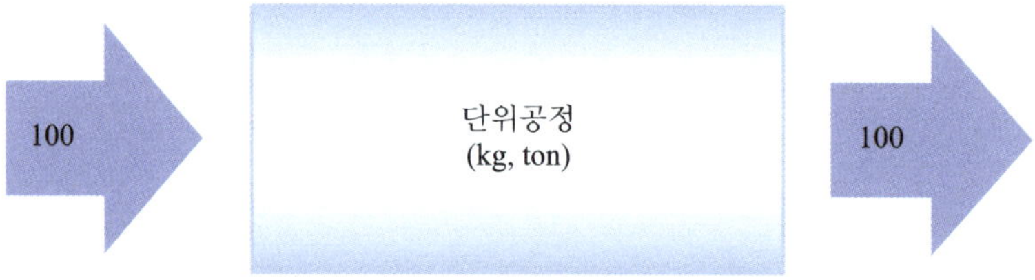

그림 4-5 물질 수지 개념

물질 수지의 검증대상은 다음과 같은 두 가지 원칙에 만족한 투입물과 산출물이다.

- 무게 단위로 전환할 수 있어야 한다. 물리적 특성 정보(밀도 등)를 활용하여 무게 단위로 전환할 수 없는 전기 등과 같은 투입물은 물질 수지 검증대상에서 제외된다.
- 단위공정을 경계로 들어오거나 나가는 모든 투입물과 산출물이 대상이다. 단위공정 내부에서 순환되는 흐름은 검증대상에서 제외된다.

물질 수지 검증을 위하여 단위공정과 그 경계를 정확히 정의하는 것이 중요하다. 사업장에서 유틸리티와 환경설비는 관리팀이 별도로 있어서 데이터 관리가 상대적으로 잘 되고 있다. 반면에, 생산공정들의 각 세부공정에 대한 물질과 에너지 흐름의 관리는 별도로 이루어지지 않는 경우가 많다. 이 경우에는 생산공정 전체를 단위공정으로 결정하는 것이 바람직하다. 단위공정을 결정할 때는 연구의 목적을 우선적으로 고려하되, 기업의 데이터 관리 수준을 명확히 파악하는 것이 중요하다. 그림 4-6에서 보는 바와 같이, 연구의 목적과 사업장의 데이터 관리수준을 고려하여 음료수 생산공정 전체를 하나의 단위공정으로 결정하거나, 생산공정을 4개의 단위공정으로 세분화할 수 있다. 그림 4-6의 왼쪽은 굵은 선 박스로 된 한 개 단위공정으로 결정하고 단위공정 내부의 4개 세부공정 간 흐름은 점선으로 표시했는데, 이는 단위공정 내부의 흐름을 의미한다. 물질 수지 검증과정에서는 단위공정 내부의 점선으로 된 내부 흐름은 검증대상에서 제외되고 실선으로 된 단위공정으로 들어오고 나가는 흐름만이 검증대상이다. 그림 4-6의 오른쪽은 4개의 세부공정 각각을 단위공정으로 결정한 경우이다. 여기서 세부공정 간 물질 흐름은 내부 흐름이 아니라 단위공정 간 흐름이므로 물질 수지 검증대상이다.

단위공정별로 수집한 데이터의 물질 수지가 맞지 않을 때는 다음 사항을 검토한다.

- 데이터 입력 오류 확인(값, 단위)
- 데이터 누락 또는 중복
- 내부 순환흐름 여부
- 공정에서 발생한 대기배출물 누락

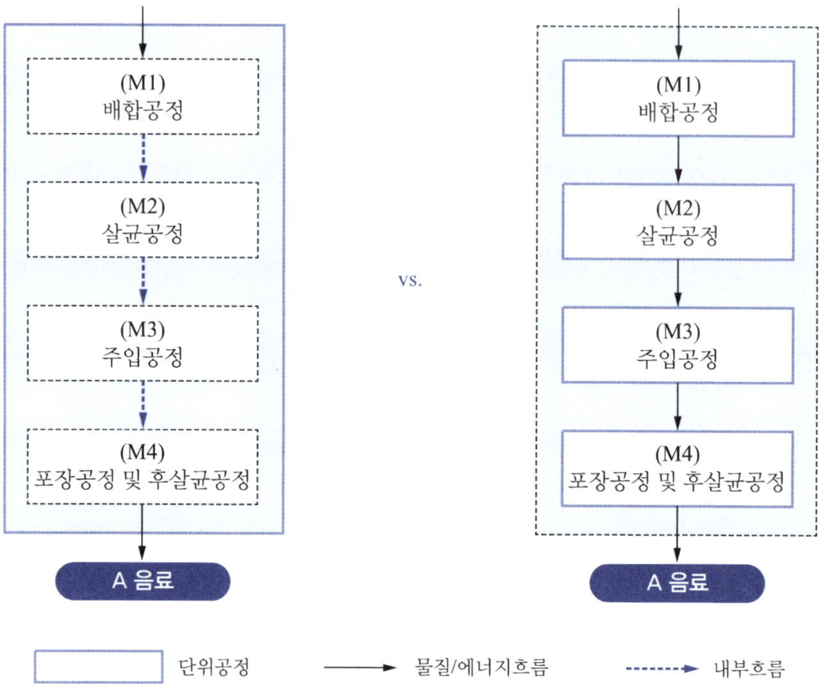

그림 4-6 기업의 데이터관리 상황에 따른 단위공정 결정

(1) 데이터 입력 오류 확인

데이터 원본과 대조를 통해 물질 및 에너지 흐름 별로 작성된 데이터 값과 단위가 제대로 작성되었는지 확인한다. 또한, 물질과 에너지 흐름 별로 데이터의 출처가 다를 경우, 데이터 작성기준이 같은지를 확인해야 한다. 예를 들어, 물질 장부와 에너지 장부가 별도로 관리되는 경우, 물질 장부는 연간 총량을 관리하는데 에너지 장부는 월평균 또는 원 단위를 관리할 수도 있다. 각 데이터는 제대로 작성된 데이터이지만 작성기준이 달라 물질 수지가 안 맞을 수 있으므로, 이에 관한 확인이 필요하다.

(2) 데이터 누락 또는 중복

일반적으로 제품의 투입물에는 원료 및 보조물질, 에너지 등 그 종류가 많아서 데이터 수집과정에서 일부를 빠트리는 경우가 발생한다. 데이터 중복작성 여부도 확인해야 한다. 예를 들어, 공정에 투입한 압축공기 사용량 데이터가 입력되어 있다면 전력량에서 압축공기 생산에 소요되는 전력량은 압축공기 데이터베이스에 반영되어 있으므로 생략해야 한다. 이러한 문제를 해결하기 위해서는 사전에 연구대상 시스템의 각 단위공정의 경계를 명확히 이해하고 단위공정 간 물질과 에너지 흐름을 명확히 파악하는 것이 필요하다.

(3) 내부 순환흐름 여부

그림 4-7과 같이 한 단위공정이 여러 개의 세부공정으로 구성될 경우, 공정 내부에서의 순환흐름이 발생할 수 있다. 단위공정별로 데이터를 작성할 때는 단위공정을 경계로 들어오는 흐름과 나가는 흐름을 입력하고 이들을 대상으로 물질 수지 검증을 해야 한다. 하지만 단위공정 내부에 순환흐름이 있는 경우, 담당자가 순환흐름의 양을 관리하면서 이를 단위공정의 데이터로 입력하면 물질 수지는 맞을 수가 없다. 그림 4-7의 투입원료로 공정 외부에서 "95"가 교반 공정으로 투입되고 분리공정에서 회수되어 정제된 재생원료 "5"가 교반 공정으로 투입되어 "100"이 투입된다. 분리공정에서는 "7"이 불량품으로 간주하여 회수공정으로 보내지고, 중간가공품인 "93"에 포장재 "2"를 더한 "95"가 제품으로 생산된다. 표 4-6과 같이 설문지에 내부 순환흐름인 "5"를 투입물에 포함하면 총투입은 "102"가 되고 총산출은 "97"이 되어 물질 수지가 맞지 않게 된다. 이는 물질 수지 검증에 포함하지 않아야 하는 내부 순환흐름 "5"가 포함되었기 때문이다.

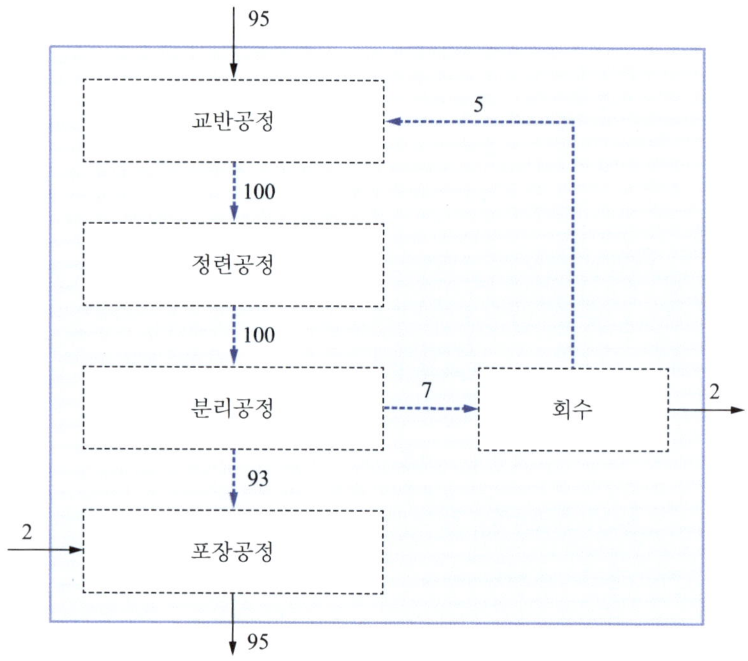

그림 4-7 내부 순환흐름을 포함한 공정흐름도의 예(1)

표 4-6 내부 순환흐름의 포함 여부에 따른 물질 수지 검증의 예

물질 수지가 맞지 않는 예(내부 순환흐름 포함)							
투입물 : 102 ton				산출물 : 97 ton			
물질명	단위	양	경로	물질명	단위	양	경로
원료	ton	95		제품	ton	95	
회수원료	ton	5		폐기물	ton	2	
포장재	ton	2					
물질 수지가 맞는 예(내부 순환흐름 제외)							
투입물 : 97 ton				산출물 : 97 ton			
물질명	단위	양	경로	물질명	단위	양	경로
원료	ton	95		제품	ton	95	
회수원료	ton			폐기물	ton	2	
포장재	ton	2					

그림 4-8은 내부 순환흐름을 포함한 공정흐름도의 다른 예이다. 그림 4-7은 내부 순환흐름만이 존재하는 경우이고, 그림 4-8은 공정 외부에서 투입되는 흐름을 포함한 내부 순환흐름으로, 반응과정에서 발생한 고온으로 인한 폭발과 화재의 위험을 방지하기 위하여 냉각수로 내부를 식히는 공정을 보여준다. 냉각탑 운영자는 반응공정으로 냉각수를 안정적으로 공급하는 것이 주요 임무이다. 냉각탑 운영자가 관리하는 데이터는 1번부터 4번 흐름 모두 관리하지만 2번 흐름을 중점 관리한다. 따라서 설문지를 활용하여 냉각탑에 대한 물질 흐름의 작성을 요청하면 운영자는 2번 흐름을 투입량으로 입력하는 경우가 일반적이다. 하지만 설문지에는 1번 흐름인 보충수와 4번 흐름인 증발수 또는 유출수를 입력해야 물질 수지가 맞다. 2번과 3번 흐름은 내부 순환흐름이고 이들을 순환시키는 원동력은 전기이다. 즉, 2번과 3번의 물질 흐름은 별도로 입력하지 않으나, 2번과 3번과 관련된 전기사용량은 입력된다.

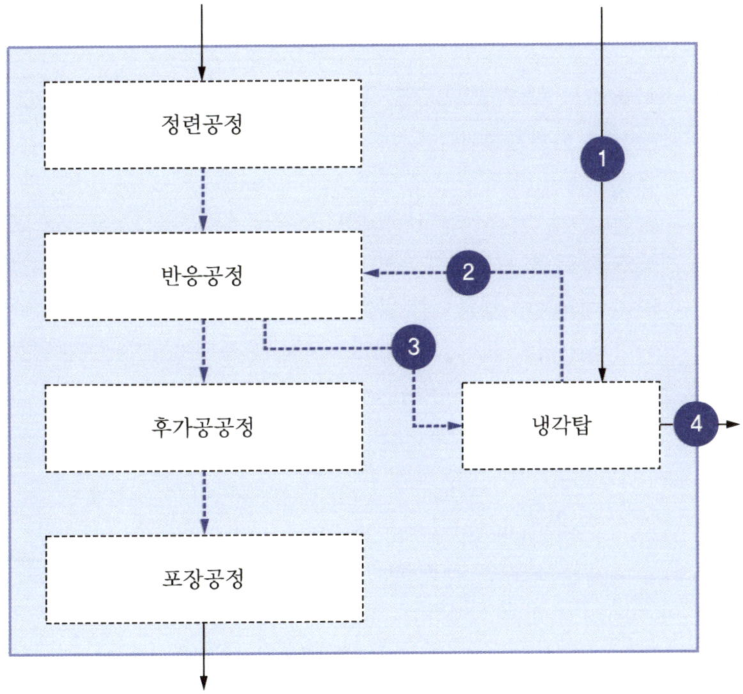

그림 4-8 내부 순환흐름을 포함한 공정흐름도의 예(2)

(4) 공정에서 발생한 대기배출물 누락

대기배출물에는 이산화탄소(CO_2)와 일산화탄소(CO), 질소산화물(NO_x), 황산화물(SO_x), 휘발성 유기화합물(VOCs), 분진 등이 포함되며, 이들은 생산공정 내의 연소공정과 연마공정 등에서 많이 발생된다. 배출시설이 있는 사업장은 대기환경보전법에 따라 공정에서 발생한 대기배출물 관리대상 배출물의 정보를 정부에 주기적으로 보고하므로 상대적으로 정확하게 데이터를 관리한다. 하지만 대기배출물 관리대상이 아닌 이산화탄소는 제대로 관리되지 않은 경우가 빈번하게 발생된다. 따라서, 연소과정에서 발생한 온실가스 발생 정보에 대한 별도의 요구가 없다면, 기업의 환경관리 담당자는 이산화탄소를 누락시킨 채로 부서에서 관리하는 대기배출물 발생량에 대한 데이터들만을 제공하게 된다. 이와 같은 데이터 누락은 현장에서 자주 발생될 수 있으므로 특별히 주의해서 관리해야 한다.

문제 7 물질 수지 검증

아래 표는 ABS powder를 생산하는 공정에 대해 단위공정별로 수집한 데이터 목록이다. 중합공정에서는 polybutadiene과 styrene monomer, acrylonitrile 등의 원료를 중합하여 중간 소재인 ABS latex를 생산한다. 이때 중합과정에서 고온이 발생되므로 냉각수가 사용되며, 중유는 열원으로 사용한다. 후처리 공정에서는 ABS latex를 가공하여 ABS powder를 생산하는데, 이때 열원으로 스팀을 사용하여 배출물로 응축수가 발생한다. ABS latex와 ABS powder의 생산량은 정확하다고 가정할 때, 단위공정별 데이터를 토대로 물질 수지 관점에서 명백한 부적합 4개를 제시하시오.

공정명	투입			산출		
	투입물	단위	양	산출물	단위	양
중합 공정	polybutadiene	kg	250	ABS latex	kg	400
	styrene monomer	kg	100			
	acrylonitrile	kg	50			
	전기	kWh	38			
	중유	L	58			
	첨가제1	kg	5			
	냉각수	kg	52,000			

후처리 공정	ABS latex	kg	400	ABS powder	kg	410
	첨가제2	kg	10	응축수	kg	30
	스팀	MJ	150			
	세척수	kg	100			

풀이

(1) 중합 공정

- (부적합 1) 중유와 냉각수, 전기를 제외하고 나머지 투입물과 산출물 간의 물질 수지를 맞춰보면 투입물은 405이고, 산출물은 400이어서 물질 수지가 맞지 않음. 5에 대한 흐름을 누락한 것이 부적합임.
- (부적합 2) 중유는 연료로 사용되므로 연소하면 명백하게 대기배출물이 배출되는데, 이에 대한 데이터가 누락되었다.
- (부적합 3) 냉각수를 사용하면 수증기 또는 폐수가 발생되는데, 이에 대한 데이터가 누락되었다.
  - 냉각수 투입량을 보면, ABS latex 1 kg당 130 kg의 냉각수가 투입되는 것으로 계산되는데, 이는 보충수가 아닌 순환수가 입력된 것으로 예상되지만 이에 대해서는 데이터 확인이 필요한 상황임. 따라서 명백한 부적합은 아님.

(2) 후처리 공정

- (부적합 4) 스팀과 응축수를 제외한 투입물의 합은 510인데 산출물은 410이어서 100만큼의 차이가 있다. 이 차이는 투입물의 세척수가 산출물에 누락되었기 때문이다. 따라서 이는 명백한 부적합임.
- 스팀 사용으로 인해 발생되는 것이 응축수이어서 인과관계가 명확하지만, 스팀의 단위는 MJ이고 응축수의 단위는 kg이어서 물질 수지를 확인할 수가 없다. 따라서 환산계수를 수집하여 물질 수지를 확인해야 한다. 이는 추가 확인과정이 필요하므로 명백한 부적합은 아니다.

LCA 사례 오렌지 음료 (13/19)

• **물질 수지 검증**

1. 설문지를 통해 수집한 오렌지 음료의 생산공정 데이터인 LCA 사례(11/19)의 표 4-4에 대해서 물질 수지 검증을 하였다. 전기와 연료를 제외한 모든 투입물과 산출물을 대상으로 물질 수지를 분석한 결과이다.
   - 투입물 : 66,889.8 ton, 산출물 : 66,909.8 ton
2. 투입물과 산출물 간에 20 ton의 차이가 나는 원인을 분석하였다.
   - 투입물 중 공정에서 사용한 필터와 유틸리티(전기, LNG)를 제외한 투입물의 합은 66,879.8 ton이다.
   - 지정폐기물을 제외한 모든 산출물의 합은 66,879.8 ton이다.
   - 물질 수지 검증과정에서 고려하지 않은 투입물의 필터와 산출물의 지정폐기물을 보면 필터는 10 ton이고 지정폐기물은 30.0 ton으로 물질 수지가 맞지 않는다.
3. LNG 연소에 따른 이산화탄소 배출량은 LNG 사용량과 LNG의 연소 배출계수를 곱하여 산출한다.

• **물질 수지 조정**

1. 음료 생산공정에서 발생한 지정폐기물은 폐수처리장에서 걸러진 슬러지와 폐필터이다. 폐필터 10 ton이 지정폐기물이므로, 폐수발생량에 포함된 20.0 ton의 슬러지를 지정폐기물로 이동시켜야 한다. 따라서, 폐수발생량은 기존의 29,108.3 ton에서 20.0 ton을 제외한 29,088.3 ton으로 조정된다.
2. LNG 사용량이 448,100.9 Nm^3이고 탄소배출계수가 2.21 kg CO_2/Nm^3이므로 이들을 곱하면 990.303 ton CO_2가 산출되며, 이를 산출물 목록에 추가로 기입한다.

표 4-7 오렌지 음료 제조공정의 검증된 데이터

INPUT					
No.	물질명	단위	투입량	데이터출처	수입원
1	PET 병	ton	1,919.1	생산연보	한국PET
2	라벨	ton	72.4	생산연보	A비닐
3	주스원액	ton	1,819.4	생산연보	미국원액
4	수돗물	ton	34,023.0	유틸리티연보	수자원공사
5	세척수	ton	28,500.0	유틸리티연보	수자원공사
6	필터	ton	10.0	유틸리티연보	B설비
7	설탕	ton	545.8	생산연보	C제당
8	전기	MWh	1,252.3	유틸리티연보	한국전력
9	LNG	Nm^3	448,100.9	유틸리티연보	가스공사
OUTPUT					
No.	물질명	단위	산출량	데이터출처	처리원
1	PET 음료	ton	37,747.9	생산연보	한국PET
2	폐수	ton	29,088.3	환경연보	A처리장
3	폐PET	ton	23.6	환경연보	B재활용
4	지정폐기물	ton	30.0	환경연보	C용역
5	CO_2	ton	990.3	환경연보	대기배출

- **물질 수지 검증에 의해 수정된 투입산출물 목록**

1. 전기와 연료, CO_2를 제외한 총투입물의 합과 산출물의 합은 동일한 66,889.8 ton이다.
2. LNG 연소에 따른 CO_2 배출량이 990.3 ton으로 환산되었다. LNG가 CO_2로 전환되는 과정에서 대기 중의 산소가 자연적으로 투입되는데, 이는 기본 흐름이고, 어떠한 환경영향도 없어서 별도로 투입물에 목록화하지 않는다.

4.2 에너지 수지 검증

에너지 수지 검증은 주로 해당 단위공정의 산출물이 에너지원일 경우에 수행된다. 최근 온실가스 감축의 수단으로 에너지효율의 중요성이 강조되고 있는 가운데, 그간 버려왔던 폐열을 재활용하여 에너지 소비를 상당량 줄이고 있다. 이 과정에서 폐열 재활용에 따른 에너지 소비 절감효과가 실질적으로 의미가 있는지 알기 위해서는 기본적인 에너지 수지 검증이 수행되어야 한다. 검증 결과 에너지 절감효과가 인정되면 이를 LCA 결과에 반영할 수 있다. 일반적으로 에너지 수지 검증이 필요한 공정은 공장의 보일러 또는 소각장에서의 폐열회수 소각공정 등이다.

(1) 에너지 종류

에너지는 일할 수 있는 능력이다. 에너지의 종류는 운동 에너지, 위치 에너지, 전기 에너지, 열 에너지, 화학 에너지, 소리 에너지, 핵 에너지, 빛 에너지 등이 있다. LCA 수행과정에서 전기 에너지와 열 에너지가 분석되는데, 에너지 수지 검증의 주 대상이 되는 에너지는 열 에너지라고 할 수 있다.

(2) 단위

일반적으로 사용하는 에너지의 단위는 J과 cal, Btu가 있다. 1 J은 1뉴턴(N)의 힘으로 물체를 1 m 이동시키는데 필요한 에너지양이다. 1 cal는 물 1 g을 1℃ 높이는데 필요한 에너지양이다. 영국에서 주로 사용하는 단위인 1 Btu는 물 1파운드를 1°F 높이는데 필요한 에너지양이다. 표 4-8은 에너지 단위별 환산을 위해 사용되는 환산계수를 보여준다. 즉, 1 cal는 4.2 J에 해당하고, 역으로 1 J은 0.239 cal이며, 1 Btu는 1,055 J이다.

표 4-8 에너지 단위별 환산계수

1 cal	=	4.2 J	=	3.97E − 03 Btu
1 J	=	0.239 cal	=	9.48E − 04 Btu
1 Btu	=	1,055 J	=	252 cal

(3) 열량 및 효율 계산

열은 시스템 밖으로 방출되기도 하고 시스템 안으로 흡수되기도 한다. 일반적으로 공장에서 보일러는 열을 함유한 스팀을 생산공정으로 이송하여 열을 공급하고, 온도가 떨어진 스팀은 다시 보일러로 회수되어 보일러에서 에너지를 재투입하여 고온의 스팀을 만들어 재공급한다. 이처럼 보일러 가동에 필요한 열량이 얼마인지 산정하고 검증하기 위해서는 열량을 계산하는 방법을 파악하는 것이 필요하다. 그런데, 열량(엔탈피)은 그 자체로 직접 측정이 어렵고, 온도변화를 측정하여 산출할 수 있다. 그림 4-9는 보일러에서 t_1℃의 m 스팀을 공장에 공급하고 공장에서 다시 t_2℃의 m 스팀을 보일러로 순환하는 스팀 순환시스템이다. 보일러에서 t_2℃의 m 스팀을 t_1℃로 올리는데 필요한 열량을 아래의 관계식을 활용하여 계산할 수 있다.

$$Q = m \cdot C \cdot (t_1 - t_2)$$

Q : 열량(cal), m : 질량(g), C : 비열(cal/g·℃), $t_1 - t_2$: 온도변화(℃)

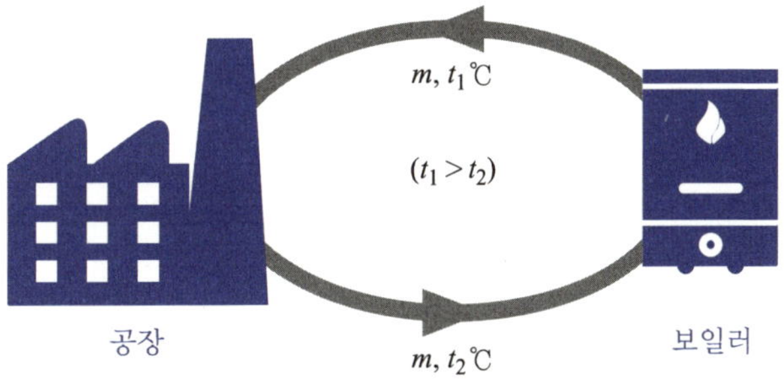

그림 4-9 보일러와 스팀순환시스템

또한, 에너지 수지 검증을 위한 보일러 효율을 계산하는 식은 다음과 같다. 분모는 보일러에 투입되는 연료의 열량을 의미하고, 분자는 보일러에서 생산된 스팀의 열량을 의미한다. 즉, 에너지효율은 투입되는 연료의 열량에 의해 생산된 스팀 열량의 비율이다.

$$\eta = \frac{G \times (Q_2 - Q_1)}{C_f \times H_f} \times 100\%$$

η : 효율(%), G : 스팀양(kg/h), Q : 열량(cal/kg),
C_f : 연료 소비량(kg/h), H_f : 연료 저위발열량(kcal/kg)

문제 8 에너지효율 계산

2020년 오렌지 음료 생산과정에서 스팀 생산에 사용되는 보일러의 에너지효율을 계산하기 위하여 데이터를 수집하였다. 보일러는 150℃의 고온 스팀을 공급하고 85℃의 응축수가 보일러로 회수되어 돌아온다. 스팀의 순환경로는 관을 타고 이동하므로 별도의 손실은 없다. 아래의 데이터를 활용하여 보일러의 에너지효율을 계산하시오.

- 스팀공급량(G) : 1,300 ton/h
- LPG 사용량 : 10 ton/h
- LPG 저위발열량 : 11,000 kcal/kg

풀이

- 분모 : 연료 에너지양(kcal/h)
  - 연료 에너지양(kcal/h) = 연료소비량(kg/h) × 저위발열량(kcal/kg)
    = 10,000 kg/h × 11,000 kcal/kg
    = 110,000,000 kcal/h
- 분자 : 스팀 에너지양(kcal/h)
  - 스팀 에너지양(kcal/h)
    = 스팀소비량(kg/h) × 온도변화(℃) × 비열(kcal/kg · ℃)
    = 1,300,000 kg/h × (150 − 85) × 1
    = 84,500,000 kcal/h
- 에너지효율(%)
  - 에너지효율(%) = (스팀 에너지양 / 연료 에너지양) × 100
    = (84,500,000 kcal/h / 110,000,000 kcal/h) × 100
    = 76.8%

문제 9 연료 공급량 계산

포장밥을 생산하는데 필요한 스팀을 생산하기 위해 벙커C유 보일러를 활용하고 있다. 보일러는 180℃의 스팀을 시간당 250,000 ton을 생산하여 공급하고 있고 80℃의 응축수가 보일러로 회수된다. 보일러의 효율이 70%이고 벙커C유의 발열량이 9,300 kcal/L라고 할 때, 시간당 벙커C유 사용량(kg)을 소수점 첫째자리로 나타내시오. 벙커C유의 비중은 0.9 kg/L이다.

풀이

- 분자 : 스팀 에너지양(kcal/h)
  - 스팀 에너지양(kcal/h)
    = 스팀소비량(kg/h) × 온도변화(℃) × 비열(kcal/kg · ℃)
    = 250,000,000 kg/h × (180 − 80) × 1
    = 25,000,000,000 kcal/h
- 분모 : 연료 에너지양(kcal/h)
  - 연료 에너지양(kcal/h) = (스팀 에너지양 / 에너지효율) × 100
    = (25,000,000,000 kcal/h / 0.7) × 100
    = 35,714,285,714 kcal/h
- 벙커C유 사용량(kg/h)
  - 벙커C유 사용량(L/h) = 연료 에너지양(kcal/h) / 저위발열량(kcal/L)
    = 35,714,285,714 kcal/h / 9,300 kcal/L
    = 3,840,245.8 L/h
  - 벙커C유 사용량(kg/h) = 벙커C유 사용량(L/h) × 비중(kg/L)
    = 3,840,245.8 L/h × 0.9 kg/L
    = 3,456,221.2 kg/h

5 데이터 계산

그림 4-1의 LCI 수행절차에서 보는 바와 같이, 단위공정별로 수집한 데이터에 대해 물질 수지 또는 에너지 수지 검증을 통해 데이터의 적합성을 확인한 다음에는 데이터 계산이 진행된다. 검증된 데이터를 먼저 단위공정으로 연결하고, 기능단위당으로 데이터를 환산하는 과정을 거친다. 기능단위 기준으로 데이터를 환산한 후에 단위공정들의 목록항목별로 데이터를 통합하는데, 그 결과물을 Gate to gate(GtG) 데이터라고 한다(Conceptión J. G. 외, 2000). 즉, GtG 데이터는 제품시스템 내의 단위공정별로 수집한 데이터를 할당을

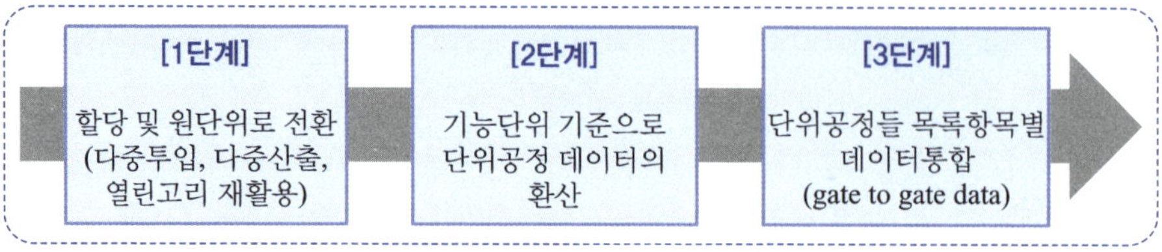

그림 4-10 데이터 계산 절차

거쳐 기능단위 수준으로 환산한 후 데이터 항목별로 통합한 집합체라고 정의할 수 있다. 그림 4-10은 검증이 된 데이터를 GtG 데이터로 전환하는 데이터 계산 절차이다.

5.1 할당

5.1.1 할당의 원칙

"3.5 할당"의 그림 3-11에서 보는 바와 같이, 다중 산출 공정 및 다중 투입 공정, 열린고리 재활용의 경우에는 서로 다른 제품시스템들이 공유하는 단위 공정들의 투입물과 산출물에 대하여 할당을 수행한다. ISO 14044:2006에서 언급한 할당의 원칙은 다음과 같다.

- 투입물과 산출물은 명확하게 문서화 된 할당절차에 따라 서로 다른 제품시스템에 할당되어야 한다.
- 할당을 수행한 후에 제품시스템별 투입물과 산출물의 합은 할당 전 제품시스템의 투입물과 산출물의 합과 같아야 한다.
- 할당의 방법으로 여러 인자가 가능할 경우, 민감도 분석을 통해 할당 인자별로 도출한 연구결과를 확인하여 적절한 할당 인자를 선택하고, 그 결과를 보고서에 명확히 기록해야 한다.

5.1.2 할당의 절차

ISO 14044:2006은 데이터 계산과정에서 할당이 수행되는 경우에는 아래와 같이 3단계의 절차에 따라 할당 여부를 결정하고 수행하도록 하고 있다.

(1) 1단계: 할당 회피

다른 제품시스템들이 공유하는 단위공정에 대하여 할당을 수행하기 전에 제품시스템 경계를 확장하거나 제품시스템 내의 단위공정을 세분화하여 할당을 회피할 수 있는지를 검토하며, 가능하면 할당을 회피한다.

(2) 2단계: 물리적 인자를 적용한 할당

할당의 회피가 불가능하여 할당을 수행해야 한다면, 할당의 대상이 단위공정의 투입물과 산출물에 대해서 무게 또는 부피, 에너지 함량 등의 물리적 인자를 활용하여 할당을 수행한다. 이때, 제품의 기능에 적합한 물리적 할당 인자를 선택해야 하며, 복수의 할당 인자가 선택된 경우에는 민감도 분석을 수행하여 적합한 할당 인자를 선택해야 한다.

(3) 3단계: 기타 인자를 적용한 할당

물리적 인자를 적용한 할당이 합리적이지 않을 경우, 경제적 인자와 같은 기타 할당 인자를 선택하고 이를 활용하여 할당을 수행한다. 경제적 가치는 제품 간의 환경부하를 할당할 인자로 유용하게 사용할 수 있지만, 상황에 따라 경제적 가치가 크게 변화할 수 있으므로 경제적 가치를 할당 인자로 활용해야 하는 경우에는 신중하게 결정해야 한다. LCA를 수행하여 얻은 환경성 정보를 일반 소비자와 기업 구매자 등에게 공개하는 절차와 요건을 다루는 표준인 ISO 14025:2006을 적용하여 운영되는 미국 UL의 EPD 지침에서는 부산물의 경제적 가치가 동일 생산공정에서 생산된 주산물을 포함한 모든 제품의 경제적 가치와의 차이가 25% 미만일 경우에는 물리적 인자에 의한 할당을 수행하고 25% 이상일 경우에는 경제적 인자에 의한 할당을 수행하도록 하고 있다(UL, 2018).

5.1.3 할당 회피

할당을 회피하는 방법은 할당의 대상이 되는 단위공정을 세분화함으로써 할당을 회피하는 방법과 해당 단위공정의 시스템경계를 확장하여 할당을 회피하는 방법이 있다.

(1) 단위공정 세분화에 의한 할당 회피

단위공정을 세분화하여 할당을 회피하는 방법은 아래와 같다. 다른 제품시스템과 공유되는 단위공정을 규명한 후에 그 단위공정을 세분화하여 투입물과 산출물들의 각 제품시스템과의 연관성 여부를 확인함으로써 할당을 피한다. 그림 4-11은 용광로에서 철광석을 용융시켜 열연강판과 냉연강판을 만들고 도금과정을 거쳐 도금강판을 생산하는 공정을 도식화한 것이다. 용해과정부터 냉연강판 생산공정까지는 크롬도금강판과 유기도금강판이 같으며, 도금강판 공정을 통해서 크롬도금강판과 유기도규강판이 생산된다. 그림 4-11(a)에서 보는 바와 같이, 도금강판 단위공정은 크롬도금강판과 유기도금강판 제품시스템들이 공유하고 있으므로 할당의 대상이다. 도금강판 단위공정에는 크롬과 유기화합물이 투입되므로 이들이 크롬도금강판과 유기도금강판시스템 사이에 할당을 통해 분배된다. 이 과정에서 유기도금강판에서 사용되는 유기화합물이 크롬도금강판에도 배분되며, 크롬도금강판에 사용되는 크롬이 유기도금강판에도 분배된다. 즉, 할당으로 인해 유기도금강판에 사용되지 않은 크롬과 크롬도금강판에 사용되지 않는 유기화합물이 부가되는 상황이 발생된다. 따라서, 가능하면 유기도금강판과 크롬도금강판의 도금공정을 분리해서 데이터를 수집함으로써 할당을 피하는 것이 필요하다. 이와 같은 경우에, 할당을 회피하는 방법은 그림 4-11(b)와 같다. 그림 4-11(a)의 도금강판공정을 그림 4-11(b)와 같이 크롬도금강판 공정과 유기도금강판 공정으로 세분함으로써 크롬은 크롬도금강판 공정에만, 유기화합물은 유기도금강판 공정에만 투입되는 것으로 확인되어 할당을 피할 수 있게 된다.

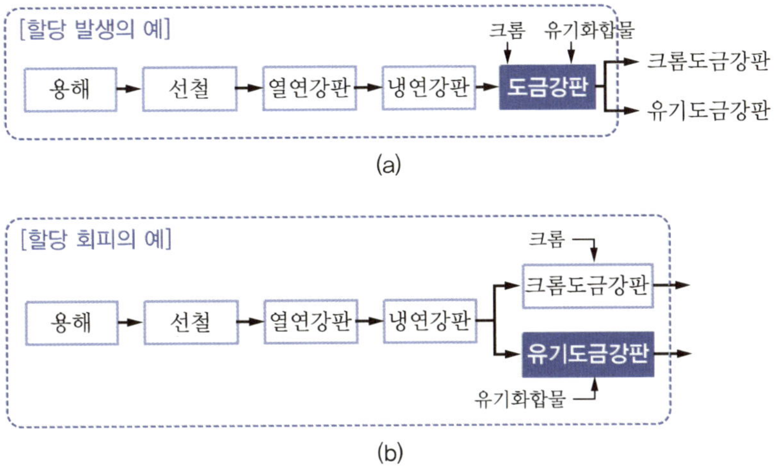

그림 4-11 공정 세분화에 의한 할당 회피의 예

(2) 시스템경계의 확장에 의한 할당 회피

할당을 피하는 다른 방법은 시스템경계의 확장을 하는 것이다. 그림 4-12는 폐 TV의 열 회수 소각과정에서 발생되는 환경영향과 에너지 회수량을 TV 시스템과 지역난방 시스템 간에 할당하는 가상의 사례이다. 그림 4-12(a)에서 원유 채취공정과 수송, 소각공정은 TV 시스템 및 지역난방 시스템과 공유한다. 즉, 지역난방을 위해서는 원유채취, 수송, 소각공정이 필요하므로, 이들 공정은 TV 시스템과 공유되고 있다. 반면에, 증류, 납사 분해, 중합, 사출성형, TV 생산은 TV 시스템을 위해서만 필요하므로 지역난방과 공유되지 않는다. 따라서, 공유되는 공정인 원유 채취, 수송, 소각에 대해서 할당을 수행한다. 반면에, 그림 4-12(b)는 시스템경계의 확장을 통해서 할당을 피하는 방법을 보여준다. 우선 지역난방 시스템을 기존의 TV 시스템으로 통합하여 시스템경계를 확장한다. 그 후에 천연가스를 연소한 지역난방을 통해 100 MJ의 열 생산에 따른 환경영향을 공제함으로써 TV 시스템에 대한 환경영향을 계산한다. 이때 공제하는 지역난방의 열원 종류에 따라 TV 시스템의 환경영향 결과가 달라질 수 있으므로 공제하는 열원의 선택이 중요하다.

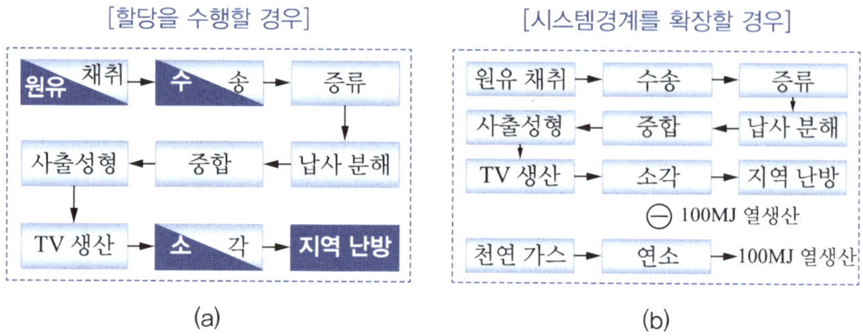

그림 4-12 시스템경계 확장에 의한 할당 회피의 예

문제 10 시스템 확장에 의한 할당 회피

A 발전소는 발전과정에서 남은 폐열을 모아 지역난방에 활용하는 열병합발전을 하고 있다. 2020년 1년간 발전소를 가동하는 과정에서의 일차데이터는 [표 1]과 같다. 열병합발전은 전기와 열을 동시에 생산하므로 할당문제가 발생한다. 할당을 회피하기 위해 스팀보일러의 가동을 제품시스템에 포함한 시스템 확장에 의한 할당회피 방식을 도입하였다. 이에 따라 산출된 전기 1 kWh당 온실가스 배출량을 [표 2]를 활용하여 kg CO_2-eq. 단위로 산출하시오. 다만, 대체공정인 스팀보일러에서 1 TJ의 열을 생산하는 과정에서 발생한 온실가스 배출량은 100 kg CO_2-eq. 이다. 1 cal는 4.2 J이고, 1 kWh는 3.6 MJ, LNG의 비중은 0.806 kg/Nm^3이다.

[표 1] 2020년 열병합발전소 가동에 따른 일차데이터

투입			산출		
투입물	단위	양	산출물	단위	양
LNG	Nm^3	120,000,000	전기	MWh	699,720
공정수	ton	780,000	스팀(열)	TJ	1,079,568
전기	MWh	3,500			

[표 2] 공정별 탄소배출계수

물질명	단위	탄소배출계수
LNG 생산	kg CO_2/kg	0.6
LNG 연소	kg CO_2/Nm^3	2.2
공정수	g CO_2/kg	0.1
전기	kg CO_2/kWh	0.5

풀이

- **2020년 열병합발전에 의한 온실가스 총 배출량**
  - LNG 연소 시 온실가스 배출량 + LNG 생산 시 온실가스 배출량 + 공정수 생산 시 온실가스 배출량 + 전기 발전 시 온실가스 배출량
  - (120,000,000 Nm^3×2.2 kg CO_2/Nm^3) + (120,000,000 Nm^3×0.806 kg/Nm^3×0.6 kg CO_2/kg) + (780,000,000 kg×0.0001 kg CO_2/kg) + (3,500,000 kWh×0.5 kg CO_2/kWh)
    = 264,000,000 kg CO_2 + 58,032,000 kg CO_2 + 78,000 kg CO_2 + 1,750,000 kg CO_2
    = 323,860,000 kg CO_2
- **대체공정인 스팀보일러에서 스팀생산에 따른 온실가스 배출량**
  - 스팀 생산량 × 대체공정에서 스팀 1 TJ 생산에 따른 온실가스 배출량
  - 1,079,568 TJ × 100 kg CO_2/TJ
    = 107,956,800 kg CO_2
- **전기 생산에 따른 온실가스 배출량**
  - 온실가스 총 배출량 − 대체공정(보일러)에서의 온실가스 배출량
  - 323,860,000 kg CO_2 + 107,956,800 kg CO_2
    = 215,903,200 kg CO_2
- **1 kWh당 온실가스 배출량**
  - 전기 생산에 따른 온실가스 배출량 ÷ 발전량
  - 215,903,200 kg CO_2 ÷ 699,720,000 kWh
    = 0.31 kg CO_2/kWh

5.1.4 할당 수행

할당 수행에 필요한 할당 인자의 선택이 주관적일 수 있으므로, 연구의 신뢰도를 높이기 위하여 가능한 할당을 회피해야 하지만, 회피할 수 없는 경우에는 할당을 수행해야 함을 설명하였다. 그림 3-11에서 설명한 바와 같이 할당은 다중 산출 공정과 다중 투입 공정, 열린고리 재활용의 상황에서 발생한다. 다중 산출은 한 제품시스템에서 여러 제품이 동시에 생산되어 일부 상위흐름을 공유할 때 공유되는 상위흐름을 제품 간에 일정한 기준에 따라 할당하는

것이다. 다중 투입은 각기 다른 제품시스템에서 발생한 폐기물 또는 폐수 등이 최종 처리되는 과정에서 동일 하위흐름을 공유할 때 공유되는 하위흐름을 일정한 기준에 따라 제품시스템 간에 할당하는 것을 말한다. 열린고리 재활용은 다른 제품시스템 간에 재활용 공정이 공유할 때 적절한 배분 기준에 따라 환경부하를 할당하는 것을 말한다.

(1) 다중 산출

한 제품시스템에서 두 개 이상의 제품이 생산되는 다중 산출의 경우에는 제품시스템의 상위흐름을 공유하게 된다. 원유의 분별증류 및 납사의 열분해에 의한 기초유분을 생산하는 석유화학 공정은 대표적인 다중 산출 공정이며, 할당이 필요한 경우이다. 원유를 증류탑에서 끓는점에 의해 분별증류를 하면 휘발유, 등유, 경유, 중유와 함께 석유화학 소재의 기초 원료인 납사가 생산된다. 납사 열분해 공정(Naphtha Cracking Center, NCC)을 통해서는 에틸렌, 프로필렌, C4 유분, RPG(Raw Pyrolysis Gasoline), 메탄과 수소, LPG 등의 기초

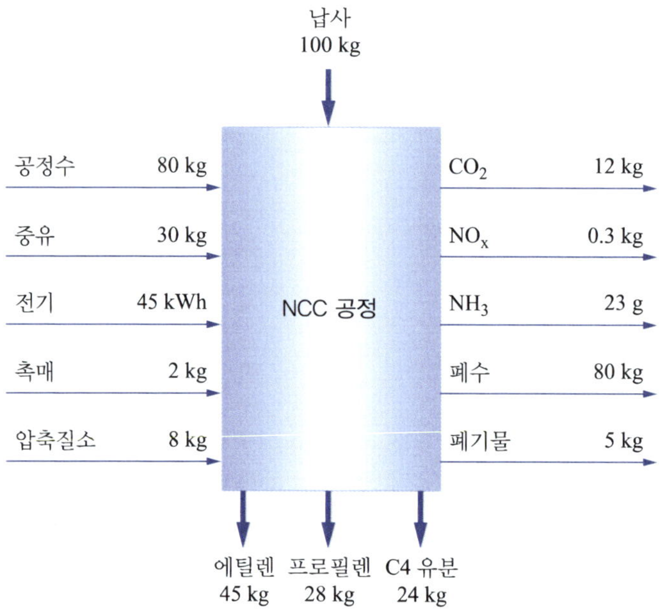

그림 4-13 NCC 공정에서 다중 산출의 예

유분이 생산된다. 그림 4-13은 다중 산출에 의한 할당이 전형적으로 발생되는 NCC 공정의 사례이다. NCC 공정을 통해 에틸렌, 프로필렌, C4 유분 등의 기초유분을 생산하는 공정에서의 투입물과 산출물의 흐름을 보여준다. 투입물인 납사, 공정수, 중류, 전기, 촉매, 압축질소와 산출물인 CO_2, NO_x, NH_3, 폐수, 폐기물 등은 제품인 에틸렌과 프로필렌, C4 유분을 생산하기 위한 것이다. NCC 공정으로의 투입물과 산출물은 에틸렌과 프로필렌, C4 유분이 공유하고 있으므로, 이들 사이에 적절한 배분 기준에 따라 할당되어야 한다.

할당 인자로는 무게, 부피, 에너지 함량 등 물리적 인자와 단가, 판매가 등 경제적 인자가 있다. 그림 4-13에 제시된 NCC 공정의 투입물과 산출물을 물리적 인자인 무게비와 경제적 인자인 매출액 비를 사용하여 에틸렌, 프로필렌, C4 유분 사이에 의한 할당을 수행하면 표 4-9와 같다. 먼저 3종 제품 간 무게비에 의해 투입물과 산출물에 대한 환경부하를 배분하는 할당비율을 계산한다. 에틸렌과 프로필렌, C4 오일의 무게비율은 각각 46.4%, 28.9%, 24.7%이다. 무게비율에 의해 투입물인 납사 100 kg을 3종의 유분 간에 배분하면 각각 46.4 kg, 28.9 kg, 24.7 kg이 된다. 이와 같은 비율로 다른 투입물과 산출물들에 대해서도 할당을 진행한다. 에틸렌과 프로필렌, C4 유분의 1 kg당 단가는 각각 \$100, \$120, \$130으로 가정하고 매출액비에 의한 할당을 수행한다. 할당비는 3종의 제품별로 무게와 단가를 곱한 매출액의 비율인 41.0%, 30.6%, 28.4%로 투입물인 납사 100 kg에 대해 할당을 수행하면 경제적 인자에 의한 납사의 할당량은 각각 41.0 kg, 30.6 kg, 28.4 kg이 된다. 무게비와 경제적 인자에 의해 에틸렌에 할당된 납사의 양을 비교해 보면 각각 46.4 kg과 41.0 kg이다. 무게비에 의한 할당을 수행한 경우에 환경부하 배분이 에틸렌에 더 불리하다. 이처럼 할당을 수행할 때 할당 인자를 무엇을 사용하느냐에 따라 배분된 환경부하량의 차이가 날 수 있으므로 할당 인자의 선택을 매우 신중히 해야 한다. 일반적으로 할당 인자로 경제적 인자보다 무게비에 의한 물리적 인자가 더 선호된다. 그 이유는 경제적 인자는 경제 상황에 따라 변동 폭이 클 수 있어 추가적인 불확도를 높이는 이유가 될 수 있기 때문이다. 다만 산출물들 사이에 경제적인 가치에 큰 차이가 날 경우에는 물리적 인자를 사용하는 할당이 합리적이지 않을 수 있으므로 경제적 인자를 사용할 수 있다.

표 4-9 무게비와 매출액비에 의한 할당

무게비에 의한 할당

- 다중 산출물별 할당비
  에틸렌과 프로필렌, C4 오일의 생산량은 각각 45 kg, 28 kg, 24 kg이며, 이를 무게비에 의해 환산하면 각각 46.4%, 28.9%, 24.7%가 됨.
- 다중 산출물별 무게비로 투입물인 납사(100 kg)의 할당
  에틸렌과 프로필렌, C4 오일에 대한 무게비를 적용하여 납사 100 kg을 할당하면 각각 46.4 kg, 28.9 kg, 24.7 kg이 됨.

경제적 인자에 의한 할당

- 다중 산출물별 할당비
  에틸렌과 프로필렌, C4 오일의 생산량과 단가를 곱한 매출액을 산출하면, 각각 4,500$, 3,360$, 3,120$이며, 이를 매출액비로 환산하면, 각각 41.0%, 30.6%, 28.4%가 됨.
- 다중 산출물별 매출액비로 투입물인 납사(100 kg)의 할당
  에틸렌과 프로필렌, C4 오일에 대한 매출액비를 적용하여 납사 100 kg을 할당하면 각각 41.0 kg, 30.6 kg, 28.4 kg이 됨.

	물질명	단위	양	무게비			매출액비		
				에틸렌	프로필렌	C4 오일	에틸렌	프로필렌	C4 오일
투입물	납사	kg	100	46.4	28.9	24.7	41.0	30.6	28.4
	공정수	kg	80	37.1	23.1	19.8	32.8	24.5	22.7
	중유	kg	30	13.9	8.7	7.4	12.3	9.2	8.5
	전기	kWh	45	20.9	13.0	11.1	18.4	13.8	12.8
	촉매	kg	2	0.9	0.6	0.5	0.8	0.6	0.6
	압축질소	kg	8	3.7	2.3	2.0	3.3	2.4	2.3
산출물	CO_2	kg	12	5.6	3.5	3.0	4.9	3.7	3.4
	NO_x	kg	0.3	0.1	0.1	0.1	0.1	0.1	0.1
	NH_3	g	23	10.7	6.6	5.7	9.4	7.0	6.5
	폐수	kg	80	37.1	23.1	19.8	32.8	24.5	22.7
	폐기물	kg	5	2.3	1.4	1.2	2.0	1.5	1.4
상품	에틸렌	kg	45						
	프로필렌	kg	28						
	C4 오일	kg	24						

지금까지는 다중 산출에 의한 할당이 발생하는 전형적인 예인 NCC 공장의 사례를 소개하였다. 그 외에 다양한 다중 산출에 의한 할당의 사례를 소개한다.

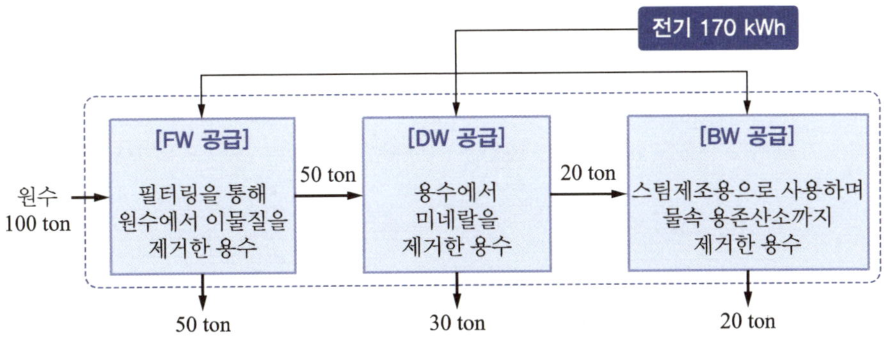

그림 4-14 정수공급설비 연속공정의 예

① 연속공정 내 단위공정별 다중 산출

연속공정에서 단위공정별로 다른 산출물이 생산되는 경우는 원유를 정제하는 상압증류공정과 정수공급공정이 대표적이라 할 수 있다. 상압증류공정은 원유로부터 다양한 탄화수소를 분리해 내는 방법으로 단별로 온도를 달리해서 끓는점의 차이에 따라 서로 다른 유분을 증류시킨 후에 급냉시켜 액화하는 방식이다. 정수공급공정은 사업장 외부에서 공급받은 강물 또는 지하수, 상수도, 공업용수 등을 공정에서 요구하는 수준의 수질로 전환하는 공정이다. 그림 4-14는 석유화학공정에서 요구하는 세 종류의 수질 기준을 가진 용수를 공급하는 정수공급공정의 예이다. 원수 100 ton을 받아서 필터링을 통해 원수에서 이물질을 제거한 FW(Filtered Water) 100 ton을 생산한다. 생산한 100 ton 중의 50 ton은 FW가 필요한 외부에 공급하고 나머지 50 ton은 정수공급공정의 DW(De-mineralized Water) 공정으로 보내져서 미네랄을 제거한 후에 50 ton의 DW를 생산한다. 50 ton의 DW 중 30 ton은 DW가 필요한 외부에 공급하고 나머지 20 ton은 BW(Boiler feed Water) 공정으로 보내져서 물속의 용존산소를 제거한 BW 20 ton을 생산하여 스팀 생산용 보일러에 공급한다. 정수공급공정에 총 170 kWh의 전력이 공급되고, 설비별 전격 용량은 같으며 공정 중 손실이 없다고 가정할 때, FW와 DW, BW 1 ton당 소비되는 전기량을 할당하는 방법은 다음과 같다.

(ㄱ) FW와 DW, BW의 총생산량에 따른 전력량 할당

ⓐ 설비별로 전력 적산계가 설치되어 있어서 전력량이 관리된다면 실제

계측량을 사용하면 되지만, 설비별 전력 적산계가 설치되어 있지 않으면 전력량을 정수 생산량 비에 따라 공정별로 할당함.

ⓑ 정수공급설비는 공정이 유사하므로 일차로 정수 생산량에 따라 전력량을 배분하면, FW는 100 kWh, DW는 50 kWh, BW는 20 kWh임.

(ㄴ) FW 공급공정

ⓐ 100 ton의 FW를 생산하는데, 100 kWh의 전력이 소비되므로 FW 1 ton당 1.0 kWh가 소비됨.

(ㄷ) DW 공급공정

ⓐ DW 설비로 공급되는 FW 1 ton을 생산하는데 1.0 kWh의 전력을 소비함.

ⓑ FW 50 ton이 DW 설비에 공급되어 50 ton의 DW를 생산하는데 50 kWh의 전력을 소비하므로 DW 공정에서 1 ton당 1.0 kWh의 전력을 소비함.

ⓒ DW의 생산을 위해서는 FW 공정과 DW 공정을 거치므로 1 ton의 DW를 생산하는데 소비되는 전력은 2.0 kWh임.

(ㄹ) BW 공급공정

ⓐ BW 설비로 공급되는 DW 1 ton을 생산하는데 2.0 kWh의 전력을 소비함.

ⓑ DW 20 ton이 BW 설비로 공급되어 20 ton의 BW를 생산하는데 20 kWh의 전력을 소비하므로 1 ton의 BW를 생산하는데 1.0 kWh의 전력을 소비함.

ⓒ BW의 생산을 위해 FW 공정과 DW 공정, BW 공정을 거치므로 1 ton의 BW를 생산하는데 소비되는 전력은 3.0 kWh임.

(ㅁ) 데이터 검증

ⓐ 최종적으로 설비에 공급한 FW와 DW, BW의 물량은 각각 50 ton, 30 ton, 20 ton이며, 1 ton의 FW, DW, BW를 생산하는데 소비되는 전력량이 각각 1 kWh, 2 kWh, 3 kWh이므로

ⓑ 총전력량

= (FW 50 ton × 1 kWh/ton) + (DW 30 ton × 2 kWh/ton)

+ (BW 20 ton × 3 kWh/ton)

= 50 kWh + 60 kWh + 60 kWh = 170 kWh

ⓒ FW와 DW, BW에 배정된 전력량의 합이 정수 설비에 공급된 총전력량인 170 kWh와 같으므로 데이터 계산이 검증됨.

② 일부 원료가 다른 다중 산출

동일 사업장에서 유틸리티를 공유한 생산공정들이 유사한 여러 제품을 생산하는 경우에는 연구대상 제품에 대한 투입·산출물의 양을 계산하기 위하여 할당을 수행해야 한다. 그림 4-15는 과자 생산공정의 예이다. 과자를 원하는 모양으로 튀긴 후에 다른 맛과 향, 색을 내는 양념을 투입하여 교반한 후에 제품을 포장하여 출하한다. 제품들은 양념공정에 투입된 양념의 종류와 양만 다르고 모든 공정의 운전조건은 같다. 이 경우는 제품별로 공정의 특성이 다르지 않고 유틸리티와 주요 원료는 동일하게 사용되므로 유틸리티와 주요 원료는 제품 생산량에 따라 할당하고, 제품별로 다른 양념은 해당 제품에 전량 배분한다.

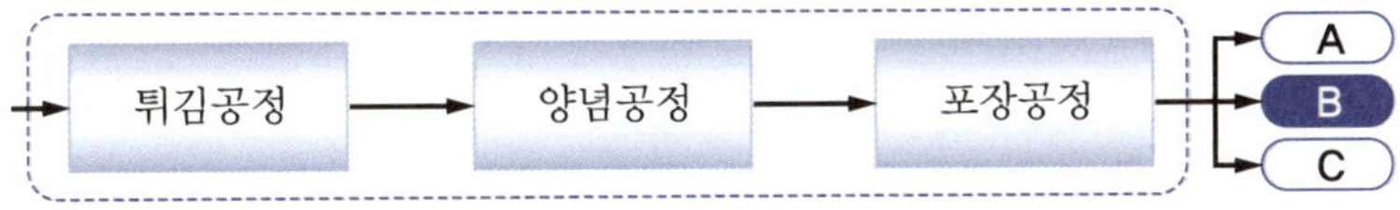

그림 4-15 생산공정은 같고 원료 일부가 다른 과자 생산공정의 예

표 4-10의 '비고'를 보면, 밀가루와 정수, 소금, 설탕, 식용유, 양념 1, 전기, LPG, 포장지는 3종류의 과자에 공통으로 투입되는 물질이고, 양념 2부터 7까지는 과자별로 전용 소재이다. A와 C 과자는 생산량이 연간 9,000 ton, 연구대상인 B 과자는 16,000 ton을 생산한다고 가정한다. 굵은 점선으로 된 회색 박스에 있는 양념 2와 5의 투입량은 전량 A 과자에 배분되었고, 양념 3과 6은 B 과자에 배분되었으며, 양념 4와 7은 C 과자에 배분되었다. 양념 2부터 7까지를 제외하고 나머지 투입물은 총투입량(9,000 ton×2 + 16,000 ton)인 34,000

ton을 A, B, C 제품별 무게비를 적용하여 투입량을 제품별로 할당한다.

(ㄱ) A 과자 : 9,000 / (9,000 + 16,000 + 9,000) = 26.5%

(ㄴ) B 과자 : 16,000 / (9,000 + 16,000 + 9,000) = 47.1%

(ㄷ) C 과자 : 9,000 / (9,000 + 16,000 + 9,000) = 26.5%

표 4-10 과자 생산공정의 물질별 총투입량 및 배분량

투입물 명칭	단위	총투입량 (T)	배분량			비고
			A	B	C	
밀가루	ton	32,500.0	8,602.9	15,294.1	8,602.9	공통
정수	ton	1,800.0	476.5	847.1	476.5	공통
소금(NaCl)	ton	3.5	0.9	1.6	0.9	공통
설탕	ton	8.9	2.4	4.2	2.4	공통
식용유	ton	32.8	8.7	15.4	8.7	공통
양념 1	kg	2150.5	569.3	1,012.0	569.3	공통
양념 2	kg	328.6	328.6			A 전용
양념 3	kg	450.8		450.8		B 전용
양념 4	kg	320.0			320.0	C 전용
양념 5	kg	230.2	230.2			A 전용
양념 6	kg	292.6		292.6		B 전용
양념 7	kg	232.4			232.4	C 전용
전기	kWh	8530.0	2,257.9	4,014.1	2,257.9	공통
LPG	Nm^3	21,320.0	5,643.5	10,032.9	5,643.5	공통
포장지	ton	120.8	32.0	56.8	32.0	공통

(2) 다중 투입

한 제품시스템에서 발생한 폐수 또는 폐기물들은 다른 제품시스템에서 발생한 폐수 또는 폐기물들과 합쳐져서 공동으로 폐수처리장 또는 소각장에 투입된다. 이처럼 각 제품시스템에서 발생한 폐수 또는 폐기물들을 공동으로 처리하는 과정에서 발생한 환경부하를 제품시스템별로 분배해야만 한 제품시스템의 전과정에서 발생한 환경부하를 정확하게 산정할 수 있다. 그림 4-16은 소각장 또는 폐수처리장에서 발생한 다중 투입의 예이다. 즉, 제품 A부터 제품 N까지의 제품시스템에서 발생한 폐수 또는 폐기물이 소각장 또는 폐수처리장에 투입되어 처리하는 과정에서 발생한 환경부하를 각 제품시스템에 배분함으로써 최종적으로 한 제품시스템에서 발생한 환경부하를 산출할 수 있다.

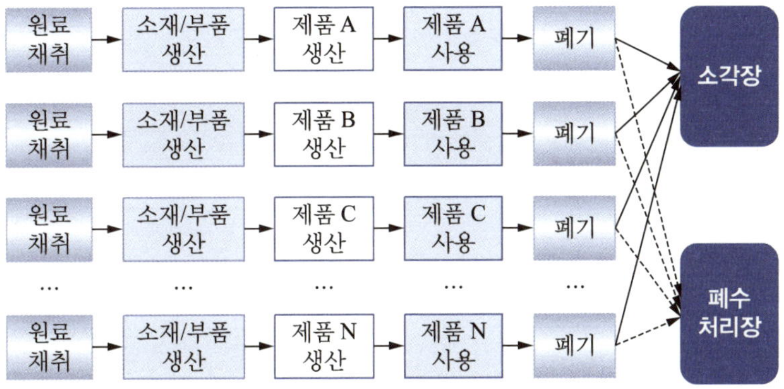

그림 4-16 소각장 또는 폐수처리장의 다중 투입 사례

임송택(2003)은 열 회수 소각로를 운영하는 과정에서의 투입물과 산출물을 소각로에 투입되는 가연성 폐기물별로 할당하는 과정에서 단순히 무게비 또는 발열량비 만이 아니라 투입물과 산출물 간의 인과관계를 고려하는 등 다양한 할당 인자를 적용할 수 있는 방법을 제시하였다. 그림 4-17은 열회수 소각에서 폐수지, 폐종이 및 폐목재 등 가연성 폐기물의 다중 투입으로 인해 할당의 대상이 되는 소각장 가동에 필요한 투입물과 가동 과정에서 발생한 산출물의 흐름을 보여준다. 열 회수 소각로에서 폐수지, 폐종이, 폐목재를 소각하여 100 MJ의 열을 얻고 소각과정에서 투입물로 공정수와 전기, 압축공기가 들어가고 산출물로는 CO_2, NO_x, NH_3, SO_x, 재가 배출된다. 폐수지와 폐종이, 폐목재의 발열량은 각각 1 kg당 4.5 MJ, 1.5 MJ, 3.3 MJ이며, 폐목재와 폐종이에 함유된 탄소는 자연 유래 탄소(biogenic carbon)로 본다.

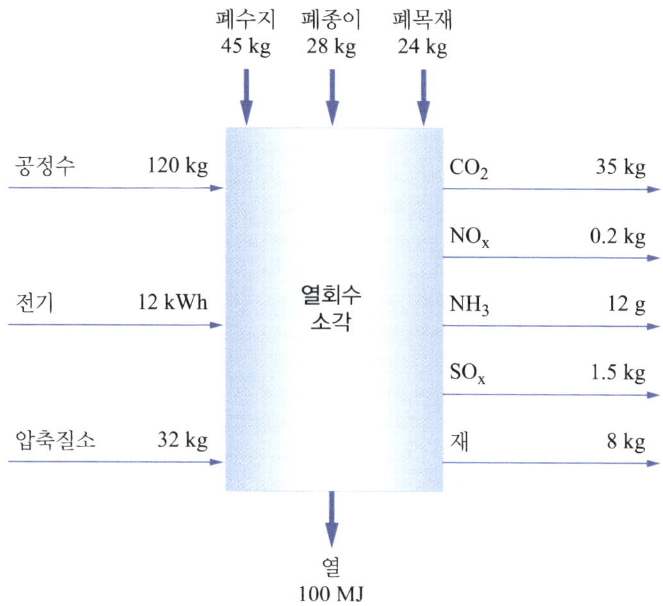

그림 4-17 열회수 소각공정에서 다중 투입의 예

소각로에 투입된 공정수, 전기, 압축질소는 폐수지와 폐종이, 폐목재의 연소에 모두 활용되며, 대기배출물 중에서 NO_x, SO_x, NH_3와 폐기물인 소각재도 폐수지와 폐종이, 폐목재의 연소과정에서 발생한다. 따라서 소각장 운영과정에 투입물과 배출물 흐름을 폐수지와 폐종이, 폐목재의 무게비 또는 발열량비에 의해 할당을 수행할 수 있다. 반면에, 소각로에서 회수하는 열을 3종의 폐기물에 할당하기 위한 인자로는 무게비보다는 발열량비가 합리적이다.

1. 폐기물 성상별 발열량 계산
   - 폐수지 발열량 : 45 kg × 4.5 MJ/kg = 202.5 MJ
   - 폐종이 발열량 : 28 kg × 1.5 MJ/kg = 42.0 MJ
   - 폐목재 발열량 : 24 kg × 3.3 MJ/kg = 79.2 MJ
2. 폐기물 성상별 발열량비 계산
   - 폐수지 발열량비 : 202.5 MJ / 323.7 MJ = 62.6%
   - 폐종이 발열량비 : 42.0 MJ / 323.7 MJ = 13.0%
   - 폐목재 발열량비 : 79.2 MJ / 323.7 MJ = 24.4%

위에서 보는 바와 같이 폐수지와 폐종이, 폐목재에 대한 발열량비에 의한 배분 기준은 각각 62.6%, 13.0%, 24.4%이므로 이를 적용하여 총발열량인 100 MJ을 할당하면 폐수지는 62.6 MJ, 폐종이는 13.0 MJ, 폐목재는 24.4 MJ이 배분된다.

CO_2 배출량의 할당은 다른 대기배출물과는 다르게 적용해야 한다. 연료가 별도로 투입되지 않으므로 소각로에서 발생한 CO_2는 전량 폐수지와 폐종이, 폐목재에 함유된 탄소(C) 성분이 연소과정에서 산소와 결합하여 CO_2로 전환된 것으로 볼 수 있다. 따라서 CO_2 배출의 할당은 폐기물의 탄소함량에 의해 배분해야 한다. 폐종이와 폐목재의 주성분인 셀룰로오스는 광합성 과정에서 대기 중의 이산화탄소를 흡수하여 성장하기에 소각장에서 배출된 CO_2는 자연유래 탄소이지만, 폐수지의 연소로 발생된 CO_2는 석유 기반의 탄소에서 유래된다. 따라서 3종의 폐기물에 포함된 탄소함량에 의해 CO_2 배출량을 산출하되, 폐수지를 통해 계산된 CO_2는 화석연료 기반(fossil based) CO_2로 분류하고, 폐종이와 폐목재를 통해 산출된 CO_2는 생물기반(biogenic) CO_2로 분류한다. 폐수지와 폐종이, 폐목재에 함유된 탄소함량은 각각 62.2%, 44.4%, 44.4%이고, 완전연소율은 95%라고 가정하면, 다음의 계산을 통해 폐수지에 의한 화석연료 기반 CO_2 배출량은 19.2 kg이고, 폐종이와 폐목재에 의한 생물기반 CO_2 배출량은 각각 8.5 kg, 7.3 kg이 된다.

1. 폐기물 성상별 탄소함량 계산
   - 폐수지에 함유된 탄소함량 : 45 kg × 0.622 = 28.0 kg C
   - 폐종이에 함유된 탄소함량 : 28 kg × 0.444 = 12.4 kg C
   - 폐목재에 함유된 탄소함량 : 24 kg × 0.444 = 10.7 kg C
2. CO_2 배출 이론량
   - 폐수지에 의한 CO_2 배출량 : 28.0 kg C × (44/12) × 0.95 = 97.5 kg CO_2
   - 폐종이에 의한 CO_2 배출량 : 12.4 kg C × (44/12) × 0.95 = 43.3 kg CO_2
   - 폐목재에 의한 CO_2 배출량 : 10.7 kg C × (44/12) × 0.95 = 37.1 kg CO_2

3. CO_2 배출 할당기준
   - 폐수지에 의한 CO_2 배출량 할당기준 : 97.5 / (97.5 + 43.3 + 37.1) = 0.548
   - 폐종이에 의한 CO_2 배출량 할당기준 : 43.3 / (97.5 + 43.3 + 37.1) = 0.244
   - 폐목재에 의한 CO_2 배출량 할당기준 : 37.1 / (97.5 + 43.3 + 37.1) = 0.208
4. CO_2 배출 계산량
   - 폐수지에 의한 CO_2 배출량 : 35 kg CO_2 × 0.548 = 19.2 kg CO_2(fossil)
   - 폐종이에 의한 CO_2 배출량 : 35 kg CO_2 × 0.244 = 8.5 kg CO_2(biogenic)
   - 폐목재에 의한 CO_2 배출량 : 35 kg CO_2 × 0.208 = 7.3 kg CO_2(biogenic)

표 4-11 무게비와 발열량비에 의한 할당 결과

	물질명	단위	양	무게 기준			발열량 기준			탄소함량 기준		
				폐수지	폐종이	폐목재	폐수지	폐종이	폐목재	폐수지	폐종이	폐목재
투입물	폐기물	kg		45	28	24						
	공정수	kg	120	55.7	34.6	29.7						
	전기	kWh	12	5.6	3.5	3.0						
	압축질소	kg	32	14.8	9.2	7.9						
산출물	CO_2	kg	35							19.2	8.5	7.3
	NO_x	kg	0.2	0.1	0.1	0.0						
	NH_3	g	12	5.6	3.5	3.0						
	SO_x	kg	1.5	0.7	0.4	0.4						
	재	kg	8	3.7	2.3	2.0						
	회수열	MJ	100	45	28	24	62.6	13.0	24.5			

표 4-11은 위에서 설명한 할당방법에 따라 그림 4-17의 열회수 소각공정의 투입물과 산출물을 무게 기준과 발열량 기준에 의해 폐수지와 폐종이, 폐목재에 할당한 결과이다. CO_2는 무게 기준 또는 발열량 기준이 아닌, 탄소함량에 따라 할당된 것을 볼 수 있다.

문제 11 통합관리 데이터의 유틸리티 사용량 할당

A 공장에서 2020년에 500,000 L의 음료를 생산했다. 설비가동을 위한 유틸리티별 사용량이 아래와 같을 때 음료 1 L당 유틸리티별 사용량을 계산하시오. 그런데, 500 mL PET 용기를 블로우 성형하는 협력사 생산설비의 일부가 A 공장 내부에 입주하여 전력을 공유하고 있다. 전력 적산계가 별도로 부착되지 않아서 전력사용량을 분리할 수 없다. 블로우 성형 설비는 동일 용량의 2대가 있고, 설비의 소비전력은 3.2 kW이며, 2020년에 일일 8시간 200일을 가동했다. 설비의 효율은 80%라고 가정한다.

유틸리티 명칭	단위	양
전기	kWh	38,000
공업용수	ton	153
LNG	Nm^3	6,000

풀이

■ **블로우성형 전력량 계산**

- 전력량 = 대수 × 대당 소비전력(kW) × 연간 가동시간(h) ÷ 효율(%)
  = 2대 × 3.2 kW × 8 h/day × 200 days ÷ 80%
  = 12,800 kWh

■ **음료 1 L당 유틸리티 배분**

- 음료 생산량 : 500,000 L
- 유틸리티량
  - 전기량 : 38,000 kWh − 12,800 kWh = 25,200 kWh
  - 공업용수 : 153,000 kg
  - LNG : 6,000 Nm^3
- 유틸리티당 원단위
  - 전기량 : 25,200 kWh / 500,000 L = 5.04E − 02* kWh/L
  - 공업용수 : 153,000 kg / 500,000 L = 3.06E − 01 kg/L
  - LNG : 6,000 Nm^3 / 500,000 L = 1.20E − 02 Nm^3/L

* 5.04E − 02는 5.04×10^{-2}, 즉 0.0504를 의미함.

(3) 열린고리 재활용

다중 산출 또는 다중 투입 공정과 더불어 재활용 시스템에서의 할당은 중요한 이슈이므로 ISO TR 14049:2012에서 이를 별도로 언급하고 있다. 그림 4-18에서 보는 바와 같이 닫힌고리 재활용(closed-loop recycling), 닫힌고리 재활용 절차를 가진 열린고리 재활용(open-loop with closed-loop recycling procedure), 열린고리 재활용(open-loop recycling) 등 세 가지로 구분하여 살펴보기로 한다.

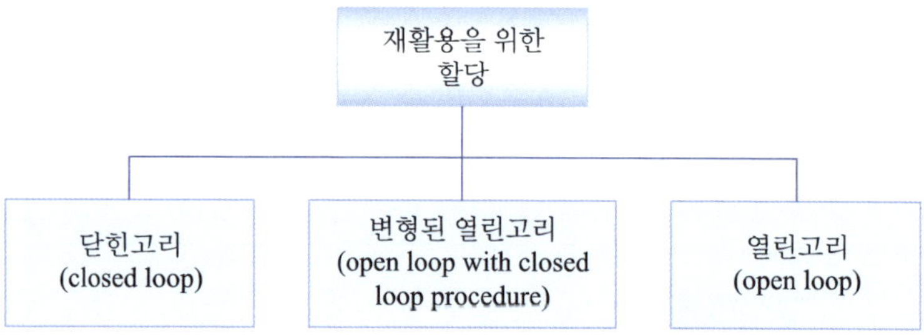

그림 4-18 세 가지의 재활용에 의한 할당방법

① 닫힌고리 재활용과 변형된 열린고리 재활용

닫힌고리 재활용은 사업장에서 발생한 폐기물을 사업장 내부에서 재활용하여 다시 사용하므로 재활용 시스템을 다른 제품시스템과 공유하지 않기에 할당 대상이 아니다. 그림 4-19는 CFC의 대체 냉매인 HFC-134a의 제조공정에서 시스템 확장에 따른 닫힌고리 재활용의 사례이다. HFC-134a의 제조공정에 투입된 원료는 에틸렌이다. 제조공정에서 에틸렌을 반응시키면 주산물인 HFC-134a가 95% 생산되고 반응하지 않고 남은 5%의 에틸렌이 부산물로 나온다. 5%의 에틸렌 부산물은 최초로 투입된 에틸렌의 품질과 같지 않아서 정제공정을 거친다. 정제공정을 거치는 과정에서 다음의 두 가지 경우를 생각할 수 있다. 첫째, 정제공정을 통해 재생된 에틸렌의 품질저하의 여부에 따라 환경부하를 할당할 수 있다. 두 번째, 정제공정이 어디에 위치하는지에 따라 열린고리 재활용의 여부가 결정된다. 만일 HFC-134a의 제조공정 내부에 위치한다면 닫힌고리 재활용이므로 별도의 할당은 필요가 없다. 재생공정이 외부에 있어도 재생에틸렌이 다시 들어오면 이는 닫힌고리 재활용으로 간주되어 할당이 필요 없으며, 재생에틸렌이 다른 시스템으로 가면 이는 열린고리 재활용이므로 할당의 대상이 된다. 이 경우에도 시스템경계 외부에 있는 정제공정을 포함하도록 시스템경계를 확장하면 할당을 피할 수 있다.

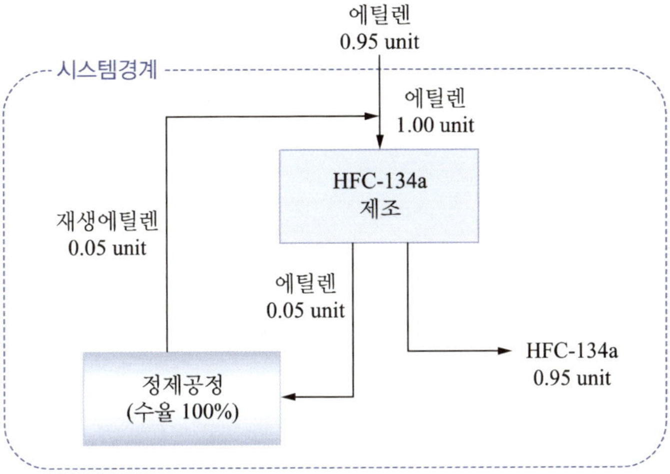

그림 4-19 시스템 확장에 의한 닫힌고리 재활용(1)

위에서 설명한 바와 같이 열린고리 재활용 시스템에서도 시스템경계의 확장을 통해 닫힌고리 재활용 시스템으로 전환하면 할당을 회피할 수 있다. 그림 4-20의 왼쪽 회색 박스는 신재 알루미늄으로 알루미늄 포장을 생산하는 공정과 공정에서 발생한 알루미늄 스크랩의 재활용 공정을 포함한다. 포장용 소재를 생산하는 공정에서 발생한 알루미늄 스크랩 30 kg과 알루미늄 포장재 생산공정에서의 알루미늄 스크랩 20 kg, 포장재를 사용한 후 발생한 알루미늄 스크랩 60 kg을 포함한 총 110 kg의 스크랩을 회수하여 이 중 z kg의 스크랩을 알루미늄 포장용 재생재(recycled aluminum) 생산을 위한 노(furnace)에 투입하여 x kg의 재생 알루미늄을 생산하고, 이를 포장용 소재 생산공정에 투입한다. 투입하고 남은 $(110-z)$ kg의 스크랩은 재활용 노에서 재생 알루미늄으로 전환되어 알루미늄 건축자재로 생산된다. 즉, 알루미늄 포장 시스템에서 발생된 스크랩이 알루미늄 재활용 공정과 노를 통하여 건축자재 시스템으로 사용되는 것은 열린고리형 재활용에 해당되어 할당이 적용되어야 한다. 하지만 이 경우에도 시스템경계의 확장을 통해 할당을 피할 수 있다. $(110-z)$ kg의

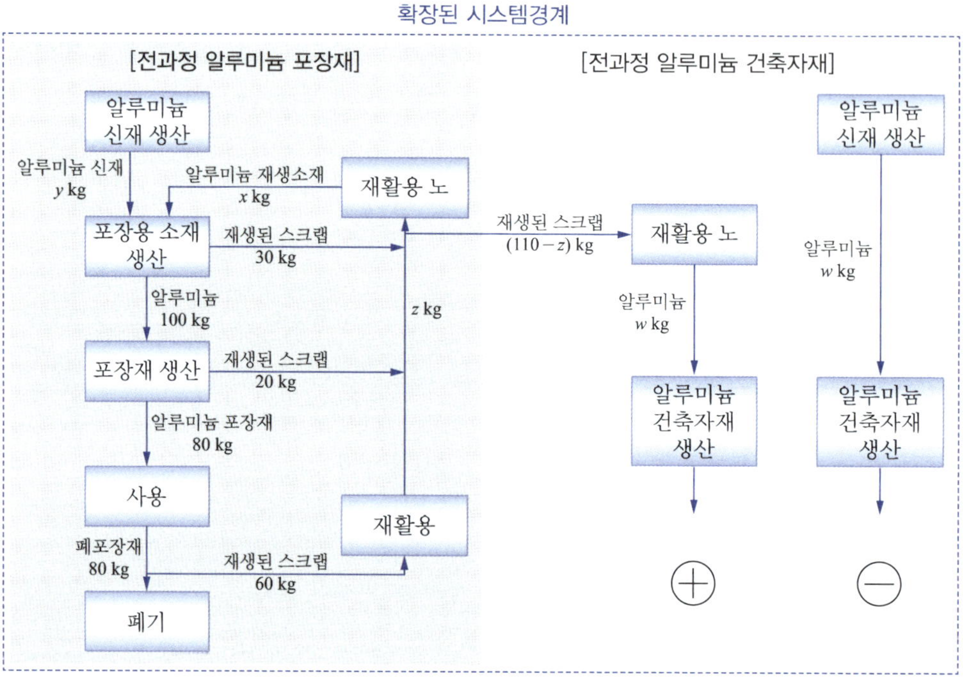

그림 4-20 시스템 확장에 의한 닫힌고리 재활용(2)

스크랩에서 알루미늄 w kg을 회수하여 알루미늄 건축자재를 생산하는 공정에서 발생한 환경부하를 추가하고, 신재 알루미늄 w kg을 생산하여 신재 알루미늄 건축자재를 생산하는 공정에서 발생할 환경부하를 공제함으로써 열린고리 재활용에 따른 할당을 회피할 수 있다.

② 열린고리 재활용: 품질저하 고려

순환경제를 통한 재생재의 소비를 촉진시켜 자원고갈을 예방하고 온실가스 배출량을 줄이고자 하는 국제적인 노력이 활발하다. 일반적으로 재생재와 관련된 시스템은 신재 시스템보다 가치사슬이 짧아 자원고갈과 기후변화 등의 환경영향을 줄일 수 있다고 알려진다. 반면에, 재생재는 신재에 비해 품질저하가 발생할 수 있다. ISO 14067:2018은 재생재의 품질저하를 고려하여 환경부하를 할당하는 방법을 제시하였다. 열린고리 재활용은 재생 소재가 신재보다 품질이 저하되는 정도에 따라 재활용과정에서 발생한 환경부하를 재활용

이전의 제품시스템과 이후의 제품시스템에 배분하게 된다. 그림 4-21은 제품시스템 1에서 사용한 신재의 품질을 100이라고 할 때, 재활용 공정으로 투입된 폐기물의 품질이 신재 대비 $(100-x)$% 수준이라고 하면 제품시스템 1에서 감소한 x%의 품질을 재활용 공정을 통해 신재 수준으로 높이는 과정에서 발생한 환경부하(original 환경부하 × x%)를 제품시스템 2에 부과하는 방식을 설명하고 있다. 만일 철강과 같이 재생재의 품질이 신재 대비 품질저하가 거의 없으면 신재 철강의 전과정인 철광석 채취부터 철강의 생산까지에서 발생한 환경부하(original 환경부하)와 품질저하율인 0%를 곱하여 고철을 사용한 제품시스템 2에서 고철에 따른 환경부하는 제로(0)로 인정할 수 있다. 이 경우에도, 고철을 수집하여 운반해 오는 과정의 환경부하는 반영해야 한다. 다만, 품질저하를 고려한 할당은 신재 대비 품질저하의 비율을 명확히 산정할 수 있을 때에만 수행될 수 있다는 것을 주지해야 한다.

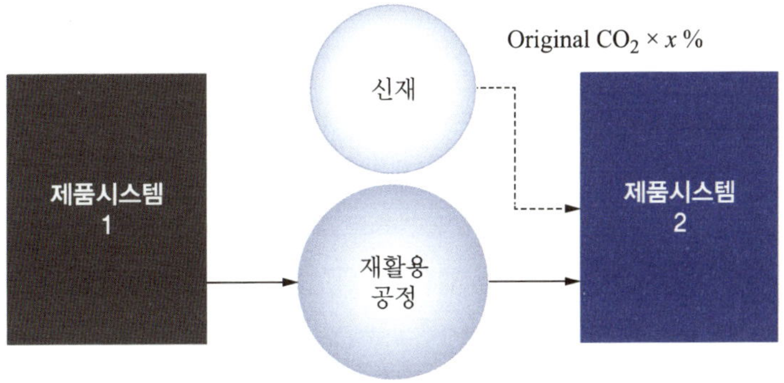

그림 4-21 품질저하를 고려한 열린고리 재활용

③ 열린고리 재활용: 재활용 횟수 고려

열린고리 재활용에 따라 생산된 재생재의 품질저하 정도를 정량적으로 측정하기 어려운 경우, 재활용 횟수를 품질저하로 간주하여 환경부하를 배분할 수 있다. 그림 4-22는 ISO TR 14049:2012에 제시된 예로서 재활용에 따른 재생재의 품질저하를 소재의 재생 횟수 개념을 적용하여 재활용 시스템에 부과된 할당 인자를 산출하는 것을 보여준다. 다 쓰고 난 후에 버려진 폐크래프트표백판지의 일부는 도시 고형폐기물로 매립 또는 소각, 퇴비화가 되고,

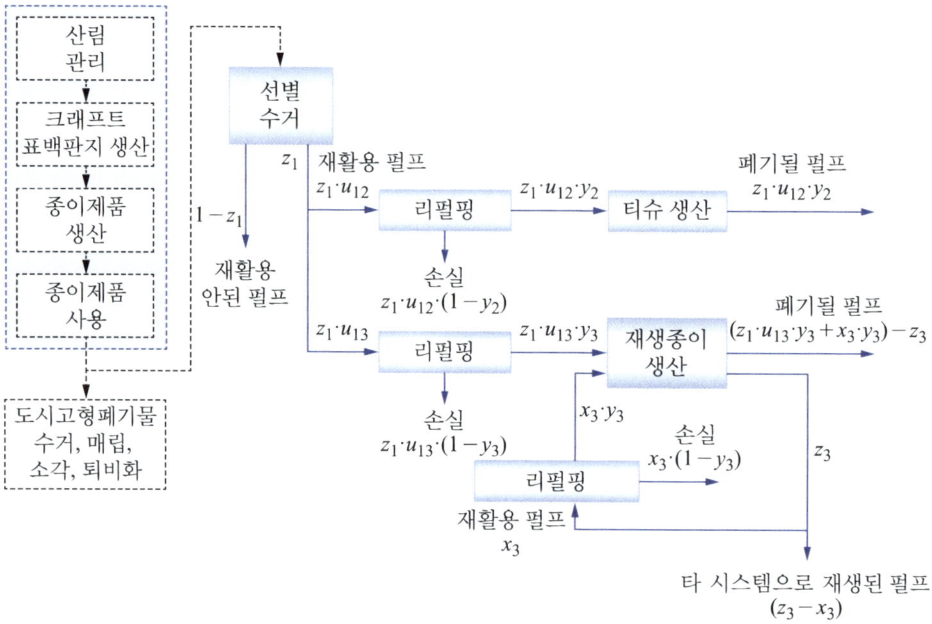

그림 4-22 폐크래프트표백판지의 열린고리 재활용

나머지는 선별 수거되어 재활용 시스템에 의해 티슈 또는 다른 용도의 종이 제품으로 재활용된다. 점선으로 된 제품시스템은 폐크래프트표백판지를 발생시킨 앞단의 제품시스템이고, 실선으로 된 부분은 폐크래프트표백판지의 재활용 시스템이다. 재활용 시스템의 출발은 폐기물의 선별 수거이고, 선별 수거된 양을 '1'로 가정하면, 선별 수거 후 재활용 시스템으로 들어간 흐름을 z_1, 재활용되지 않은 흐름을 $1-z_1$이라고 정의할 수 있다. 폐크래프트표백판지의 열린고리 재활용에 의한 재활용 횟수와 할당 인자를 산출하는 방법은 다음과 같다.

(ㄱ) z_1 : 최초 사용 후 회수된 후 재활용된 일차제품의 비율
(ㄴ) u_{12} : z_1이 티슈로 재활용된 비율
(ㄷ) u_{13} : z_1이 재생 종이로 재활용된 비율
(ㄹ) y_2 : 티슈생산을 위한 재생펄프의 수율
(ㅁ) y_3 : 재생종이를 위한 재생펄프의 수율
(ㅂ) z_3 : 다시 재활용된 재생 종이의 비율

(ㅅ) x_3 : 닫힌고리 재활용된 재생 종이의 비율

(ㅇ) $z_3 = x_3$(소비 후 폐판지의 열린고리 재활용이 없다고 가정)

z_1의 재활용 횟수는 다음과 같이 계산된다.

$u = 1$	재활용된 일차제품의 최초 사용
$+ z_1 \cdot u_{12} \cdot y_2$	티슈 사용
$+ z_1 \cdot u_{13} \cdot y_3$	1차 재생 종이 사용
$+ z_1 \cdot u_{13} \cdot y_3 \cdot (z_3 \cdot y_3)$	2차 재생 종이 사용
$+ z_1 \cdot u_{13} \cdot y_3 \cdot (z_3 \cdot y_3)^2$	3차 재생 종이 사용
....	
$+ z_1 \cdot u_{13} \cdot y_3 \cdot (z_3 \cdot y_3)^{n-1}$	n차 재생 종이 사용
....	

각 재활용 단계별 흐름을 더하면,

$$u = 1 + (z_1 \cdot u_{12} \cdot y_2) + (z_1 \cdot u_{13} \cdot y_3) \cdot \left[1 + (z_3 \cdot y_3) + (z_3 \cdot y_3)^2 + \cdots + (z_3 \cdot y_3)^{n-1} \cdots\right]$$

여기서, [ ] 안의 $(z_3 \cdot y_3)$이 계속 무한 반복 되는 흐름이어서 수학의 무한등비급수의 개념을 접목하면, 다음의 식으로 정리할 수 있다.

$$u = 1 + z_1 \times \left[(u_{12} \times y_2) + (u_{13} \times y_3)\left(\frac{1}{1 - (z_3 \times y_3)}\right)\right]$$

z_1 펄프의 재활용 횟수를 고려하여 열린고리 재활용에 의한 재생펄프 생산에 부과된 환경부하를 계산할 할당 인자 w와 기존 크래프트 표백판지에 부과된 할당 인자$(1-w)$에 대한 계산은 다음과 같다. 즉, w는 선별수거되어 재활용 흐름으로 들어온 z_1와 총 사용 횟수 중 신재로 사용한 횟수인 1을 제외한 순 재활용 횟수를 곱한 것이며, $1-w$는 w와 $1-w$의 합이 1이 되기 위한 보정인자이다.

$$w = z_1 \cdot (u-1)/u$$

$$(1-w) = (1-z_1) + (z_1/u)$$

$$w + (1 - w) = 1$$

위에서 제시된 재사용 횟수와 할당 인자에 대한 계산식을 토대로 가상의 예를 들어, 재사용 횟수와 할당 인자를 도출해보자. 선별 분리된 폐판지의 70%는 재활용 흐름으로 들어오고 30%는 기존 시스템에 의해 폐기되는 것으로 가정하며, 재활용 흐름으로 들어온 폐판지의 25%는 티슈생산에 사용된 후에 최종 폐기되며, 75%는 다른 종이의 생산에 사용된다고 가정한다. 그리고 다시 재활용된 재생 종이의 비율을 50%로 가정하고 티슈생산과 재생 종이의 생산수율은 100%로 가정한다.

$$z_1 = 0.70,\quad u_{12} = 0.25,\quad u_{13} = 0.75,\quad z_3 = x_3 = 0.5,\quad y_2 = y_3 = 1.0$$

$$\begin{aligned} u &= 1 + 0.7[(0.25 \cdot 1.0) + (0.75 \cdot 1.0) \cdot (1/(1 - (0.5 \cdot 1.0)))] \\ &= 1 + 0.7[0.25 + 0.75 \cdot (1/(1 - 0.5))] \\ &= 1 + 0.7[0.25 + 0.75 \cdot (1/0.5)] \\ &= 1 + 0.7[0.25 + 0.75 \cdot 2] \\ &= 1 + 0.7[0.25 + 1.5] \\ &= 1 + 0.7 \cdot 1.75 \\ &= 1 + 1.225 \\ &= 2.225 \end{aligned}$$

$$w = 0.70 \cdot (2.225 - 1)/2.225 = 0.3854$$

$$1 - w = (1 - 0.70) + (0.70/2.225) = 0.30 + 0.3146 = 0.6146$$

$$0.3854 + 0.6146 = 1.000$$

위의 가정을 통해 계산된 재활용 횟수는 2.225회이고, 재생펄프 생산에 부과된 환경부하의 할당 인자는 0.3854이다.

문제 12 무한순환에 따른 재활용 횟수 및 환경부하 비율

아래 그림은 병 음료 제품을 섭취한 후에 폐용기를 선별 분리하여 세척하고 다시 음료를 주입한 후 소비자가 음료를 섭취한 후에 버려진 공병을 회수하는 무한순환 흐름이다. 선별분리공정으로 유입되는 흐름이 1.0이라고 가정하고, 선별분리과정에서 85%만이 회수되어 재활용되고, 다시 5%는 세척과정에서 파병된다고 가정한다. 그리고 음료를 주입하고 음료를 마시는 과정에서 파병률은 없으며, 음료 섭취 후에 버려진 공병 중에서 70%가 회수된다고 가정한다. 이때, 음료병의 재활용 횟수는 얼마이고 재활용 흐름에 부과된 환경부하 비율은 얼마인가?

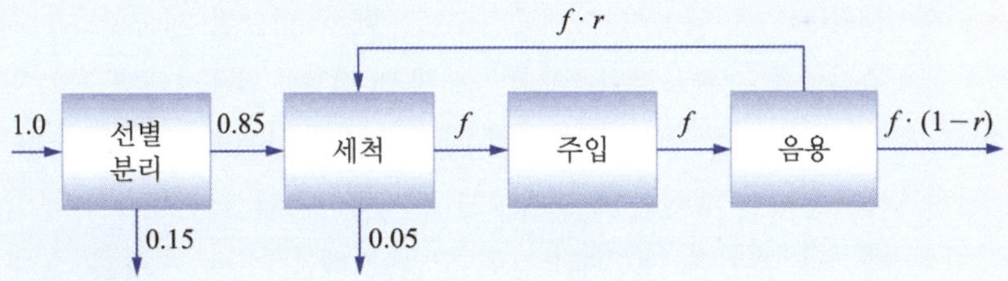

풀이

■ **재활용 횟수 계산**

- 1　　최초 흐름

  $f = (1 \times 0.85) - 0.05 = 0.8$　　1차 흐름

  $f \times r$　　2차 흐름

  $f \times r^2$　　3차 흐름

  …

  $f \times r^{n-1}$　　n차 흐름

  …

  $1 + f + f \times r + f \times r^2 + f \times r^3 + \cdots + f \times r^{n-1} + \cdots$

  $= 1 + [f/(1-r)]$

  즉, 초항은 'f'이고, 등비는 '$f \times r$'인 무한등비급수임.

  여기서, f는 0.8이고, r은 0.7이므로,

  $1 + [0.8/(1-0.7)] = 1 + [0.8/0.3] = 1 + 2.67 = 3.67$

■ **환경부하 비율**

- 환경부하 비율을 계산하는 식은 아래와 같다.

  $w = z_1 \cdot (u-1)/u$

  $(1-w) = (1-z_1) + (z_1/u)$

- 여기서, z_1은 0.85이고, u(재활용 횟수)는 3.67이므로 이를 활용하여

  $w = 0.85 \times (3.67-1)/3.67 = 0.85 \times 2.67/3.67 = 0.62$

  $(1-w) = (1-0.85) + (0.85/3.67) = 0.15 + 0.23 = 0.38$

따라서, 재활용 횟수는 3.67회이고, 재활용 흐름에 부과되는 환경부하 비율은 0.62이다.

④ 열린고리 재활용: 사회적 여건 고려

그림 4-23은 한 제품시스템에서 배출되는 폐기물이 재활용되어 복수의 제품시스템과 순차적으로 공유되는 열린고리 재활용 시스템을 보여준다. 채취한 자원(M1)을 활용하여 제품시스템 1에서 생산된 제품(P1)을 사용하고 발생한 폐기물을 재활용하여 생산한 재생재(R1)는 제품시스템 2의 원료로 투입된다. 재생재(R1)를 원료로 생산한 제품(P2)를 사용한 후에 발생한 폐기물을 다시 재활용하여 생산한 재생재(R2)는 제품시스템 3의 원료로 투입된다. 제품시스템 3에 투입된 재생재(R2)로 생산한 제품(P3)를 사용한 후에 폐기(D3)한다. 할당의 대상은 사각형 회색 박스로 된 채취한 자원(M1), 재생재(R1), 재생재(R2), 폐기공정(D3) 등과 관련된 환경부하이다. M1, R1, R2, D3와 관련된 환경부하를 적절한 할당 인자를 적용하여 제품시스템 1과 제품시스템 2, 제품시스템 3에 할당해야 한다. 이와 같은 열린고리 재활용 시스템에서 환경부하를 어떻게 할당하는가는 매우 중요한 문제이다. 아직 확실하게 합의된 방법은 없고 다양한 접근법이 제시되고 있다(정재우, 1998).

(ㄱ) Extraction load 방식

환경영향을 일으키는 원인은 근본적으로 자원을 채취하는 것에 기인하므로 자원 채취(M1)와 폐기공정(D3)의 환경부하를 자원을 채취한 제품시스템 1에 모두 배분하고 재활용(R1, R2)에 따른 환경부하는 재생재를 사용하는 제품시스템에 부과하는 방식이다. 이는 1995년에 Östermark와 Rydberg에 의해 제기된 할당방식으로 Östermark법이라고 부르기도 한다.

(ㄴ) Disposal load 방식

환경영향을 발생시키는 원인은 지속해서 재활용하지 않고 최종적으로 폐기하기 때문이라고 간주하고, 폐기하는 제품시스템에 자원 채취와 폐기과정에서 발생한 환경부하를 모두 배분하고, 재활용에 따른 환경부하는 폐기물을 발생시키는 제품시스템에 부과하는 방식이다. 이는 1995년에 Karlsson에 의해 제기된 방식이어서 Karlsson 법이라고 부른다.

(ㄷ) Cut-off 방식

원료 채취와 폐기과정의 환경영향은 실제 환경영향을 발생시키는 제품시스템이 책임을 지는 것으로 정의하고 해당 제품시스템에 환경부하를 배분하는 방식이다. 이 방식은 재활용 공정에 대한 환경부하를 어떻게 배분하느냐의 문제가 남는다. 즉, 재활용 공정에서 발생한 환경부하는 cut-off의 위치에 따라 재활용 공정으로 보낸 제품시스템에 또는 재활용 공정에서 생산된 재생원료를 공급받은 제품시스템에 환경부하를 배분한다.

㈃ 50/50 방식

Extraction load 방식과 Disposal load 방식의 혼용으로 자원 채취 및 폐기에 따른 환경부하의 절반은 자원 채취의 비율로 할당하고, 나머지 절반은 폐기물을 발생시키는 비율로 할당한다. 재활용 공정들에서 발생한 환경부하는 공유되는 제품시스템 사이에 반반씩 부과하는 방식이다.

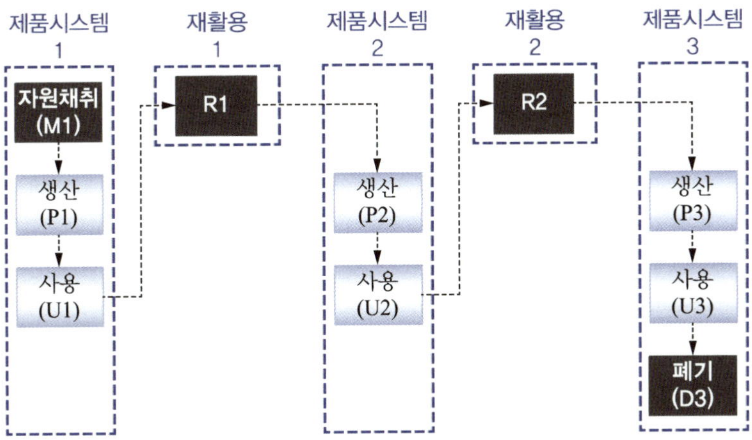

그림 4-23 열린고리 재활용 할당의 공유공정

표 4-12에는 4가지 할당방식에 따른 자원 채취와 재활용, 폐기과정에서 발생한 환경부하가 할당방식에 따라 어떻게 배분되는지를 보여준다. 이중 Cut-off 방식의 첫 번째는 재활용을 뒤의 제품시스템에 포함시키는 경우이고, 두 번째는 재활용을 앞의 제품시스템에 포함시키는 경우이다.

표 4-12 할당방식에 따른 전과정단계별 할당의 예

할당 방식	제품시스템	자원 채취	재활용	폐기
Extraction load	제품시스템1	M1		D3
	제품시스템2		R1	
	제품시스템3		R2	
Disposal load	제품시스템1		R1	
	제품시스템2		R2	
	제품시스템3	M1		D3
Cut-off (1)	제품시스템1	M1		
	제품시스템2		R1	
	제품시스템3		R2	D3
Cut-off (2)	제품시스템1	M1	R1	
	제품시스템2		R2	
	제품시스템3			D3
50/50	제품시스템1	0.5M1	0.5R1	0.5D3
	제품시스템2		0.5(R1+R2)	
	제품시스템3	0.5M1	0.5R2	0.5D3

문제 13 사회적 여건에 따른 열린고리 재활용 할당

PET 음료병에 대한 열린고리 재활용에 의한 자원 채취와 재활용 공정, 폐기공정에서의 환경부하를 제품시스템에 배분하고자 한다. 자원 채취과정에서 100 kg CO_2가 발생했고, 재활용 1에서 5 kg CO_2가 재활용 2에서는 7 kg CO_2가 발생했다. 그리고 제품시스템 3의 폐기공정에서 10 kg CO_2가 발생했다고 가정할 때, Extraction load법과 Disposal load법, Cut-off법, 50/50법을 사용하여 3개 공유공정에 대한 열린고리 재활용에 의한 탄소배출량을 산정하시오.

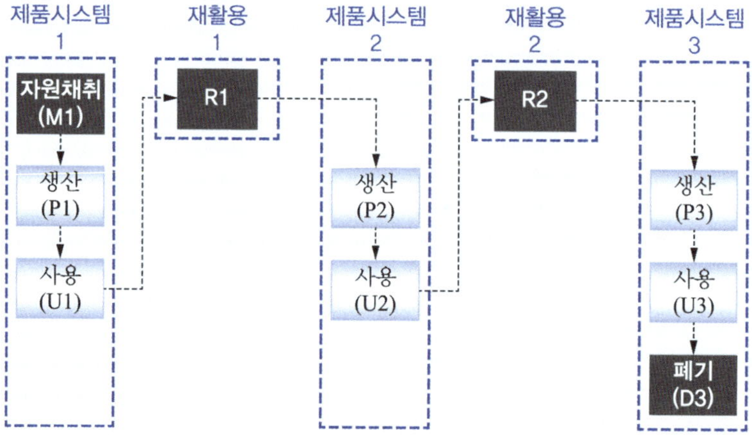

풀이

- Extraction load
  - 제품시스템 1 : M1 + D3 = 100 kg CO_2 + 10 kg CO_2 = 110 kg CO_2
  - 제품시스템 2 : R1 = 5 kg CO_2
  - 제품시스템 3 : R2 = 7 kg CO_2
- Disposal load
  - 제품시스템 1 : R1 = 5 kg CO_2
  - 제품시스템 2 : R2 = 7 kg CO_2
  - 제품시스템 3 : M1 + D3 = 100 kg CO_2 + 10 kg CO_2 = 110 kg CO_2
- Cut-off(1) : 재활용을 뒷단의 제품시스템에 포함시키는 경우
  - 제품시스템 1 : M1 = 100 kg CO_2
  - 제품시스템 2 : R1 = 5 kg CO_2
  - 제품시스템 3 : R2 + D3 = 7 kg CO_2 + 10 kg CO_2 = 17 kg CO_2
- Cut-off(2) : 재활용을 앞단의 제품시스템에 포함시키는 경우
  - 제품시스템 1 : M1 + R1 = 100 kg CO_2 + 5 kg CO_2 = 105 kg CO_2
  - 제품시스템 2 : R2 = 7 kg CO_2
  - 제품시스템 3 : D3 = 10 kg CO_2
- 50/50
  - 제품시스템 1 : (1/2)M1 + (1/2)D3 + (1/2)R1
    = 50 kg CO_2 + 5 kg CO_2 + 2.5 kg CO_2 = 57.5 kg CO_2
  - 제품시스템 2 : (1/2)(R1 + R2)
    = 2.5 kg CO_2 + 3.5 kg CO_2 = 6 kg CO_2
  - 제품시스템 3 : (1/2)M1 + (1/2)D3 + (1/2)R2
    = 50 kg CO_2 + 5 kg CO_2 + 3.5 kg CO_2 = 58.5 kg CO_2

5.2 단위공정으로 데이터 연결

단위공정별로 수집한 투입물과 산출물 데이터에 대하여 검증과 할당을 한 후에 단위공정별 기준인 원단위(basic unit)로 전환한다. 원단위는 단위공정별 산출물 1단위를 생산하는데 관련된 원료, 연료, 배출물 등의 투입물과 산출물

을 말한다. 그림 4-24는 그림 4-4를 활용하여 작성한 공정도로 생산공정은 음료생산공정(M) 1개, 유틸리티 관련 단위공정 3개(U1, U2, U3), 환경설비 관련 단위공정(E1, E2, E3) 등 7개의 단위공정으로 이루어졌다. 정수공급과 스팀공급, 전기공급에 대한 단위공정에서의 산출물은 음료생산공정으로 투입된다. 음료생산공정에서 발생한 배출물과 폐수, 폐기물 등은 대기집진과 폐수처리, 폐기물선별공정으로 유입되어 처리된다. 단위공정으로 데이터를 연결하는 것은 정수공급과 스팀공급, 전기공급과 같은 단위공정에서의 산출물 1단위를 기준으로 각 단위공정 내 투입물과 산출물들의 양을 계산한다. 이렇게 함으로써 다음 단계인 기능단위 수준으로 음료생산공정의 투입물의 양을 환산하는 것이 용이해진다. 마찬가지로, 대기집진설비와 폐수처리설비, 폐기물선별설비와 같이 하위흐름에 해당하는 단위공정들은 투입물 1단위를 기준으로 각 단위공정 내 투입물과 산출물의 양을 계산한다. 이렇게 함으로써 음료생산공정에서 배출하는 산출물 흐름을 기능단위 수준으로 환산하여 연결하는 것이 용이해진다. 표 4-13은 그림 4-24를 토대로 작성한 단위공정별 원단위 기준과 방향을 나타낸다.

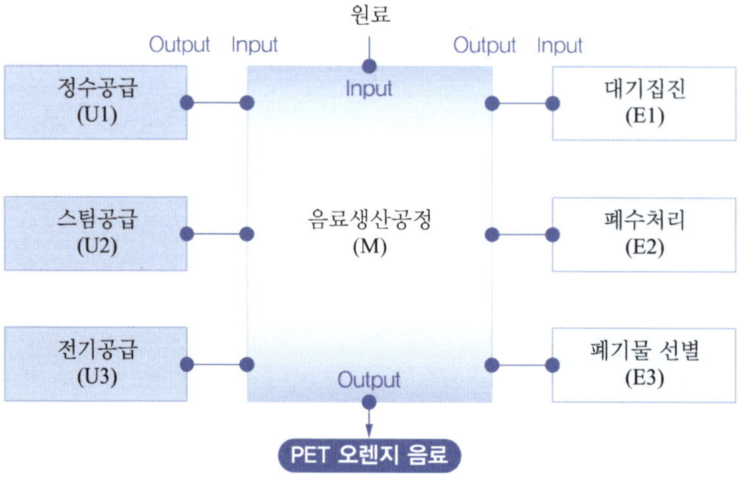

그림 4-24 단위공정간 데이터 모델링

표 4-13 음료생산공정의 단위공정별 원단위 기준		
단위공정명	원단위 기준	방향
(U1) 정수공급	정수 1 ton	산출
(U2) 스팀공급	스팀 1 ton	산출
(U3) 전기공급	전기 1 kWh	산출
(M) 음료생산	PET음료 500 mL 1개	산출
(E1) 대기집진	배출물 1 m^3/h	투입
(E2) 폐수처리	폐수 1 ton	투입
(E3) 폐기물선별	폐기물 1 ton	투입

표 4-14는 표 4-10에서 다중 산출에 의한 할당을 통해 얻은 제품별 투입물과 산출물 데이터를 제품 1 ton 생산 기준으로 환산한 결과이다. 즉, 표 4-10은 과자생산공장의 총투입물과 산출물을 A, B, C 제품의 생산량인 9,000 ton, 16,000 ton, 9,000 ton에 따른 무게비에 의해 할당한 결과이며, 표 4-14는 표 4-10의 결과를 A와 B, C 제품의 생산량으로 각각 나눠서 3종의 제품을 1톤

표 4-14 A, B, C 과자 1 ton당 투입물 데이터				
투입물 명칭	단위	제품별 1 ton 생산 기준		
		A	B	C
밀가루	ton	9.56E－01	9.56E－01	9.56E－01
정수	ton	5.29E－02	5.29E－02	5.29E－02
소금(NaCl)	ton	1.03E－04	1.03E－04	1.03E－04
설탕	ton	2.62E－04	2.62E－04	2.62E－04
식용유	ton	9.65E－04	9.65E－04	9.65E－04
양념 1	kg	6.33E－02	6.33E－02	6.33E－02
양념 2	kg	3.65E－02		
양념 3	kg		2.82E－02	
양념 4	kg			3.56E－02
양념 5	kg	2.56E－02		
양념 6	kg		1.83E－02	
양념 7	kg			2.58E－02
전기	kWh	2.51E－01	2.51E－01	2.51E－01
LPG	Nm^3	6.27E－01	6.27E－01	6.27E－01
포장지	ton	3.55E－03	3.55E－03	3.55E－03

기준으로 환산한 결과이다. 굵은 점선으로 된 회색박스 안에 있는 데이터를 제외한 A, B, C 제품 1 ton당으로 환산된 투입물의 양은 3종의 제품이 같은 것을 알 수 있다. 이는 무게비를 사용하여 할당한 결과를 1톤 기준으로 환산하였기 때문이다. 하지만 양념 2부터 양념 7까지는 제품들 사이에 공유된 것이 아니므로 할당의 대상이 아니어서 제품별로 그 양이 다름을 보여주고 있다.

LCA 사례 오렌지 음료 (14/19)

오렌지 음료 제조공정에 대한 물질 수지 검증에 의해 수정된 데이터인 LCA 사례(13/19)의 표 4-7을 오렌지 음료 1 ton 생산 기준으로 환산한 결과는 표 4-15와 같다. 또한, 오렌지 음료의 주요 원료인 주스원액, PET 병, 라벨, 수돗물 각 1 ton 생산 기준으로 작성한 데이터는 표 4-16, 오렌지 음료 제조과정에서 발생한 1 ton 폐수처리 기준의 데이터는 표 4-17과 같다.

표 4-15 오렌지 음료 1톤당 투입물과 산출물 데이터

오렌지 음료 제조공정 데이터					
INPUT			OUTPUT		
물질명	단위	투입량	물질명	단위	투입량
PET 병	ton	5.08E−02	오렌지 음료	ton	1.00E+00
라벨	ton	1.92E−03	폐수	ton	7.71E−01
주스원액	ton	4.82E−02	폐PET	ton	6.26E−04
수돗물	ton	9.01E−01	지정폐기물	ton	7.95E−04
세척수	ton	7.55E−01	CO_2	ton	2.62E−02
필터	ton	2.65E−04			
설탕	ton	1.45E−02			
전기	kWh	3.32E+01			
LNG	Nm^3	1.19E+01			

표 4-16 오렌지 음료 주요 원료들의 제조 원단위 데이터

오렌지 원액 데이터					
INPUT			OUTPUT		
물질명	단위	투입량	물질명	단위	산출량
오렌지	ton	3.69E+00	주스 원액	ton	1.00E+00
공정수	ton	6.58E-02	폐수	ton	1.20E-01
전기	kWh	1.76E+02	폐기물	ton	2.63E+00
PET 병 데이터					
INPUT			OUTPUT		
물질명	단위	투입량	물질명	단위	산출량
PET 프리폼	ton	1.01E+00	PET 병	ton	1.00E+00
공정수	ton	1.96E-01	폐수	ton	1.96E-01
전기	kWh	7.24E+03	폐기물	ton	1.12E-02
라벨 데이터					
INPUT			OUTPUT		
물질명	단위	투입량	물질명	단위	산출량
PET 수지	ton	1.05E+00	라벨	ton	1.00E+00
공정수	ton	2.54E-01	폐수	ton	2.54E-01
전기	kWh	2.52E+03	폐기물	ton	5.45E-02
수돗물 데이터					
INPUT			OUTPUT		
물질명	단위	투입량	물질명	단위	산출량
용수	ton	1.06E+00	수돗물	ton	1.00E+00
필터	ton	5.60E-07	폐수	ton	6.30E-06
전기	kWh	3.48E-02	폐기물	ton	5.60E-07

표 4-17 오렌지 음료 제조공정에서 발생한 폐수 처리공정 데이터

폐수처리 데이터					
INPUT			OUTPUT		
물질명	단위	투입량	물질명	단위	산출량
폐수	ton	1.00E+00	배출수	ton	1.00E+00
PAA	ton	1.48E-08	슬러지	ton	6.16E-07
NaOH	ton	4.74E-10			
전기	kWh	1.24E-03			

5.3 기능단위로 데이터 연결

단위공정으로 연결된 데이터, 즉 단위공정별 원단위 기준으로 환산된 투입물과 산출물 데이터를 기능단위 기준으로 환산한다. 오렌지 음료의 사례를 예로 들어본다. '1000 mL 오렌지 음료를 PET 용기에 담아 보관하고 전달'이라는 기능단위를 만족시키기 위한 기준흐름인 1.06 kg(1,055 g)의 오렌지 음료로 연결하기 위해 표 4-15의 오렌지 음료 원단위인 1 ton 기준의 투입물과 산출물 데이터를 기능단위를 만족시키는 1.06 kg 기준으로 전환한다. 표 4-18에서 보는 바와 같이, 1.06 kg의 오렌지 음료를 생산하기 위해서는 PET병 53.6 g, 오렌지 원액 50.9 g, 라벨 2 g, 수돗물 951 g 등이 투입되고, 813 g의 폐수가 배출된다. 또한, 표 4-19와 표 4-20을 보면, 기능단위를 만족시키기 위해 필요한 오렌지 음료 기준흐름인 1.06 kg에 맞게 상위흐름과 하위흐름의 투입물과 산출물이 환산된 결과를 볼 수 있으며, 주요 투입물들인 오렌지 원액과 PET병, 라벨, 수돗물 등의 제조 관련 원단위 데이터를 기능단위에 맞게 환산된 투입물과 산출물 데이터도 제시되어 있다. 사업장에서 종말처리장으로 보내지는 흐름인 폐수에 대해서도 기능단위로 환산한 투입물과 산출물 데이터가 계산되어 있다.

LCA 사례 오렌지 음료 (15/19)

표 4-15부터 표 4-17까지의 투입물과 산출물 데이터를 오렌지 음료 1.06 kg을 기준으로 환산한 데이터를 표 4-18에서 보여주고 있다. 표 4-19는 표 4-18의 투입물인 원액, PET병, 라벨, 수돗물을 기능단위 기준으로 환산한 상위흐름 공정에서의 투입물과 산출물 데이터이며, 표 4-20은 표 4-18의 산출물인 폐수를 기능단위 기준으로 폐수를 처리하는 과정의 투입물과 산출물 데이터이다.

표 4-18 기능단위로 연결된 오렌지 음료 제조공정 데이터

오렌지 음료 데이터					
INPUT			OUTPUT		
물질명	단위	투입량	물질명	단위	투입량
PET 병	kg	5.36E－02	오렌지 음료	kg	1.06E＋00
라벨	kg	2.02E－03	폐수	kg	8.13E－01
주스원액	kg	5.09E－02	폐PET	kg	6.60E－04
수돗물	kg	9.51E－01	지정폐기물	kg	8.38E－04
세척수	kg	7.97E－01	CO_2	kg	2.77E－02
필터	kg	2.79E－04			
설탕	kg	1.53E－02			
전기	kWh	3.50E－02			
LNG	Nm^3	1.26E－02			

표 4-19 오렌지 음료 상위흐름 제조공정의 기능단위당 데이터

오렌지 원액 데이터(기준흐름)					
INPUT			OUTPUT		
물질명	단위	투입량	물질명	단위	산출량
오렌지	g	1.88E＋02	주스 원액	g	5.09E＋01
공정수	g	3.35E＋00	폐수	g	6.09E＋00
전기	kWh	8.94E－03	폐기물	g	1.34E＋02
PET 병 데이터(기준흐름)					
INPUT			OUTPUT		
물질명	단위	투입량	물질명	단위	산출량
PET 프리폼	g	5.42E＋01	PET 병	g	5.36E＋01
공정수	g	1.05E＋01	폐수	g	1.05E＋01
전기	kWh	3.88E－01	폐기물	g	6.00E－01
라벨 데이터(기준흐름)					
INPUT			OUTPUT		
물질명	단위	투입량	물질명	단위	산출량
PET 수지	g	2.13E＋00	라벨	g	2.02E＋00
공정수	g	5.13E－01	폐수	g	5.13E－01
전기	kWh	5.09E－03	폐기물	g	1.10E－01

수돗물 데이터(기준흐름)					
INPUT			OUTPUT		
물질명	단위	투입량	물질명	단위	산출량
용수	kg	1.01E+00	수돗물	kg	9.51E−01
필터	g	5.33E−04	폐수	g	5.99E−03
전기	kWh	3.31E−05	폐기물	g	5.33E−04

표 4-20 오렌지 음료 하위흐름 제조공정의 기준흐름당 데이터

폐수처리 데이터(기준흐름)					
INPUT			OUTPUT		
물질명	단위	투입량	물질명	단위	산출량
폐수	kg	8.13E−01	배출수	kg	8.13E−01
PAA	kg	1.20E−08	슬러지	kg	5.01E−07
NaOH	kg	3.85E−10			
전기	kWh	1.01E−06			

문제 14 생산수율 계산

원료인 polybutadiene, styrene monomer, acrylonitrile을 활용하여 ABS powder를 생산하는 제조공정에서의 물질 및 에너지 흐름을 나타낸 것이다. 이 공정을 통해 ABS powder가 4,800 ton이 생산된다고 하면 ABS powder 생산공정에서의 생산수율은 몇 %인가? (소수점 첫째 자리로 나타내시오.)

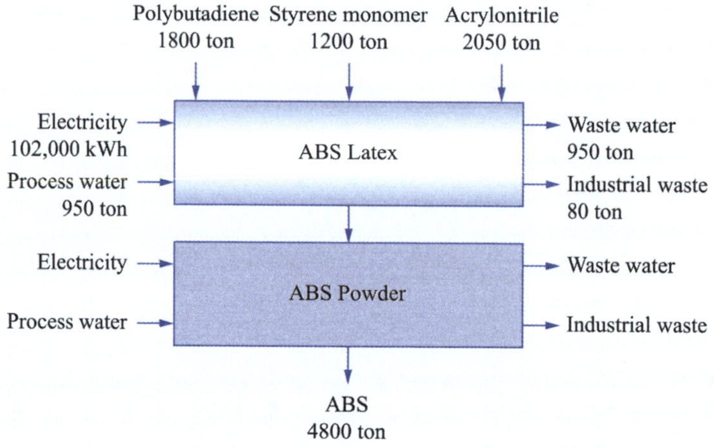

풀이

- ABS powder 생산은 ABS latex 공정과 ABS powder 공정으로 구성
- ABS latex **생산량**
  - ABS Latex 생산량 = 원료량 + 공정수 − 폐수 − 폐기물
    = (1,800 ton + 1,200 ton + 2,050 ton) + 950 ton − 950 ton − 80 ton
    = 4,970 ton
- ABS powder **생산수율**
  - 생산수율(%) = (ABS Powder 생산량 / ABS Latex 투입량) × 100
    = (4,800 ton / 4,970 ton) × 100
    = 96.6%

문제 15 추가 스팀양 계산

다음은 국내 A 식품회사 내부의 여러 제품을 생산하는 공장들에서 사용하는 스팀의 흐름을 나타낸 것이다. 아래 그림의 스팀 사용 시나리오를 토대로 각 제품의 생산공장에서 추가로 필요한 스팀양(MJ)을 공급하기 위해 스팀보일러에서 생산해야 할 스팀양(MJ)을 계산하시오. 이때 데이터를 계산하는 각 단계에서 얻은 모든 결과 값은 정수로 환산하고 이를 적용하여 다음 단계의 결과 값을 산출하시오.

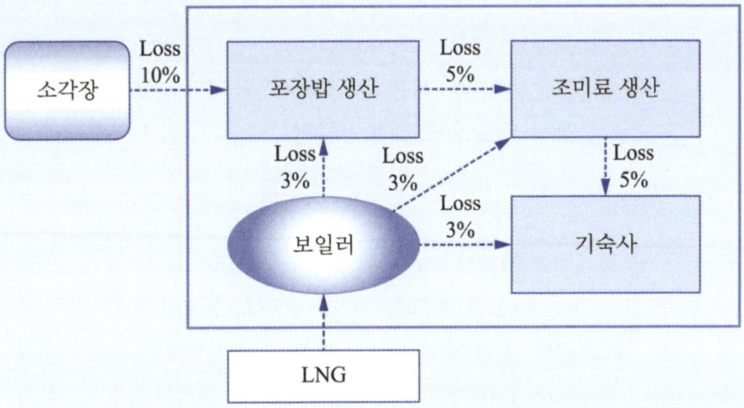

- A 식품회사는 에너지효율을 높이기 위하여 제품의 생산공장 간에 잉여 스팀을 순환시키기로 하였다. 공장 외부에 있는 소각장에서 발생한 스팀을 파이프라인으로 이송해 와서 1차로 포장밥 생산공장에서 소비하고, 남은 잉여 스팀을 조미료 공장으로 보내서 사용하며, 그래도 남은 스팀이 있으면 기숙사로 보내서 온수로 활용하기로 하였다. 또한, 공장 간에 잉여스팀이 이동하는 과정에서 부족분이 발생하면 공장 내부의 보일러를 추가 가동해 스팀을 생산한 후에 이를 각 공장으로 공급한다.
- 각 공장 간에 스팀이 이동하는 과정에서 평균 손실률은 그림에서 보는 바와 같다.
- 2020년도에 소각장에서 A 식품회사로 공급한 스팀양은 650,000 ton이고, ton당 열량은 110 MJ이다.
- 2020년도에 생산한 포장밥은 1억 개이고, 개당 0.6 MJ의 열량이 필요하다.
- 2020년도에 생산한 조미료는 200,000 ton이고, ton당 30 MJ의 열량이 필요하다.
- 기숙사에서는 하루에 평균 10,000 MJ의 열량을 가진 온수가 필요하며, 연간 200일을 오픈한다.
- 공장 내부의 보일러는 가동에 필요한 연료는 LNG이며, LNG의 발열량은 10,000 kcal/Nm^3이다.

풀이

■ **공장별 스팀요구량**

- 포장밥 생산 = 100,000,000개 × 0.6 MJ/개 = 60,000,000 MJ
- 조미료 생산 = 200,000 ton × 30 MJ/ton = 6,000,000 MJ
- 기숙사 온수 사용 = 10,000 MJ/일 × 200일/년 = 2,000,000 MJ

■ **포장밥 공장으로 스팀공급량**

- 포장밥 공장 스팀공급량(MJ)
  = 소각장 스팀양 × (1 − 0.1)
  = 650,000 ton × 110 MJ/ton × 0.9
  = 71,500,000 MJ × 0.9 = 64,350,000 MJ

■ **포장밥 공장에서 잉여스팀양**

- 포장밥 공장 잉여스팀양(MJ)
  = 스팀공급량 − 스팀요구량
  = 64,350,000 MJ − 60,000,000 MJ

= 4,350,000 MJ

■ **조미료 공장으로 스팀공급량**

- 조미료 공장 스팀공급량(MJ)

  = 포장밥 공장 잉여스팀양(MJ) × (1 − 손실률)

  = 4,350,000 MJ × (1 − 0.05) = 4,132,500 MJ

■ **조미료 공장에서 잉여스팀양**

- 조미료 공장 잉여스팀양(MJ)

  = 스팀공급량 − 스팀요구량

  = 4,132,500 MJ − 6,000,000 MJ

  = −1,867,500 MJ

■ **추가 스팀양**

- 추가 스팀양(MJ)

  = 조미료 공장 추가 스팀양 + 기숙사 온수 스팀양

  = 1,867,500 MJ + 2,000,000 MJ

  = 3,867,500 MJ

■ **보일러 스팀생산량(MJ)**

- 보일러 스팀생산량(MJ)

  = 추가 스팀양 / (1 − 손실률)

  = 3,867,500 MJ / (1 − 0.03)

  = 3,987,113 MJ

문제 16 냉각탑 가동 전력량 계산

아래 그림은 단위공정 C에서 발생한 고온의 열을 냉각시키기 위하여 냉각탑을 이용해서 냉각수를 순환시키는 공정을 나타낸 것이다. 2020년에 냉각탑에서 B 공정으로 투입량(②)은 100 ton/hr이고, C 공정에서 발생한 수증기 유량(④)은 3 ton/hr, 냉각탑에서 냉각수의 증발유량(⑤)은 7 ton/hr이다. 일일 공정 가동시간은 24 hr/day이고, 가동일수는 365 day이다. 냉각탑에서 만들어진 냉각수를 B 공정으로 투입할 때 펌프로 펌핑하여 이송한다. 펌핑과정에서 0.5 kWh/ton의 전력이 소비된다. D 공정에서 뜨거워진 공정수를 냉각탑으로 이송하는 과정에서 0.2 kWh/ton의 전력을 소비한다. 2020년도 1년간 냉각탑에서 사용한 전력량(kWh)과 냉각탑으로 보충되는 ① 흐름량을 계산하시오.

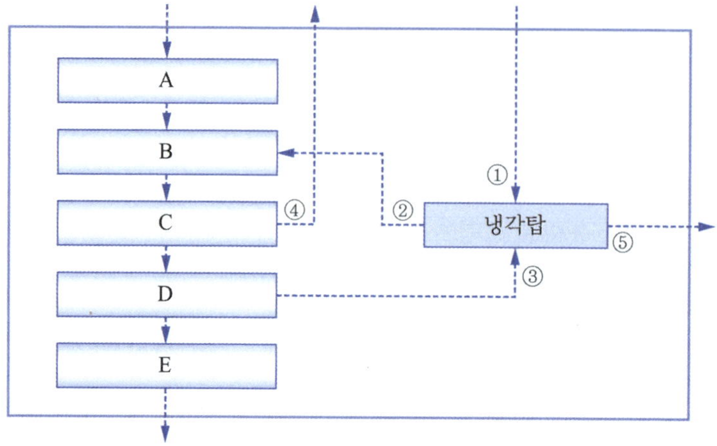

풀이

■ ③ 흐름량 계산

③ 흐름량 = ② 투입량 − ④ 수증기량

= 100 ton/hr − 3 ton/hr = 97 ton/hr

■ ① 흐름량 계산

① 흐름량 = ② 투입량 + ⑤ 증발량 − ③ 순환량

= 100 ton/hr + 7 ton/hr − 97 ton/hr = 10 ton/hr

■ 연간 ① 흐름량 계산

연간 ① 흐름량 = 시간당 ① 흐름량 × 24 hr/day × 365 day

= 10 ton/hr × 24 hr/day × 365 day = 87,600 ton

■ 연간 ② 흐름량 계산

연간 ② 흐름량 = 시간당 ② 흐름량 × 24 hr/day × 365 day

= 100 ton/hr × 24 hr/day × 365 day = 876,000 ton

■ 연간 ③ 흐름량 계산

연간 ③ 흐름량 = 시간당 ③ 흐름량 × 24 hr/day × 365 day

= 97 ton/hr × 24 hr/day × 365 day = 849,720 ton

■ ② 흐름 총전력량 계산

② 흐름 총전력량 = 연간 ② 흐름량 × 투입펌프 단위전력량(kWh/ton)

= 876,000 ton × 0.5 kWh/ton = 438,000 kWh

■ ③ 흐름 총전력량 계산

③ 흐름 총전력량 = 연간 ③ 흐름량 × 투입펌프 단위전력량(kWh/ton)

$$= 849{,}720\ \text{ton} \times 0.2\ \text{kWh/ton} = 169{,}944\ \text{kWh}$$

- 2020년 냉각탑 총전력량

  2020년 냉각탑 총전력량 = ② 흐름 총전력량 + ③ 흐름 총전력량

  = 438,000 kWh + 169,944 kWh

  = 607,944 kWh

5.4 데이터 통합

ISO 14044:2006은 데이터 계산 시에 제품시스템을 구성하는 단위공정별로 수집한 투입물과 산출물 데이터를 기능단위당으로 환산한 후에 이들을 통합하는 과정을 거치도록 하고 있다. 그림 4-6에서 보는 바와 같이 연구의 목적에 따라 오렌지 음료의 생산공정을 배합공정, 살균공정, 주입공정, 포장 및 후살균공정 등 4개 단위공정으로 세분화할 수도 있고, 단위공정을 세분화시키지 않고 오렌지 음료 4개 생산공정을 하나의 단위공정으로 통합해서 데이터를 수집할 수도 있다. 그러나, 비록 생산공정을 1개의 단위공정으로 통합하여도 유통, 사용, 폐기 등 전과정을 고려하면 제품시스템은 여러 개의 단위공정으로 이루어지므로 기능단위 기준으로 환산된 단위공정별 투입물과 산출물 데이터들을 통합하는 과정이 필요하다.

단위공정별 데이터의 통합은 기능단위당으로 환산된 단위공정별 투입물과 산출물 데이터들의 동일 항목끼리 투입량 또는 산출량을 합하는 과정이다. 예를 들어, 그림 4-6에서 오렌지 음료 공정을 배합공정, 살균공정, 주입공정, 포장 및 후살균 공정으로 세분화하여 데이터를 수집하였다고 가정해 보자. 이때, 단위공정별로 기능단위당으로 환산된 전력사용량이 각각 5 Wh, 20 Wh, 3 Wh, 7 Wh라고 하면 이들을 합하여 35 Wh, 즉 3.50E − 02 kWh가 통합 전력량이 된다. 이런 방식으로 모든 투입물과 산출물 항목들에 대해 동일 항목별로 통합한 각 투입물과 산출물들의 데이터를 GtG 데이터라고 한다.

6 전과정 목록 작성

GtG 데이터는 시스템경계에 포함된 단위공정(gate)으로 들어와서 단위공정(gate)을 통해서 시스템 밖으로 나가는 데이터를 데이터 항목별로 통합한 것이다. 이들을 전과정 목록인 기본흐름들로 전환하기 위해서는 그림 4-25에서 보는 바와 같이 상위흐름(upstream)과 하위흐름(downstream) LCI 데이터베이스를 연결하여 전과정으로 확장해야 한다. GtG 데이터 항목 중에 비기본흐름들을 LCI 데이터베이스를 연결하여 기본흐름으로 전환하는 과정에서 기본 투입물(elementary input)과 기본 산출물(elementary output)들로 이루어진 투입물과 산출물 집합체가 필요한데, 이들을 LCI 데이터베이스라고 한다. 아래의 관계식은 제품 i의 j 단위공정에서 수집한 k 목록항목별 GtG 데이터와 k 목록항목에 해당하는 LCI 데이터베이스를 곱한 후에 j 단위공정별 산출결과를 통합하여, 기본흐름으로 구성된 전과정 목록표(Life Cycle Inventory Table, LCT)를 산출하는 방법을 나타낸다. 여기서 i는 제품, j는 단위공정, k는 GtG 데이터를 말한다.

$$\mathrm{LCT}_i = \sum_{j=1}^{n}\sum_{k=1}^{n}(\mathrm{GtG}_{ijk} \times \mathrm{LCI}_k)$$

GtG : 투입/산출물 데이터, LCI : 상위 또는 하위흐름 데이터,
i : 제품, j : 단위공정, k : GtG 데이터

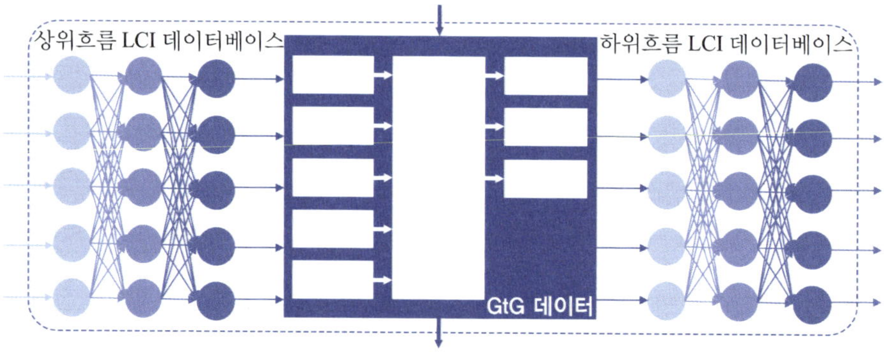

그림 4-25 GtG 데이터와 상·하위흐름 LCI 데이터베이스를 연결

6.1 상·하위흐름 데이터 수집

상위흐름 LCI 데이터베이스는 GtG 데이터의 투입물 항목들과 연결되는 데이터베이스로 자원채취, 가공과정 등 GtG 투입물의 생산과정에서 발생된 모든 투입물과 산출물로 구성된 기본흐름의 집합체이다. 하위흐름 LCI 데이터베이스는 GtG 데이터에서 나가는 산출물과 관련된 데이터베이스로 사업장으로부터 나가서 최종적으로 폐기되기까지의 일련의 과정에서 발생된 모든 투입물과 산출물로 구성된 기본흐름의 집합체이다. 대표적인 하위흐름 LCI 데이터베이스는 폐기물의 물질 재활용, 폐기물의 소각, 폐수의 종말처리, 폐기물의 매립 과정 등이다. 현재, 국내에서 범용적으로 사용되는 LCI 데이터베이스의 출처는 한국환경산업기술원에서 운영하는 국가 LCI 데이터베이스 정보망이 있고, 해외에서는 스위스 비영리단체인 Eco-Invent에서 운영하는 Eco-Invent 플랫폼, EU 집행위원회 산하의 공동연구센터(Joint Research Center)에서 운영하는 LCDN(Life Cycle Data Network) 플랫폼, UN Environment에서 운영하는 GLAD(Global LCA Data Access Network) 플랫폼 등이 있다.

6.1.1 국가 LCI 데이터베이스 정보망

우리나라는 1998년부터 정부의 지원하에 환경부와 산업통상자원부, 국토교통부 등에서 ISO 14044:2006의 절차와 요건에 따라 LCI 데이터베이스를 구축하고 있으며, 이들을 ISO TS 14048:2002의 요건에 따라 문서화하여 무료로 사용자에게 제공하고 있다. 공공 영역에서 LCI 데이터베이스를 개발하여 무료로 보급하는 것은 LCA의 홍보와 전파에 효과적이지만 주기적으로 개정하여 최신화하는 과정에서 어려움이 있다. 우리나라의 국가 LCI 데이터베이스는 한국환경산업기술원의 환경성적표지 홈페이지(www.epd.or.kr) 및 한국생산기술연구원 국가청정생산지원센터 홈페이지(www.kncpc.or.kr)에서 다운로드를 받을 수 있다.

투입물 및 산출물					
방향	그룹	환경	명칭	양	
				단위	매개변수
				기호/명칭	값
INPUT	Resource	Air	Nitrogen(N_2)	kg	2.82E－08
INPUT	Resource	Air	Oxygen(O_2)	kg	8.22E－09
INPUT	Resource	Soil	Baryte($BaSO_4$)	kg	1.20E－04
INPUT	Resource	Soil	Bauxite(Al_2O_3)	kg	2.78E－05
INPUT	Resource	Soil	Bentonite	kg	7.70E－06
INPUT	Resource	Soil	Caliche	kg	3.98E－04
INPUT	Resource	Soil	Carbon(C)	kg	1.17E－08
INPUT	Resource	Soil	Coal	kg	5.64E－02
INPUT	Resource	Soil	Coal seam	kg	4.99E－02
INPUT	Resource	Soil	Copper ore(0.14%)	kg	5.15E－12
INPUT	Resource	Soil	Crude oil	kg	2.42E－02
INPUT	Resource	Soil	Dolomite($CaMg(CO_3)$)	kg	4.78E－07
INPUT	Resource	Soil	Feldspar	kg	3.43E－07
INPUT	Resource	Soil	Ferro manganese(Fe-Mn)	kg	4.24E－10
INPUT	Resource	Soil	Fluorspar(CaF_2)	kg	2.26E－02
INPUT	Resource	Soil	Hard coal	kg	7.44E－03
INPUT	Resource	Soil	Iron ore	kg	5.03E－03
INPUT	Resource	Soil	Iron ore(46%)	kg	1.04E－12
INPUT	Resource	Soil	Iron ore(65%)	kg	1.86E－09
INPUT	Resource	Soil	Iron(Fe)	kg	3.51E－09
INPUT	Resource	Soil	Lead-zinc ore(4.6%-0.6%)	kg	6.07E－12
INPUT	Resource	Soil	Lead ore	kg	8.61E－13
INPUT	Resource	Soil	Lead(Pb)	kg	3.56E－09
INPUT	Resource	Soil	Lignite	kg	6.73E－05
INPUT	Resource	Soil	Limestone	kg	1.63E＋00
INPUT	Resource	Soil	Natural gas	kg	7.99E－03
INPUT	Resource	Soil	Sodium carbonate(Na_2CO_3)	kg	5.42E－07
INPUT	Resource	Soil	Sodium chloride(NaCl)	kg	1.39E－05
INPUT	Resource	Soil	Sodium(Na)	kg	5.65E－10
OUTPUT	Emission	Air	Acetone	kg	5.05E－10
OUTPUT	Emission	Air	Aldehydes	kg	1.63E－10
OUTPUT	Emission	Air	Alkanes	kg	1.34E－11
OUTPUT	Emission	Air	Alkenes	kg	1.29E－11
OUTPUT	Emission	Air	Ammonia(NH_3)	kg	4.36E－07
OUTPUT	Emission	Air	Ammonium nitrate(NH_4NO_3)	kg	4.58E－15
OUTPUT	Emission	Air	Antimony(Sb)	kg	1.82E－13
OUTPUT	Emission	Air	Aromates(C9-C10)	kg	2.30E－09
OUTPUT	Emission	Air	Aromatic matter	kg	1.78E－10
OUTPUT	Emission	Air	Benzo(a)pyrene	kg	1.67E－11
OUTPUT	Emission	Air	Beryllium(Be)	kg	7.00E－14
OUTPUT	Emission	Air	Boron(B)	kg	7.76E－10
OUTPUT	Emission	Air	Bromine(Br)	kg	4.50E－12
OUTPUT	Emission	Air	Cadmium(Cd)	kg	1.22E－10
OUTPUT	Emission	Air	Carbon dioxide(CO_2)	kg	9.31E－01
OUTPUT	Emission	Air	Carbon monoxide(CO)	kg	8.90E－02
OUTPUT	Product	Technosphere	Portland cement	kg	1.00E＋00

그림 4-26 1종 포틀랜드시멘트의 LCI 데이터베이스의 일부

[출처] http://www.epd.or.kr/lci/nationalDbView.do?category＝7&idx＝121에서 일부 발췌

그림 4-26은 한국환경산업기술원에서 구축한 1종 포틀랜드시멘트에 대한 LCI 데이터베이스의 일부를 발췌한 것이다. 산출물인 포틀랜드 시멘트 1 kg을 기준으로 기본 투입물과 기본 산출물로 구성된 목록항목의 집합체임을 확인할 수 있다. LCI 데이터베이스는 '방향' 탭을 통해 투입물(input)과 산출물(output)을 구분하고, '그룹' 탭으로 자원(resource)과 배출물(emission)을 구분한다. '환경' 탭 중 투입물에 포함된 'alr', 'soil'은 투입되는 자원을 어디에서 채취하였는지를 나타낸다. 즉, 대기에서 포집한 것인지, 땅에서 채굴한 것인지를 구분한다. '환경' 탭 중 배출물에 포함된 'air', 'water', 'soil'은 배출물이 어디로 버려지는지를 나타낸다. '매개변수' 중 '값'은 투입물과 산출물의 양을 의미하며, 지수를 활용하여 유효숫자 3자리로 나타내고 있다.

6.1.2 Eco-Invent 플랫폼

환경 관련 데이터의 가용성을 촉진하고 보급을 지원하는 것을 목적으로 설립된 스위스의 민간 비영리단체인 Eco-invent는 지난 20년 이상의 LCA 수행 경험을 가지고 전 세계의 LCI 데이터베이스를 수집하고 있으며, Eco-invent 플랫폼(www.ecoinvent.org)을 통해 약 18,000여 개의 LCI 데이터베이스들을 유료로 보급하고 있다. Eco-invent에서 공개하고 있는 LCI 데이터베이스들은 세계적으로 활용도가 높은 대표적인 데이터베이스들로 SimaPro 또는 GaBi 등과 같은 LCA 소프트웨어에 내장되거나 웹사이트에서 유료로 데이터베이스에 접근할 수 있다. 라이선스를 온라인에서 구매하면 이전 버전과 최신 버전을 모두 내려받아 사용할 수 있으며, 웹상에서 데이터베이스 목록을 검색하면 기준흐름당 GtG 정보와 LCI 목록, 다양한 LCIA 방법론이 적용된 특성화 결과들을 확인할 수 있다.

6.1.3 LCDN 플랫폼

제품의 환경성과 관련된 다양한 정책을 시행하기 위해서는 제품의 환경성을 평가하는 것이 필수적이다. 제품의 환경성평가결과에 대한 신뢰도를 높이기 위해서는 평가방법론의 개발과 더불어 관련 데이터베이스의 구축 및 공유가 필요하다. EC는 2014년에 LCI 데이터베이스의 정보공유 플랫폼인 LCDN

(Life Cycle Data Network)을 오픈하여 세계 각국에서 구축한 LCI 데이터베이스들을 등록시키고 있다. 각국의 LCI 데이터베이스들이 EC의 LCI 데이터베이스 등록 품질요건(entry-level requirement)을 만족시키면 LCDN 플랫폼에 등록하여 LCA 수행자들이 상호 공유할 수 있도록 하고 있다. LCDN 플랫폼에 등록하기 위한 데이터형식을 ILCD(International Life Cycle Data)라고 하는데, 기존의 LCI 데이터베이스와 다른 점은 데이터베이스에 포함된 항목들의 세부경로에 대한 정보를 포함하고 있고, 범용고유식별자(UUID, Universally Unique IDentifier)에 따라 데이터 항목들을 관리하도록 한다는 것이다. LCDN 플랫폼은 각국 또는 기관에서 독립적으로 데이터베이스를 등록하고 운영하는 LCA 데이터베이스 운영자(node)들의 집합체하고 할 수 있으며, node 간에 LCI 데이터베이스를 상호 교환하는 방식으로 운영한다. LCDN 플랫폼에 등록된 ILCD 데이터베이스가 중요한 이유는 EC에서 2023년부터 시행할 예정인 Type III 에코라벨링 프로그램인 PEF 프로그램에서 공식적으로 활용하는 LCI 데이터베이스이기 때문이다. 자세한 내용은 LCDN 플랫폼(eplca.jrc.ec.europa.eu/LCDN/index.xhtmL)에서 확인할 수 있다.

6.1.4 GLAD 플랫폼

UN Environment Programme(UNEP)은 LCA 전문가와 환경성 결과 사용자 사이에 대상 시스템에 대하여 전과정적인 정보의 교류를 촉진시키기 위해 전과정 이니셔티브(Life Cycle Initiative)를 설립하였다. 전과정 이니셔티브는 LCA 수행자들에게 신뢰도가 높은 LCI 데이터베이스에 대한 접근성과 상호 운용성을 제공하기 위한 목적으로 글로벌 LCI 데이터베이스 공유 플랫폼인 GLAD(Global LCA Data Access network)를 개발하여 운영하고 있다. 2022년 6월말 현재, 우리나라와 미국, 일본 등 약 150여 국에서 97,000여 개의 LCI 데이터베이스가 등록되어 공유되고 있다. UNEP의 GLAD에 등록할 수 있는 데이터 형식은 ILCD와 Eco-spold 2, JSON-LD 형식이다. Eco-spold는 ILCD와 같이 XML 기반의 데이터로 1990년대부터 eco-invent에서 제공한 LCI 데이터베이스에서 주로 적용한 형식이며, 2016년부터는 개선된 eco-spold 2가 사용되고 있다. 그밖에 GreenDelta에서 개발한 JSON-LD(JavaScript Object Notation for Linked Data)라는 데이터형식은 2015년부터 open LCA

소프트웨어에서 제공한 데이터 형식 중의 하나이다. 자세한 내용은 GLAD 플랫폼(www.globallcaaccess.org)에서 확인할 수 있다.

6.2 전과정 목록표 작성

대상시스템의 전과정 동안에 투입물과 산출물의 기본흐름들로 구성된 전과정 목록표는 LCI의 최종 결과이며, 시스템경계 내에 포함된 단위공정들과 관련된 투입물과 산출물 데이터를 기능단위 기준으로 환산한 후에 데이터 항목별로 통합한 GtG 데이터에 상위흐름 및 하위흐름 LCI 데이터베이스를 연결하여 제품시스템의 전과정으로 확장시킨 기본흐름의 집합체를 말한다. 전과정 목록표는 LCI의 다음 단계인 LCIA의 기초자료가 되어 대상 제품시스템의 잠재적 환경영향을 평가하는데 활용된다. 전과정 목록은 GtG에 포함된 모든 투입물과 배출물 항목들에 대하여 기본흐름 목록인 LCI 데이터베이스를 연결하여 얻게 되는데, 이 과정에서 매우 많은 양의 데이터에 대한 계산이 수반된다. LCA 소프트웨어는 이와 같은 데이터를 효과적으로 계산할 수 있도록 지원하기 위해 개발되었다. LCA 소프트웨어를 사용하여 전과정 목록을 작성하는 과정에서 사용하는 상위 및 하위흐름 LCI 데이터베이스는 그 출처에 따라 LCI 결과에 직접적인 영향을 줄 수 있다. 따라서 LCI 데이터베이스의 선택 시에 데이터베이스 출처가 연구결과에 미치는 영향에 대한 민감도 분석을 수행하고 그 결과를 보고서에 명확히 기록해야 한다.

6.2.1 LCA 소프트웨어를 활용한 전과정 목록표 작성

LCA 소프트웨어의 종류에 따라 대상 제품시스템의 모델링 접근방식은 다소 다를 수 있지만 LCI를 수행하는 기본 계산과정은 같다. LCA 수행자가 각 단위공정에 대하여 사업장으로부터 수집한 데이터들로 작성한 GtG 데이터를 LCA 소프트웨어에 직접 입력한다. GtG 데이터 중 모든 비기본흐름 즉, 제품흐름에 대해 LCA 소프트웨어에 내장된 LCI 데이터베이스 중에서 데이터 품질요건에 맞는 상위 및 하위흐름 LCI 데이터베이스를 선택한 후에 LCA 소프트웨어를 통해 계산하면 전과정 목록이 산출된다. 그림 4-27은 LCA 소프트웨어에 polyethylene(PE) 1 kg 기준의 GtG 데이터를 입력하고 GtG 데이터 중 제품흐름에 대해 적합한 상위 및 하위흐름 LCI 데이터베이스를 연결하는 모델링 과정을 보여준다. GtG 데이터 중 비기본흐름인 제품흐름은 에틸렌, 전기, 공정수, 스팀이고, 기본흐름은 CO_2, NOx, COD이다. 그림 4-27의 왼쪽은 에틸렌 1 kg 기준과 전기 1 kWh 기준의 LCI 데이터베이스이며, 이들을 GtG 데이터의 해당 제품흐름과 연결하면 LCA 소프트웨어가 자동으로 GtG 데이터에서 에틸렌과 전기의 투입량인 1.12 kg과 1.50 kWh에 해당하는 전환인자인 1.12와 1.50를 해당 LCI 데이터베이스 내의 목록항목들에 곱한다. 이와 같은 방식으로 공정수, 스팀 등을 해당 LCI 데이터베이스와 연결하여 동일한 기본흐름에 해당하는 목록항목별 결과를 통합한다. 그 결과 PE 1 kg에 대한 LCI 목록이 도출된다. 즉, PE 1 kg을 생산하기 위한 제품시스템의 전과정에서 기본흐름인 원유 3.76 kg, 석탄 0.83 kg, 구리 0.05 kg이 투입되며, CO_2가 6.78 kg, NO_x 0.05 kg이 발생된다. 이들은 모두 기본흐름이다.

우리나라에서 범용적으로 사용되는 LCA 소프트웨어로는 한국환경산업기술원의 TOTAL(Tool for Type III labelling and LCA)과 한국생산기술연구원 국가청정생산지원센터의 PASS(Product Assessment for Sustainable Solutions)가 있다. TOTAL과 PASS에는 환경부와 산업통상자원부에서 ISO TS 14048의 요건에 맞게 구축한 국가 LCI 데이터베이스가 내장되어 있으며, 자체 개발한

〈LCI 데이터베이스(상위흐름)〉

INPUT			OUTPUT		
명칭	단위	투입량	명칭	단위	산출량
원유	kg	1.31	**에틸렌**	**kg**	**1.00**
흑연	kg	0.83	CO_2	kg	1.83
NG	kg	0.50	NO_x	kg	0.02
원수	kg	1.88	COD	kg	0.01
··	kg		··	kg	

×1.12

INPUT			OUTPUT		
명칭	단위	투입량	명칭	단위	산출량
원유	kg	1.53	**전기**	**kWh**	**1.00**
석탄	kg	0.41	CO_2	kg	1.11
원수	kg	0.73	NO_x	kg	0.01
석회석	kg	0.92	COD	kg	0.02
··	kg		··	kg	

×1.5

〈GtG 데이터〉

INPUT			OUTPUT		
명칭	단위	투입량	명칭	단위	산출량
에틸렌	kg	1.12	PE	kg	1.00
전기	kWh	1.50	CO_2	kg	2.13
공정수	kg	0.88	NO_x	kg	0.01
스팀	kg	1.34	COD	kg	0.01
··	kg		··	kg	

〈전과정 목록표〉

INPUT			OUTPUT		
명칭	단위	투입량	명칭	단위	산출량
원유	kg	3.76	**PE**	**kg**	**1.00**
석탄	kg	0.83	CO_2	kg	6.78
구리	kg	0.05	NO_x	kg	0.05
망간	kg	0.00	COD	kg	0.07
··	kg		··	kg	

그림 4-27 LCA 소프트웨어를 활용한 전과정 목록표 작성의 예

LCIA 방법론도 내장되어 있어서 이를 활용하여 간편하게 LCIA를 수행할 수 있다. LCA 소프트웨어 프로그램과 사용 매뉴얼은 한국환경산업기술원과 국가청정생산지원센터 홈페이지에서 다운받을 수 있다.

국제적으로 널리 사용되고 있는 LCA 소프트웨어로는 독일의 GaBi와 네덜란드의 SimaPro 등이 있다. 이들은 민간에서 개발하였으며, 소프트웨어 사용 권한을 구매한 후에 사용할 수 있다. LCI 데이터베이스 기본 패키지가 LCA 소프트웨어에 내장되어 있으며, LCI 데이터베이스가 더 필요하면 직접 구매하여 소프트웨어에 추가하여 사용할 수 있다. 기본 패키지로 내장된 데이터베이스는 Eco-invent 데이터베이스와 소프트웨어 개발사가 자체 개발한 LCI 데이터베이스 등이다. 내장된 LCI 데이터베이스의 문서화 형식은 GLAD와 LCDN 플랫폼에서 적용한 Eco-Spold 포맷과 ILCD 포맷이어서 소프트웨어를 통해 얻은 LCA 결과는 국제적으로 호환될 수 있다.

6.2.2 전과정 목록표의 해석

LCA 소프트웨어를 활용하여 계산한 전과정 목록은 기능단위를 만족시키기 위해 필요한 제품의 기준흐름과 관련된 전과정 동안의 투입물과 산출물 목록이며, 이들은 모두 기본흐름이다. 그림 4-28은 1종 포틀랜드 시멘트에 대한 전과정 목록을 도출하기 위하여 LCA 소프트웨어를 활용하여 작성한 모델링의 예이다. 원료인 석회석, 석고, 점토, 규사, 슬래그, 에너지원인 유연탄, LPG, 코크스, 정제유, 전기 그리고 음용수와 공정수에 대한 상위흐름 데이터베이스가 1종 포틀랜드 시멘트 제조공정의 투입물과 연결되고, 폐기물인 폐유의 재활용 처리에 대한 하위흐름 데이터베이스가 1종 포틀랜드 시멘트 제조공정과 연결된다. 표 4-21은 LCA 소프트웨어의 모델링을 통해 얻은 1종 포틀랜드 시멘트에 대한 전과정 목록이다. 목록표에 제시된 데이터는 방향, 그룹, 환경, 명칭, 단위, 값으로 구분된다. '방향(direction)'은 투입물과 산출물로 구분하며, '그룹(group)'은 자원(resource), 배출물(emission), 원료(raw material), 에너지(energyware), 폐기물(waste), 제품(product)으로 분류된다. '환경(environment)'은 경로를 나타내며, 자원을 채취하는 경로를 토양(soil), 대기(air), 수계(water)로 구분하며, 자연으로 버려지는 산출물의 경로도 토양, 대기, 수계로 구분한다. '환경(environment)' 분류에서 자원과 배출물은 기본

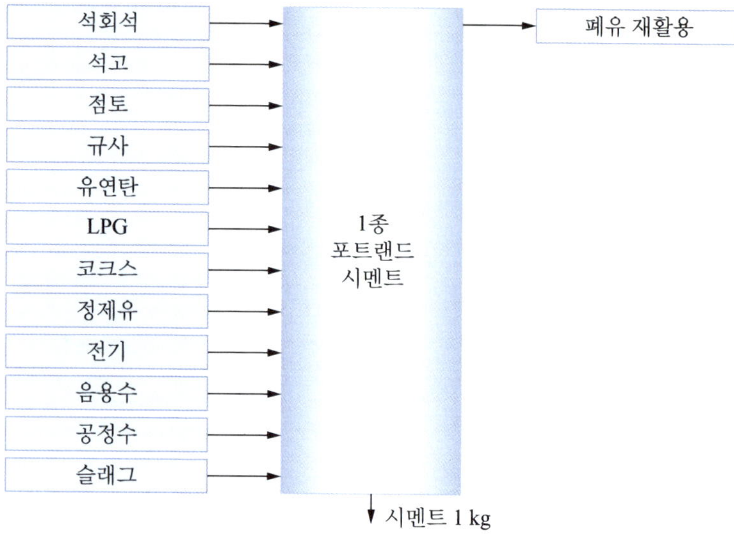

그림 4-28 LCA 소프트웨어를 활용한 모델링

흐름이며, 원료와 에너지, 폐기물은 기술계(technosphere)이므로 기본흐름이 아닌 비기본흐름임을 알 수 있다. 전과정 목록은 원칙적으로 기본흐름의 집합체이므로, 비기본흐름인 제품흐름과 중간흐름이 전과정 목록에 포함되지 않아야 한다. 하지만, 간혹 전과정 목록표에 제품흐름과 중간흐름이 남아있는 경우가 있는데, 그 이유는 LCA 소프트웨어를 활용하여 전과정 목록을 산출하는 과정에서 이들에 대한 LCI 데이터베이스가 존재하지 않아서 기본흐름으로 전환되지 못한 것들이 삭제되지 않고 남아있기 때문이다. 이들은 비록 전과정 목록에는 있지만, 기본흐름이 아니므로 LCIA 단계에서 잠재적 환경영향을 산정할 때 평가대상에 포함되지 않는다. '값(value)'에는 일반적으로 숫자가 아닌 지수가 표기된다. 지수가 표기된 이유는 데이터 값이 너무 작아서 동일 유효숫자를 갖는 숫자로 표기하기 어려울 수 있기 때문이다. 표 4-21의 가장 아래에 있는 회색박스를 보면, 그룹은 'Product'이고, 환경은 'Technosphere'이며, 명칭은 'Portland cement(I)', 단위는 'kg', 값은 '1.00E+00'로 되어있다. 즉, 1종 포틀랜드 시멘트 1 kg을 생산하는 전과정에서의 투입물과 산출물로 구성된 전과정 목록이라는 것을 의미하며, 1종 포틀랜드 시멘트 1 kg을 생산하는 전과정에서 철광석(iron ore)이 0.00035 kg 채굴되었고, 0.953 kg의 CO_2가 대기로 배출되었으며, 0.000598 kg의 황산염(SO_4^{2-})이 수계로 배출된 것임을 알 수 있다.

표 4-21 1종 포틀랜드 시멘트 1 kg에 대한 전과정 목록표

방향	그룹	환경	명칭	단위	값
Input	Resource	Soil	Gypsum	kg	2.42E−02
		Soil	Iron ore	kg	3.50E−04
		…	…		
	Raw material	Technosphere	Unspecified materials	kg	1.70E−02
	Energy ware	Technosphere	Unspecified energy	kg	1.98E−02
	…	…	…	kg	
Output	Emission	Air	Carbon dioxide	kg	9.53E−01
			Methane	kg	9.20E−04
			Nitrogen oxides	kg	1.01E−03
			Sulfur oxides	kg	3.85E−08
			…	kg	
		Water	Ammonia	kg	9.77E−06
			Nitrite	kg	1.57E−09
			Phosphorus	kg	2.73E−09
			Sulfate	kg	5.98E−04
			Total Organic Carbon	kg	1.90E−05
		…	…	kg	
	Waste	Technosphere	Hazardous wastes	kg	5.02E−03
		Technosphere	Industrial wastes	kg	3.93E−01
		…	…	kg	
	Product	Technosphere	Portland cement (I)	kg	1.00E+00

표 4-22는 LCA 소프트웨어를 활용하여 1종 포틀랜드시멘트에 대한 전과정 목록의 목록항목별로 상위흐름 및 하위흐름 단위공정들의 기여도를 보여준다. 그림 4-29는 표 4-22의 상위흐름 및 하위흐름 단위공정의 기여도 중에서 CO_2 배출에 대한 단위공정별 기여도를 도식화한 것이다. 시멘트 1 kg당 전과정에서 발생한 이산화탄소 배출량은 953 g CO_2인데, 이중 LPG 연소로 전체의 47.9%에 해당하는 456 g CO_2가 발생되고, 시멘트 제조공정 내의 킬른공정에서 전체 CO_2 발생량의 27.0%에 해당하는 257 g CO_2가 배출되며, 유연탄 제조과정에 의해서는 전체의 23.0%가 발생된다. 즉, LCI 결과로부터 시멘트 제조과정에서 연료로 인한 CO_2 배출량에 대한 기여도가 전체의 70.9%를 차지하는 것을 알 수 있다.

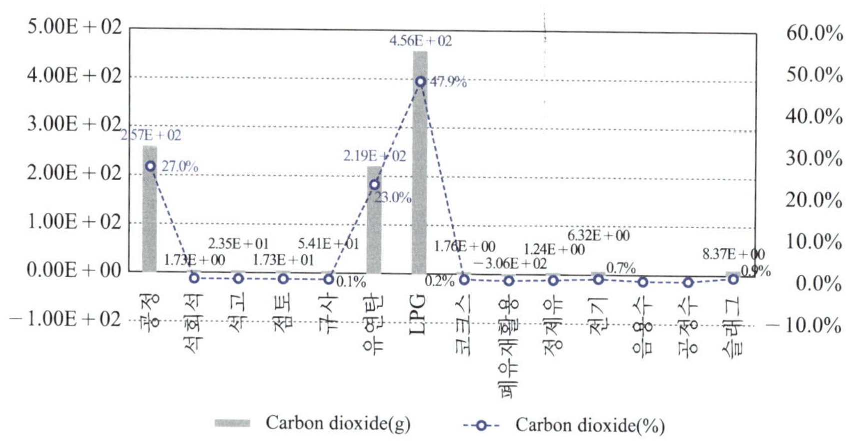

그림 4-29 1종 포틀랜드 시멘트 LCI 데이터베이스의 단위공정별 기여도 분석

표 4-22 1종 포틀랜드 시멘트 전과정 목록의 단위공정별 기여도

물질목록	경로	단위	합계	공정	석회석	석고	점토	규사	유연탄	LPG	코크스	폐유 재활용	정제유	전기	음용수	공정수	슬래그
Gypsum	Raw	kg	2.42E−02	0.00E+00	4.17E−07	2.38E−02	6.03E−07	3.88E−07	0.00E+00	0.00E+00	7.89E−07	0.00E+00	0.00E+00	3.06E−07	2.82E−14	3.78E−11	3.77E−04
Iron	Raw	kg	3.50E−04	0.00E+00	3.84E−05	4.40E−06	1.79E−05	1.28E−05	0.00E+00	0.00E+00	2.97E−05	−7.84E−08	3.74E−06	7.59E−05	1.03E−11	1.81E−09	1.67E−04
…																	
Carbon dioxide	Air	kg	9.53E−01	2.57E−01	1.73E−03	2.35E−04	1.73E−04	5.41E−04	2.19E−01	4.56E−01	1.76E−03	−3.06E−05	1.24E−03	6.32E−03	0.00E+00	0.00E+00	8.37E−03
Methane	Air	kg	9.20E−04	0.00E+00	2.88E−12	1.52E−13	3.10E−12	1.20E−12	3.33E−04	5.84E−04	8.31E−13	−7.74E−08	3.11E−06	1.49E−12	4.74E−12	2.84E−09	7.86E−12
Nitrogen oxides	Air	kg	1.01E−03	0.00E+00	3.91E−05	2.24E−06	1.09E−06	3.30E−06	5.25E−04	4.00E−04	8.08E−06	0.00E+00	0.00E+00	1.61E−05	0.00E+00	0.00E+00	1.44E−05
Sulfur oxides	Air	kg	3.85E−08	0.00E+00	2.48E−08	9.15E−10	1.15E−09	9.02E−10	0.00E+00	0.00E+00	1.01E−09	0.00E+00	0.00E+00	1.29E−09	0.00E+00	0.00E+00	8.47E−09
…																	
Ammonia	Water	kg	9.77E−06	0.00E+00	0.00E+00	0.00E+00	0.00E+00	0.00E+00	1.10E−07	9.66E−06	0.00E+00	0.00E+00	0.00E+00	0.00E+00	3.29E−13	7.72E−11	0.00E+00
Nitrite	Water	kg	1.57E−09	0.00E+00	3.22E−10	2.32E−11	2.47E−11	4.16E−11	0.00E+00	0.00E+00	8.29E−11	0.00E+00	0.00E+00	2.71E−10	0.00E+00	0.00E+00	8.01E−10
Phosphorus	Water	kg	2.73E−09	0.00E+00	5.83E−10	4.66E−11	9.21E−11	9.48E−11	0.00E+00	0.00E+00	1.05E−09	0.00E+00	0.00E+00	2.59E−10	0.00E+00	0.00E+00	6.02E−10
Sulfate	Water	kg	5.98E−04	0.00E+00	1.75E−05	2.98E−06	7.21E−06	9.94E−06	1.00E−06	4.15E−05	1.67E−05	0.00E+00	0.00E+00	3.41E−04	7.52E−13	2.16E−09	1.59E−04
Total Organic Carbon	Water	kg	1.90E−05	0.00E+00	2.20E−06	2.90E−07	3.16E−07	6.62E−07	0.00E+00	0.00E+00	9.93E−06	0.00E+00	0.00E+00	1.19E−06	1.26E−14	7.17E−12	4.43E−06

LCA 사례 오렌지 음료 (16/19)

LCA 소프트웨어를 활용하여 오렌지 음료에 대한 LCI를 수행한 결과는 표 4-23과 같다. 오렌지 음료의 기능단위당 이산화탄소 배출량은 4.03 kg인데, 생산과정에서 전체의 76.2%에 해당하는 3.07 kg이 배출되고, 사용단계에서 20.4%에 해당하는 823 g이 배출되며, 폐기단계의 기여도는 3.4%임을 알 수 있다.

표 4-23 오렌지 음료의 전과정 목록(일부)

데이터 범주	환경	물질명	단위	전과정	생산단계		사용단계		폐기단계	
					양	비율	양	비율	양	비율
Resource	Air	aluminium (Al)	kg	5.88E−11	5.88E−11	100.0%	0.00E+00	0.0%	0.00E+00	0.00%
Resource	Air	fossil energy	kg	6.61E−11	6.61E−11	100.0%	0.00E+00	0.0%	0.00E+00	0.00%
Resource	Air	natural gas	kg	6.71E−06	6.71E−06	100.0%	0.00E+00	0.0%	0.00E+00	0.00%
Emission	Air	carbon dioxide (CO_2)	kg	4.03E+00	3.07E+00	76.2%	8.23E−01	20.4%	1.37E−01	3.40%
Emission	Air	methane	kg	1.31E−02	1.24E−02	94.7%	5.96E−04	4.5%	9.93E−05	0.76%
Emission	Air	nitrogen oxides (NO_x)	kg	2.64E−02	2.41E−02	91.1%	2.01E−03	7.6%	3.36E−04	1.27%
Emission	Air	nitrous oxide(N_2O)	kg	2.61E−05	2.31E−05	88.4%	2.59E−06	9.9%	4.30E−07	1.66%
Emission	Air	sulfur dioxide (SO_2)	kg	1.77E−02	1.77E−02	100.0%	0.00E+00	0.0%	0.00E+00	0.00%
Emission	Water	ammonium (NH_4^+)	kg	3.56E−06	2.97E−06	83.4%	5.08E−07	14.3%	8.47E−08	2.38%
Emission	Water	BOD	kg	1.10E−02	1.10E−02	99.97%	2.18E−06	0.02%	3.63E−07	0.00%
Emission	Water	COD	kg	6.99E−02	6.99E−02	99.98%	1.55E−05	0.02%	2.59E−06	0.00%
Emission	Water	suspended solid (SS)	kg	2.27E−02	2.26E−02	99.81%	4.08E−05	0.18%	6.81E−06	0.03%
Emission	Water	TOC	kg	1.40E−03	1.40E−03	100.00%	1.79E−08	0.00%	2.97E−09	0.00%
Product		오렌지 음료	kg	7.50E−01						

5

Chapter

전과정 영향평가

1 개요

제4장에서는 제품시스템의 전과정 동안에 투입되고 배출된 투입물과 산출물로 인해 발생하는 환경부하량을 산정하기 위하여 단위공정별로 데이터를 수집하고 이를 토대로 전과정 목록을 작성하는 LCI의 절차를 ISO 14044:2006의 요건에 따라 설명하였다. 제5장에서는 대상 제품시스템의 전과정 동안에 발생될 수 있는 잠재적 환경영향을 LCI 결과를 토대로 평가하는 LCIA의 요건과 절차를 설명한다. LCIA는 LCA의 3번째 구성성분이며, LCI 수행을 통해 정량화된 LCI 결과, 즉 환경부하량이 환경에 미치는 잠재적 영향을 평가하는 절차이다. LCIA는 그림 5-1과 같이 ISO 14044:2006의 요건과 절차에 따라 영향범주(impact category)·범주지표(category indicator)·특성화 모델(characterization model)의 선정, 분류화(classification), 특성화(characterization), 정규화(normalization), 그룹화(grouping), 가중화(weighting)의 절차에 따라 순차적으로 수행된다. 영향범주와 범주지표 및 특성화 모델의 선정, 분류화 그리고 특성화는 반드시 수행해야 하는 의무적인 수행요소이며, 정규화와 그룹화, 가중화는 연구의 목적에 따라 선택적으로 수행할 수 있는 요소이다. LCIA의 마지막 단계인 가중화 단계까지를 모두 수행하면 LCIA의 결과로 환경지수(eco-index)와 같은 단일 지수를 얻을 수 있다.

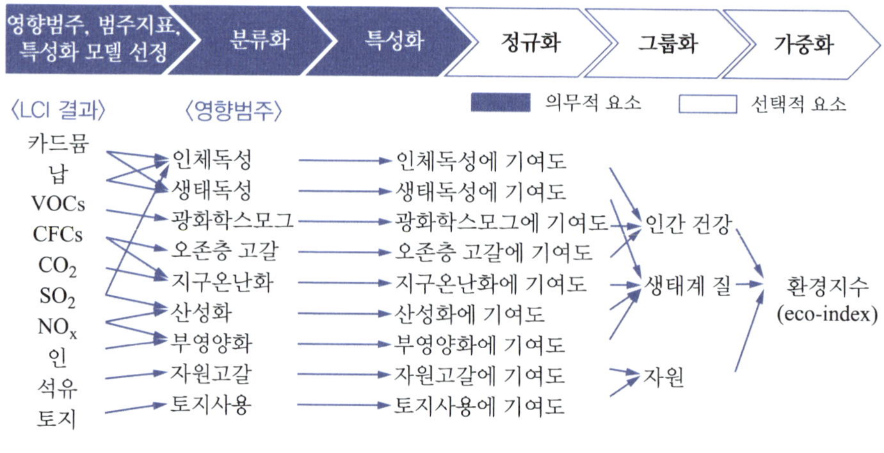

그림 5-1 전과정 영향평가 수행절차

1.1 환경부하와 환경영향

LCIA를 설명하기에 앞서 환경부하(environmental load)와 환경영향(environmental impact)의 의미와 그 관계를 설명한다. 예를 들어, 공사판에서 무거운 벽돌을 등에 지고 현장을 오르내리는 작업자가 있다고 가정하자. 매일 수차례 같은 일을 반복한다. 사람에 따라 편차가 있을 수 있지만, 작업자가 벽돌을 등에 지면 몸에 큰 부담을 느낄 것이다. 이것이 부하(load)이다. 일반인보다 매일 허리에 부담을 주므로 허리 디스크에 걸릴 가능성이 커질 것이며, 이때 허리 디스크가 발생하면 이를 영향(impact)이라고 할 수 있다. 또한, 같은 양의 일을 한 작업자라고 하더라도 그 사람의 신체 능력에 따라 허리 디스크가 생길 수 있고 그렇지 않을 수도 있으므로 이를 잠재적(potential) 영향이라고 한다. 다시 말해서 벽돌을 등에 짊어지는 부하는 원인이 되고, 허리 디스크에 걸리는 것은 결과이다. 그림 5-2를 보면 원인과 결과에 대한 인과관계를 도식화하여 설명하고 있다.

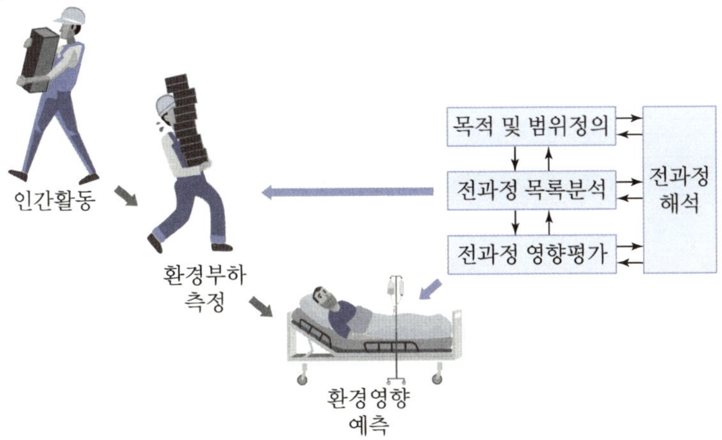

그림 5-2 환경부하(원인)와 환경영향(결과)의 관계

지구 환경영향을 원인과 결과론의 관점에서 보면, 대기로 온실가스가 지속적으로 배출되는 것은 지구에 부담을 주는 상황이므로, 이는 환경부하라 할 수 있다. 지구로 배출되는 온실가스가 지구가 허용할 수 있는 자정 능력(carrying capacity)의 범위를 넘어서면 온실효과로 인해 지구가 점차 더워져 기후생태계를 파괴한다. 이것이 지구온난화(global warming)라는 환경영향(environmental impact)이다. 즉, 지속적으로 지구대기로 온실가스를 배출하는 행위가 원인이고 이로 인해 발생한 지구온난화가 결과이다. 산성화의 예를 들어 보면, 산성화 유발물질이 호수에 배출되어도 호수의 상태가 산성, 중성, 염기성이냐에 따라 산성화가 될 수도 있고, 그렇지 않을 수도 있다. 이처럼, LCI는 제품의 전과정에서 발생한 환경부하를 정량적으로 산정하고, LCIA 단계는 발생한 환경부하로 인해 생태계와 인간에게 나타날 수 있는 결과인 잠재적 환경영향을 평가하는 것이다.

1.2 보호 대상

보호 대상(safety guard)은 우리 인류가 지구상에서 살아가는데 필요한 그래서 반드시 지켜야 할 대상이며, 이들에는 인간과 생태계, 및 자원이 포함될 수 있다(Allan A. J. 외, 1997). 보호 대상 중 첫 번째는 인간(human)이며, 보호해야 할 두 번째 대상은 인간이 살아가는데 필요한 생태계(eco-system)이다. 인간은 혼자 살 수 없고, 동물, 식물 등이 공존해야 하며, 공기와 바람, 토양 등의 생태계가 있어야 한다. 보호해야 할 세 번째 대상은 인간과 생태계를 유지하는데 필요한 물질, 에너지원 등 자원(resource)이다. 인간은 욕구 충족을 위해 다양한 활동, 특히 산업활동 등을 통해서 각종 자원과 에너지를 소비하는데, 무분별한 소비는 그 과정에서 각종 오염물질을 다량 배출하게 된다. 그 결과로, 우리 인류가 보호해야 할 대상인 자원이 점차 고갈되어 가고, 각종 유해물질로 인해 인간의 건강을 해치고, 각종 오염물질이 배출되어 생태계가 점차 파괴되고 있다. LCA는 인간활동 과정에서 사용되는 제품 또는 서비스의 전과정에서 소비되는 자원과 배출되는 오염물질들이 보호 대상인 인간과 생태계, 자원에 얼마나 영향을 미칠 수 있는지를 평가하는 방법이다.

1.3 중간점 영향과 종말점 영향

환경영향을 평가하는 방법은 적절한 지표를 사용하여 간접적으로 평가하는 방식과 오랫동안의 역학조사를 통해 실제에 가까운 피해 정도를 평가하는 방식으로 구분할 수 있다. 전자를 중간점(mid-point) 영향평가라 하고 후자를 종말점(end-point) 영향평가라고 한다(Ellen M., 2021). 그림 5-3은 지하수로 유입된 유해화학물질이 호수로 흘러나와 호수의 유해화학물질 농도가 높아지게 되면 물고기가 죽기 시작하고 어획량이 감소되며, 결국에는 어종이 멸종하는 지경에까지 이르게 되는 수생 생태독성에 대한 가상의 예이다. 지하수로 유해화학물질이 유입된 것이 원인이 되어 최종적으로 어종자원의 멸종이 종말점 영향이다. 유해화학물질이 종말점 영향인 어종자원의 멸종과의 정확한 인과관계는 그 원인과 경로가 복잡하여, 정확한 산정을 위한 역학조사를 하는 것이 매우 어렵다. 반면에, 어종이 멸종할 가능성을 예측하는 지표인 독성물질의 농도 변화를 측정하는 중간점 영향평가는 상대적으로 용이할 수 있다.

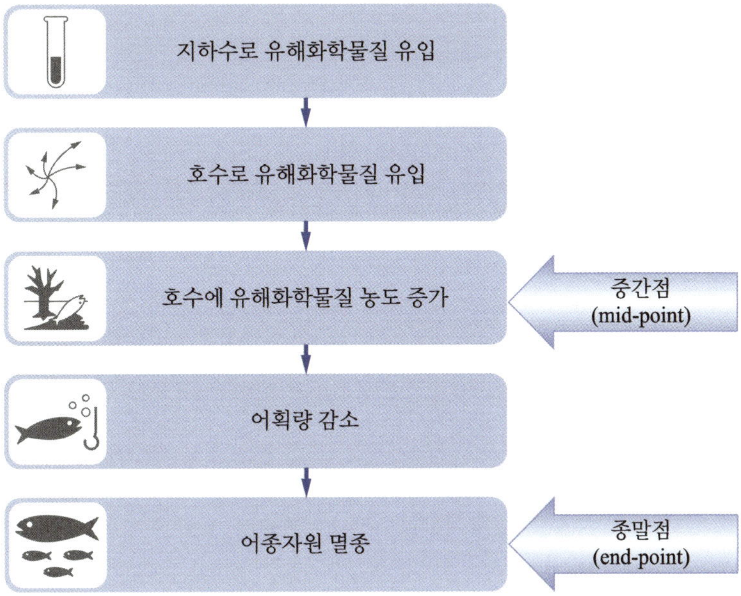

그림 5-3 중간점과 종말점 환경영향의 차이
[출처] Pré-Consulting 홈페이지의 내용을 저자가 수정

그림 5-3의 수생 생태독성에 대한 예를 보다 포괄적으로 확대하여 지구온난화, 산성화 등 다양한 환경영향들에 대한 중간점과 종말점 영향을 도식화한 것이 그림 5-4이다. LCIA에서 영향범주별로 잠재적 환경영향을 평가할 범주

지표로 어느 수준의 지표를 적용하느냐에 따라 중간점 수준의 영향이 평가될 수도 있고, 또는 종말점 수준의 영향이 평가될 수도 있다. 영향 범주에 대하여 중간점 수준의 영향평가를 위해 선정한 범주지표 결과를 계산하기 위해서는 각 지표에 대하여 목록항목별로 특성화 인자를 개발하여 적용하는데, 그 방법이 상대적으로 적용하기 간편하여 범용적으로 활용될 수 있다. 반면에 중간점 수준의 환경영향은 인체와 생태계, 자원 등에 미칠 실제 환경영향에 근접한 결과를 산출하기 어려운 측면이 있다.

종말점 수준의 잠재적 환경영향을 평가할 때 적용되는 종말점 수준의 범주지표 결과의 계산을 위해 필요한 목록항목별 특성화 인자는 특성화 인자의 개발은 그 복잡성으로 인해 신뢰도가 중간점 수준보다 부족하다고 할 수 있다. 반면에, 종말점 수준의 영향평가 결과는 실제 발생되는 환경피해에 근접한 결과를 산출할 수 있으므로 상대적으로 공감대를 얻기가 쉽다. 이처럼 중간점 수준의 범주지표와 종말점 수준의 범주지표를 활용한 잠재적 환경영향의 결과는 장단점이 확실하므로, LCA 또는 LCIA의 목적 및 용도에 따라 적절한 방법을 선정해야 한다. 일반적으로 EPD 인증제도에서는 범주지표 계산을 위한 특성화 인자 개발의 과학적인 기반과 신뢰도가 상대적으로 높은 중간점 수준의 범주지표와 특성화 인자를 활용하는 경우가 많다.

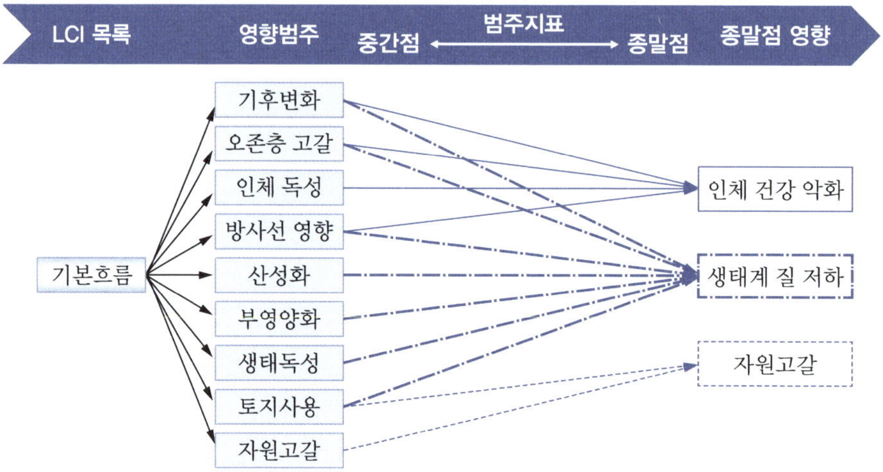

그림 5-4 LCI 목록과 중간점 영향, 종말점 영향간 관계

표 5-1 영향범주별 중간점 및 종말점 수준의 범주지표의 예

영향범주	범주지표	
	중간점 수준(mid-point)	종말점 수준(end-point)
기후변화	적외선 강도, 온도, 해수면 높이	기대수명, 산호초 개체수, 식물 개체수, 작물 수확량
오존층 파괴	UV-B 방사선	피부건강, 해양생물다양성, 작물 수확량
산성화	양성자 배출, pH, 염기 - 양이온 수준, Al/Ca 비율	숲 생물다양성, 목재생산량, 어획량
부영양화	다량 영양소(질소, 인) 함량	토양 및 수생생태계 생물다양성
인간독성	독성물질 농도, 인체노출량	인체건강(장기기능, 기대수명, 질병 일수)
생태독성	환경에서 독성물질 농도 또는 생체 이용률	식물과 동물종 개체수

표 5-1은 ISO TR 14047에 소개된 영향범주별 중간점 수준과 종말점 수준의 범주지표의 예이다. 기후변화 영향범주의 경우에 적외선 강도 또는 온도, 해수면 높이 등의 지표를 통해 중간점 수준의 기후변화를 간접적으로 평가할 수 있다. 또한, 기후변화로 인한 최종피해 영향인 사람의 기대수명, 산호초의 개체수, 식물 개체수, 작물 수확량이 줄어든 정도는 종말점 수준의 지표로 활용될 수 있다. 오존층 영향과 산성화, 부영양화, 인간독성, 생태독성 등의 영향범주에 대한 중간점 수준과 종말점 수준의 범주지표들도 보여주고 있다.

2 영향범주 · 범주지표 · 특성화 모델의 선정

LCIA 수행절차의 첫 단계는 연구의 목적에 맞게 범위정의 단계에서 선정한 영향범주들에 대하여 적절한 LCIA 방법론을 선택하고 영향범주별로 범주지표, 특성화 모델 등을 선정하는 것이다. 표 5-2는 ISO TR 14047에 수록된 영향범주들에 대해서 범주지표와 특성화 모델, 특성화 인자, 범주지표 결과 등에 대한 예를 보여주고 있다. 화석연료에 대한 자원고갈의 영향범주를 예로

들면, 환경부하인 LCI 결과는 기능단위당 화석연료별 채굴량이고, 범주지표는 누적에너지요구량(cumulative energy demand, CED)이, 특성화 인자로는 화석연료별 단위무게당 저위발열량(MJ)이 사용될 수 있다.

표 5-2 영향범주별 범주지표와 특성화 모델, 특성화 인자, 범주지표 결과의 예시

영향범주	자원고갈 (화석연료)	자원고갈 (광물)	기후변화	오존층 파괴	부영양화	생태독성
LCI 결과	기능단위당 화석연료별 채굴량	기능단위당 자원 채굴량	기능단위당 온실가스 배출량	기능단위당 오존층 파괴 기체 배출량	기능단위당 영양염류 배출량 (N, P)	기능단위당 대기, 수계, 토양으로 유기물 배출량
범주지표	누적에너지 요구량 cumulative energy demand	정적 희소성 모델 static scarcity model	적외선 복사강도 (W/m^2)	성층권 오존파괴 증가	영양염류 축적량 증가량을 바이오매스의 N/P 상당가로 나눈 값	예견된 무독성농도 (PNEC) 대비 예견된 환경농도증가량
특성화 모델	연료별 에너지 함량	광석에서 소재 채굴량	IPCC 모델 (지속기간 100년)	WMO 모델	CmL 모델	USES 모델
특성화 인자	화석연료별 단위무게당 저위발열량	예상자원공급 가능량 대비 현재 채굴량	온실가스별 지구온난화 잠재력 (kg CO_2-eq. /kg 배출)	정상상태에서 오존고갈잠재성 (kg CFC-11-eq. /kg 배출)	부영양화 잠재성 (kg PO_4^{3-}-eq. /kg 배출)	생태독성 잠재성 (kg 1,4-dichloro benzene-eq. /kg 배출)
범주지표 결과	기능단위당 총저위발열량 (MJ)	기능단위당 자원 공급가능량 대비 총채굴량	총 kg CO_2 상당량	총 kg CFC-11 상당량	총 kg PO_4^{3-} 상당량	kg 1,4-dichloro benzene 상당량
범주 종말점	난방, 이동	자원의 이용가능성	기대수명 감소, 산호초 개체수 감소, 곡물 수확량 감소	질병 일수, 해양 생산성 감소, 곡물 수확량 감소	생물다양성 감소, 녹조 성장	생물다양성 감소
환경 관련성	에너지 위기에 따른 각종 문제	자원고갈에 따른 각종 문제		UV-B 방사선 수준과 피해간 경험·실험적 연계		

2.1 영향범주

제3장 목적 및 범위정의의 '3.6 영향평가 방법론'에 소개한 표 3-8의 LCIA 방법론 비교에서 보는 바와 같이, LCIA 방법론에 따라 고려하는 영향범주들의 범위는 각기 다를 수 있다. 아래에 EU PEF 프로그램에서 권고하는 LCIA 방법론인 EF 3.0에 포함된 16대 영향범주에 대해 설명한다(Fazio, S. B. 외, 2018).

(1) 자원고갈: 화석연료(resource depletion: fossil fuels)

지구상에 존재하는 석탄과 석유, 가스와 같은 재생 불가능한 고갈성 자원은 그 양이 한정되어 있다. 대량생산과 대량소비로 인해 고갈성 자원을 채취하면 미래세대가 사용할 수 있는 자원의 이용성에 영향을 줄 수 있으므로 이를 화석연료 자원고갈의 영향범주로 정의한다.

(2) 자원고갈: 광물(resource depletion: minerals and metals)

지구상에 존재하는 광물, 금속과 같은 재생 불가능한 고갈성 자원은 그 양이 한정되어 있다. 대량생산과 대량소비로 인해 고갈성 자원을 채취하면 미래세대가 사용할 수 있는 자원의 이용성에 영향을 줄 수 있으므로 이를 광물 자원고갈의 영향범주로 정의한다.

(3) 수자원고갈(resource depletion: water)

호수와 강, 지하수 등 수자원을 무분별하게 추출하면 가용한 물이 고갈되는데 이를 수자원고갈이라는 영향범주로 정의한다.

(4) 기후변화(climate change)

인간 활동으로 인해 CO_2와 같은 온실가스가 대기 중으로 배출되어 대기 중의 온실가스 농도가 증가하면 온실효과로 인해 예기치 못한 각종 기상이변 등이 발생하는데 이를 기후변화 영향범주로 정의한다.

(5) 오존층 파괴(ozone depletion)

성층권의 오존층은 우주에서 지구로 들어오는 자외선으로부터 인간을 보호한다. 하지만 염화불화탄소(CFCs)와 같은 프레온 가스가 대기 중으로 이동하여 성층권 오존층을 파괴할 수 있으므로, 이를 오존층 파괴 영향범주로 정의한다.

(6) 산성화(acidification)

발전, 난방, 운송과정에서 발생한 황산화물(SO_x)과 질소산화물(NO_x)이 대기, 물, 토양으로 흘러가면서 주위를 산성화시켜 산성비가 내리거나 호수 및 토양의 산성화로 동식물에 영향을 미치고 건축물의 수명이 감축되며, 침엽수림의 감소와 어류 사망률이 증가하는 등의 영향이 발생하는데, 이를 산성화 영향범주로 정의한다.

(7) 토양 부영양화(eutrophication, terrestrial)

비료 생산과 연소과정 등에서 발생한 질소(N)와 인(P)과 같은 영양염류가 토양으로 침투하여 토양 속 영양염류의 성장을 촉진시켜 원래 생태계의 성장을 제한할 수 있으므로 이를 토양 부영양화 영향범주로 정의한다.

(8) 상수 부영양화(eutrophication, aquatic freshwater)

비료 생산과 연소과정 등에서 발생한 질소(N)와 인(P)과 같은 영양염류가 호수, 강으로 유입되어 미생물의 먹이가 되어 미생물이 과다로 성장함으로써 수중의 용존산소량이 감소되어 생태계를 파괴시키며, 호수, 강, 바다에서 부패로 인한 악취를 발생시킬 수 있으므로 이를 상수 부영양화 영향범주로 정의한다.

(9) 해양 부영양화(eutrophication, marine)

비료 생산과 연소과정 등에서 발생한 질소(N) 등의 영양염류가 바다로 유입되어 해양 미생물의 먹이가 되어 이들의 증식을 초래하여 기존 해양 생태계의 성장을 제한할 수 있는 영향으로 이를 해양 부영양화 영향범주로 정의한다.

(10) 인체 발암(human toxicity, cancer)

생산과 운송 등의 과정에서 발생한 각종 오염물질이 흡입, 섭취, 피부접촉 등의 경로를 통해 우리 몸으로 흡수되면서 암을 유발시킬 수 있는데, 이를 인체 발암 영향범주로 정의한다.

(11) 인체 비발암(human toxicity, non-cancer)

생산과 운송 등의 과정에서 발생한 각종 오염물질이 흡입, 섭취, 피부접촉 등의 경로를 통해 우리 몸으로 흡수되면서 암 이외의 질환을 유발시키는 영향으로, 이를 인체 비발암 영향범주로 정의한다.

(12) 수생 생태독성(eco-toxicity, freshwater aquatic)

인간활동에서 발생한 각종 독성물질이 생태계의 유기체에 축적되어 개별종 또는 생태계의 기능을 손상시킬 수 있는데, 이를 수생 생태독성 영향범주로 정의한다.

(13) 광화학 오존 형성(photo-chemical ozone formation)

성층권의 오존은 인간을 보호하지만, 대류권의 오존은 해롭다. 즉, 대류권에 존재하는 오존이 동식물의 유기화합물을 공격하고 여름 스모그로 호흡기 질환이 증가할 수 있는데, 이를 광화학 오존 형성 영향범주로 정의한다.

(14) 토지이용(land use)

농업, 도로, 주택, 광업 또는 기타 목적을 위해 토지를 사용하거나 변형함으로써 생물종이 손실되고 토양의 유기물 함량이 손실되며 토지 자체에 침식되어 손실될 수 있는데, 이를 토지이용 영향범주로 정의한다.

(15) 미세먼지 영향(particulate matter effects)

대기 중으로 방출된 입자크기 10 μm 미만의 미세먼지 및 NO_x, SO_x와 같은 전구체로 인해 호흡기 질환과 같은 인체 건강의 악화를 초래할 수 있는데, 이를 미세먼지 영향의 영향범주로 정의한다.

(16) 이온화방사선 영향(ionizing radiation effects)

원자력 발전소 사고와는 달리 정상적으로 방출된 이온화방사선이 인체 건강에 영향을 미칠 수 있는데, 이를 이온화방사선 영향범주로 정의한다.

2.2 범주지표

LCI 결과를 환경적인 관점으로 평가하기 위해서는 영향범주별로 환경영향을 평가할 수 있는 측정기준이 필요한데, 이를 범주지표라고 한다. ISO 14044:2006은 범주지표를 영향범주의 정량적인 표현이라고 정의하고 있으며, 한 영향범주에 대한 범주지표는 적용되는 특성화 모델에 따라 다르게 선정될 수 있다. 그림 5-5는 산성화 영향범주에 대한 범주지표 선정의 예이다. SO_2, HCl과 같은 산성화 유발물실이 환경으로 배출되어 산성화 영향을 발생시길 가능성을 측정하는 범주지표의 예로는 H^+-eq., 즉 수소이온(H^+)의 배출량이 선정되었음을 보여준다.

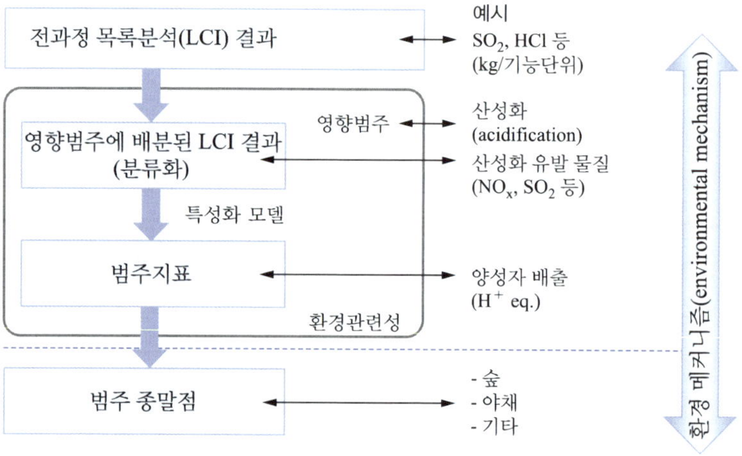

그림 5-5 산성화에 대한 범주지표의 예

표 5-3은 EF 3.0 방법론에 포함된 16대 영향범주에 대한 범주지표의 예이다. 화석연료의 사용에 의한 자원고갈은 사용된 자원들의 함유 에너지양(MJ)을 범주지표로 사용하고 있고, 광물 사용에 의한 자원고갈은 안티몬(Sb) 1 kg을 채취할 때의 자원고갈 영향을 1로 볼 때, 다른 광물자원의 채굴에 따른 자원고갈 영향을 Sb에 대한 상당가로 범주지표를 사용한다. 수자원고갈의 범주지표는 해당 지역에서 사용한 수자원 종류별로 수자원별 고갈성을 고려한 지수를 곱하여 수자원 사용량인 m^3 상당가로 표시한다. 기후변화와 오존층 파괴 영향범주들에 대한 범주지표들의 기준물질은 CO_2와 CFC-11이므로, 온실가스들과 오존층 파괴 배출물들의 배출량을 각각 CO_2와 CFC-11 상당가로 표시한다. 산성화와 토양 부영양화, 상수 부영양화, 해양 부영양화의 범주지표는 채취한 시료에 수소 이온과 질소 성분, 인 성분 등이 몇 몰이 함유되어 있는지를 나타내는 mol H^+, mol N, mol P, mol N 상당가로 표시한다. 발암과 비발암에 대한 인체독성을 평가하는 범주지표인 CTUh(Comparative Toxic Unit for human, 인체독성 비교단위)는 배출된 화학물질의 단위질량당 총인구의 이환율(morbidity) 예상 증가율을 의미한다. 수생 생태독성에 대한 범주지표인 CTUe(Comparative Toxic Unit for eco-toxicity, 생태독성 비교단위)는 방출된 화학물질의 단위질량이 미칠 수중의 부피와 시간에 따라 대표 종의 총개체수 중에서 잠재적으로 영향을 받을 수 있는 개체수의 예상 비율을 의미한다. 광화학 오존생성에 미치는 환경영향의 평가에 사용되는 범주지표는 NMVOC (Non-Methane Volatile Organic Compound, 비메탄계 휘발성 유기화합물)이며, 토지이용은 토양 내 탄소축적량을 범주지표로 적용한다. 미세먼지 영향은 입자크기(Particulate Matter, PM) 2.5 μm 상당가로 표시하며, 이온화방사선 영향은 은회색의 방사성 금속원소인 우라늄(U) 상당가를 사용한다. 그러나, 앞에서 설명한 바와 같이 악영향 범주에 대해서도 선정된 LCIA 방법론과 특성화 모델에 따라 다른 범주지표가 사용될 수 있음을 유의해야 한다.

표 5-3 EF 3.0 방법론의 영향범주별 범주지표

영향범주	범주지표	영향범주	범주지표
자원고갈(화석연료)	MJ	부영양화(해양)	kg N-eq.
자원고갈(광물)	kg Sb-eq.	인체독성(발암)	CTUh
자원고갈(수자원)	m^3	인체독성(비발암)	CTUh
기후변화	kg CO_2-eq.	수생 생태독성	CTUe
오존층 파괴	kg CFC-11-eq.	광화학 오존생성	kg NMVOC-eq.
산성화	mol H^+-eq.	토지이용	kg C deficit
부영양화(토양)	mol N-eq.	미세먼지 영향	kg $PM_{2.5}$-eq.
부영양화(상수)	kg P-eq.	이온화방사선 영향	kBq U^{235}-eq.

표 5-3에서 제공하고 있는 범주지표들 중 3개 자원고갈 범주와 토지이용 범주의 범주지표를 제외한 나머지 12개 범주의 범주지표들은 배출물과 관련되어 있으며, 중간점 수준의 환경영향을 나타내는 지표들이다. 그림 5-6은 환경으로 배출된 물질에 대하여 경로분석, 노출분석, 효과분석, 환경피해 산정을 동해 인체와 환경에 미치는 영향을 단계적으로 평가하는 세부적인 과정을 보여주며, 각 분석절차별로 적용한 영향범주도 열거하였다(Nurul U.M. 외, 2021). 경로분석 단계에서 주로 적용되는 범주지표는 중간점 수준의 지표이고, 환경피해 산정의 단계에서 적용되는 범주지표는 종말점 수준의 지표라고 할 수 있다. 많은 경우에, 기후변화와 산성화, 부영양화 영향범주는 중간점 수준에 근접한 범주지표를 주로 사용하고, 인체독성과 생태독성에 대한 영향범주는 종말점 수준에 근접한 범주지표를 사용한다.

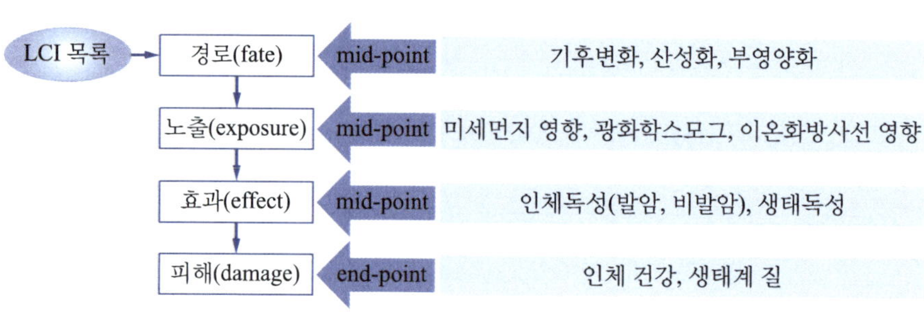

그림 5-6 영향범주별 범주지표 수준

2.3 특성화 모델

특성화 모델은 한 영향범주로 분류된 LCI 목록항목의 투입물과 배출물들을 그 영향범주의 범주지표 결과로 전환시키기 위해 필요한 특성화 인자(characterization factor, CF)의 개발을 위해 사용되는 방법론이다. 특성화 모델은 중간점 수준 또는 종말점 수준의 평가방법론을 선택할 수 있으며, 그에 따라 범주지표와 특성화 인자가 달라질 수 있다. 그림 5-7은 기후변화 유발물질들에 대하여 중간점 수준의 특성화 모델을 사용하여 특성화 인자를 산출하는 것을 보여주고 있는데, IPCC 2013 특성화 모델은 중간점 수준의 특성화 모델이며, 이에 따라 CO_2 상당가로 범주지표가 적용되었다.

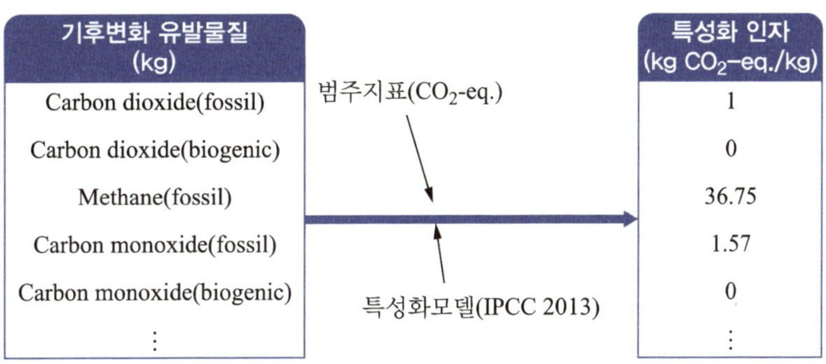

그림 5-7 기후변화 범주지표와 특성화 모델(IPCC 2013), 특성화 인자

표 5-4는 표 5-3에서 보여준 EF 3.0의 영향범주별로 선정된 범주지표를 계산하기 위해 각각 적용한 특성화 모델이다. 영향범주별 특성화 모델은 국제적으로, 과학적으로 검증된 모델링 방법을 활용하여 자원 또는 화석연료의 채취 등으로 인한 자원고갈에 미치는 영향이나 각종 배출물이 환경으로 배출되어 영향범주에 미치는 환경영향을 평가하기 위해 각 자원 또는 배출물에 대한 특성화 인자를 산정한다.

표 5-4 EF 3.0 방법론의 영향범주별 특성화 모델

영향범주	특성화 모델
자원고갈(화석연료)	Van Oers et al 2002
자원고갈(광물)	Van Oers et al 2002
자원고갈(수자원)	AWARE, 2016
기후변화	IPCC, 2013 + adaptations
오존층 파괴	WMO, 2014 + integrations
산성화	Seppälä et al 2006, Posch et al 2008
부영양화(토양)	Seppala et al 2006, Posch et al 2008
부영양화(상수)	ReCiPe2008 (EUTREND model -Struijs et al 2009b)
부영양화(해양)	ReCiPe2008 (EUTREND model -Struijs et al 2009b)
인체독성(발암)	USEtox® 2.1 (Rosenbaum et al 2008)
인체독성(비발암)	USEtox® 2.1 (Rosenbaum et al 2008)
수생 생태독성	USEtox® 2.1 (Rosenbaum et al 2008)
광화학 오존생성	Van Zelm et al 2008 as applied in ReCiPe2008
토지이용	LANCA (as in Bos et al., 2016)
미세먼지 영향	Fantke et al. (2016) in UNEP (2016)
이온화방사선 영향	Frischknecht et al 2000

※ IPCC(기후변화에 관한 정부간 협의체), WMO(세계기상기구), LANCA(LANd use indicator value CAlculation, 토지이용지표값 계산)

(1) 특성화 인자

영향범주별로 분류된 목록항목들을 각 영향범주의 범주지표 결과로 환산하기 위해서는 특성화 인자가 필요하며, 이는 특성화 모델을 통해서 산정된다. ISO 14044:2006에서는 특성화 인자를 LCI 목록에 있는 특정 목록항목에 대한 부하량을 범주지표 결과로 전환하기 위해 특성화 모델에서 유도된 인자라고 정의한다. 특성화 인자의 개발 주체는 일반적으로 국제기구, 국가연구기관 또는 학술단체 등 공적인 성격을 가진 기관이며, 특성화 인자는 객관적이고 과학적인 절차를 통해 산정되며, 그 신뢰도가 높아야 한다.

(2) 자원고갈

자원고갈과 관련된 영향범주들은 화석연료, 광물, 수자원고갈 범주이며, 이들을 무생물자원고갈이라고 한다. 자원고갈에 관련 영향범주들에 대한 범주지

표 결과의 산정을 위해 적용되는 특성화 인자를 개발하는 방식에는 다음과 같은 네 가지 방식이 있다.

① 매장량 기준 접근법

매장량 기준 접근법(Reserve-based approach)은 채굴 가능한 매장량이 많을수록 자원고갈 가능성은 낮다라는 개념을 적용한다. 자원고갈 관련 특성화 인자인 ADP(Abiotic resource Depletion Potential)를 산출하는 방식은 기준물질의 자원고갈 가능성 대비 i 물질의 자원고갈 가능성으로 나타내는 상응 인자(equivalency factor)법을 적용한다. 아래 관계식의 분모는 기준물질의 매장량(R_{ref})의 역수이고, 분자는 i 자원의 매장량(R_i)의 역수이다. 분모와 분자의 단위는 '1/kg'이므로 ADP의 단위는 무차원이다. 이 방식은 실제 채굴량이 고려되지 않아 실효성이 떨어지는 단점이 있다.

$$ADP_i = \frac{(1/R_i)}{(1/R_{ref})}$$

② 채굴률 기준 접근법

채굴률 접근법(Reserve-to-Use approach)은 매장량 기준 접근법에 채굴량을 반영하여 보완한 상응 인자법이다. i 자원의 매장량 대비 실제 채굴량(U_i)을 고려하여 자원고갈 잠재성을 보다 현실화하였다. 분모는 기준물질의 채굴률이고, 분자는 i 자원의 채굴률이다. 분모와 분자의 단위는 '1/year'으로 같아 채굴률 기준 접근법에 따른 ADP의 단위는 무차원이다. 이 방식도 분자의 i 자원의 무게 또는 부피가 크면 상대적으로 ADP가 클 수 있다는 한계가 있다.

$$ADP_i = \frac{(U_i/R_i)}{(U_{ref}/R_{ref})}$$

③ 변형된 채굴률 기준 접근법

매장량 기준과 채굴률 기준을 병행하여 문제점을 보완한 상응 인자법으로 i 자원의 ADP를 산출하는 식은 다음과 같다(L. van Oers. 외, 2002).

$$ADP_i = \frac{(U_i/R_i^2)}{(U_{ref}/R_{ref}^2)}$$

분모와 분자의 단위는 '1/kg · year'이며, ADP의 단위는 무차원이다. 현재는 이 방식이 가장 범용적으로 적용되고 있다.

④ 잉여 에너지 접근법

앞의 세 가지 접근법과는 달리 화석연료 또는 광물에 대한 매장량과 채굴량의 관점이 아닌 이들을 채굴하는데 필요한 에너지양의 관점으로 접근한다 (Harry Baayen, 2000). 매장량이 적은 희소자원은 채굴에 필요한 에너지가 매장량이 많은 자원보다 상대적으로 많이 들 수 있고, 매장량이 많더라도 지표면에 인접한 곳에서 이미 많이 채굴하여 남은 자원을 채취하기 위해서는 지하 깊숙이 이동하여 상대적으로 많은 에너지를 소비해야만 자원을 채굴할 수 있다. 이처럼 자원을 채굴하는데 필요한 에너지양을 기준으로 자원고갈 잠재성을 평가한 방법이 잉여 에너지법(surplus energy approach)이다. 일반적으로 광물의 특성화 인자 단위는 광물 1 kg당 잉여 에너지양(MJ)이며, 화석연료의 특성화 인자 단위는 화석연료 1 m^3 또는 1 MJ당 잉여 에너지양(MJ)으로 표현된다.

(3) 배출물 관련 영향범주

표 5-4에서 배출물 관련 영향범주들은 기후변화, 오존층 파괴, 산성화, 부영양화, 인체독성, 생태독성, 광화학 오존생성, 미세먼지 영향, 이온화방사선 영향 등이다. 이들이 범주에 대한 지표 결과를 산출하기 위해 사용되는 특성화 인자는 상응 인자법을 활용하여 산정한다. 아래의 식과 같이 상응 인자법은 i 영향범주에 영향을 미치는 목록항목 중 기준물질(reference, ref)이 i 영향범주에 미치는 영향정도(IP, impact potential)를 "1"로 볼 때, j 목록항목이 i 영향범주에 미치는 영향 정도로 표시된다.

$$CF_{i,j} = \frac{IP_{i,j}}{IP_{i,ref}}$$

그림 5-7에서 기후변화 유발물질인 일산화탄소와 메탄의 기후변화 잠재성은 각각 1.57과 36.75인데, 이는 화석연료의 연소로 배출된 CO_2 1 kg이 기후

변화에 미치는 영향을 1로 간주할 때, 화석연료의 연소과정 등에서 발생한 CO 1 kg과 CH_4 1 kg이 기후변화에 미치는 영향은 각각 CO_2의 1.57배와 36.75배라는 것을 의미한다. 표 5-3에서 보는 바와 같이, 자원고갈(광물)의 기준물질은 Sb(안티몬)이고, 오존층 파괴의 기준물질은 CFC-11(삼염화불화탄소)이며, 산성화는 H^+(수소이온), 부영양화(토양)과 부영양화(해양)은 N(질소), 부영양화(상수)는 P(인), 광화학 오존생성은 NMVOC(비메탄계 휘발성 유기화합물), 미세먼지 영향은 $PM_{2.5}$, 이온화방사선 영향은 U^{235}(우라늄)이다.

3 분류화

분류화는 그림 5-8과 같이 기본흐름으로 구성된 LCI 목록의 투입물 및 산출물 항목들을 관련 있는 영향범주로 분류시키는 과정이다. 이 과정은 많은 LCI 목록항목들과 환경영향범주 간의 연계성을 고려하여 배정하게 된다.

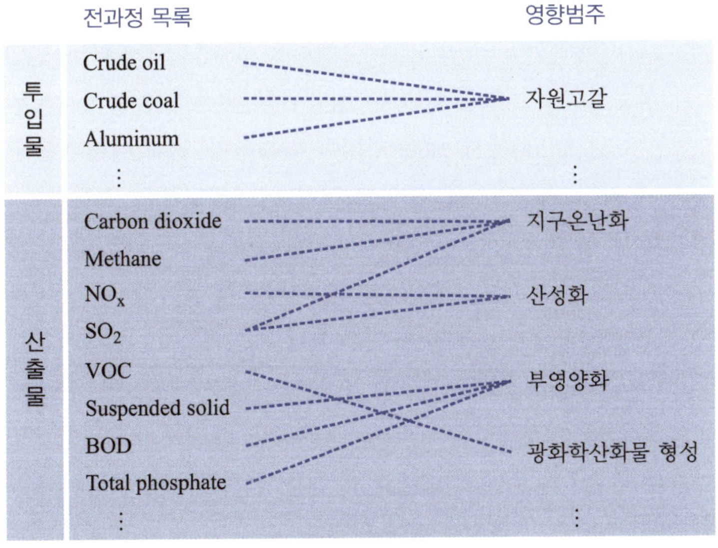

그림 5-8 전과정 목록과 영향범주간 연결(분류화)

3.1 영향범주에 목록항목 분류

분류화 단계는 목록항목들과 영향범주들 사이의 인과관계를 고려하여 특정 영향범주에 영향을 미치는 목록항목을 규명하고 분류하는 과정이다. LCI 결과로 얻어진 목록항목들을 영향범주별로 분류시키는 과정에서 하나의 목록항목이 특정 영향범주에만 관련이 되는 경우, 그 목록항목에 대한 배출량의 전부를 해당 영향범주에 다 분류하면 된다. 하지만, 많은 경우에 한 목록항목이 여러 영향범주와 관련이 있을 수 있는데, 이는 병렬구조와 직렬구조 메커니즘으로 설명할 수 있다. 병렬구조는 특정 목록항목이 복수의 영향범주에 동시에 영향을 일으킨다는 것을 전제로 만든 구조이고, 직렬구조는 목록항목이 다른 매체로 이동하는 과정에서 서로 다른 환경영향을 차례대로 발생시키는 것을 말한다. 그림 5-9(a)와 그림 5-9(b)는 ISO TR 14047에서 소개된 병렬적/직렬적 환경영향의 연계 메커니즘을 보여준다. 그림 5-9(a)을 보면, 대기 중으로 배출된 SO_2는 일정 공간에서 일정 농도 이상이 되고, 이것이 에어로졸 상태가 되면 산성화와 기후변화, 인체독성과 같은 환경영향들을 동시에 일으킬 수 있다. 그림 5-9(b)는 스프레이와 같은 프레온 가스(CFC)가 들어있는 제품을 사용하여 대기 중으로 배출된 CFC는 대류권으로 이동한 후에 기류를 타고 성층권으로 이동한다. 이 과정에서 대류권에 머무른 CFC는 대류권으로 들어오는 적외선의 출입을 막는 역할을 하여 기후변화의 원인을 제공하게 되고, 성층권으로 이동한 CFC는 성층권의 오존층을 파괴시키는 원인을 제공한다.

그림 5-9(a)에서 보는 병렬적 환경영향 연계 메커니즘과 같이, 한 목록항목이 여러 영향범주에 동시에 분류되는 경우에는 그림 5-6의 경로분석을 활용하여 그 목록항목이 영향범주별로 관련된 비율에 따라 배출량을 영향범주들 사이에 배분하는 것이 맞다. 그러나, 한 목록항목이 여러 영향범주별로 환경영향을 일으키는 비율을 명확하게 분석하는 것이 현실적으로 매우 어려운 일이다. 따라서, 현재는 최악의 상황을 가정하여 목록항목에 대한 배출량 전부를 관련 영향범주들 모두에 배분한다. 그림 5-9(b)의 직렬적 메커니즘과 같이 여러 영향범주에 차례대로 영향을 일으킬 때도 목록항목의 영향범주별 연관성 비율을 규명하는 것이 어렵다. 따라서, 역시 최악의 상황을 가정하여 전체 배출량이 지속적으로 모든 영향범주에 순차적으로 영향을 미치는 것으로 가정한다.

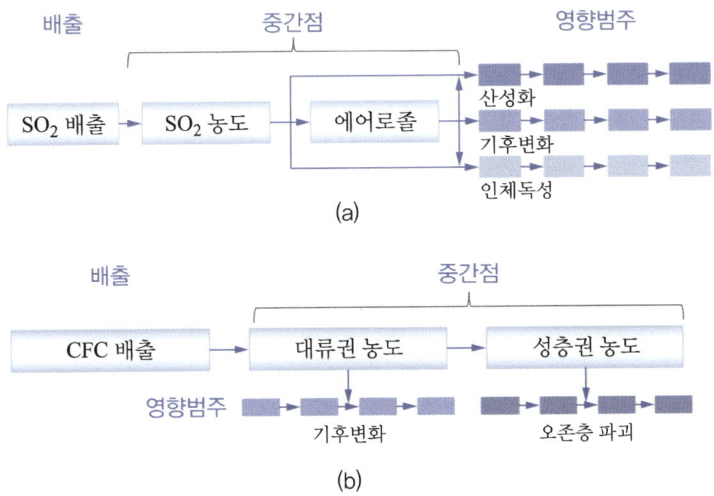

그림 5-9 환경오염물질의 병렬적(a), 직렬적(b) 환경영향 연계 메커니즘

표 5-5 영향범주별로 분류된 목록항목

영향범주	목록항목
기후변화	**Carbon dioxide(CO_2)**, Methane(CH_4), Nitrous oxide(N_2O), HFC-134a (CH_2FCF_3), Sulphur hexafluoride(SF_6), Perfluoromethane(CF_4)
오존층 파괴	**CFC-11**, HALON-1301, 1,1,1-Trichloroethane, Methyl chloride, Methyl bromide, Tetrachloromethane
산성화	**Sulfur dioxide(SO_2)**, Hydrogen chloride(HCl), Hydrogen fluoride(HF), Ammonia(NH_3), Hydrogen sulfide(H_2S), Nitrogen dioxide(NO_2)
부영양화	**Phosphate(PO_4^{3-})**, Ammonia(NH_3), COD, Nitrate(NO_3^-), Phosphorus oxide(P_2O_5), Nitrogen dioxide(NO_2)
광화학스모그	**Ethylene(C_2H_4)**, 1,1,1-Trichloroethane, 1,3-Butadiene, NMVOC, *n*-Butane, Carbon monoxide(CO)
자원고갈	**Antimony(Sb)**, Aluminium(Al), Cadmium(Cd), Iron(Fe), Crude oil, Natural gas, Hard coal, Soft coal

표 5-5는 우리나라 환경성적표지에 포함된 영향범주들에 분류된 목록항목들의 일부이다(KEITI, 2018). 각 영향범주로 분류된 목록항목 중에서 첫 번째로 배열된 굵은 글씨의 목록이 기준물질이다. 기후변화 영향범주의 기준물질은 CO_2이고, 오존층 파괴는 CFC-11, 산성화는 SO_2, 부영양화는 PO_4^{3-}, 광화학스모그는 C_2H_2, 자원고갈은 안티몬(Sb)이다. 또한, 표 5-5를 보면, 그림 5-9

의 병렬적 또는 직렬적 환경영향 연계 메커니즘에서 설명한 바와 같이 암모니아(Ammonia, NH_3)와 이산화질소(Nitrogen Oxide, NO_2)는 산성화와 부영양화를 유발할 수 있는 목록항목에 모두 포함되어 있음을 확인할 수 있다.

4 특성화

특성화는 분류에서 영향범주별로 분류된 목록항목들을 특성화 인자를 활용하여 공통의 단위로 전환한 후에 이들을 합산하여 각 영향범주에 대한 범주지표 결과를 계산하는 과정이다. 아래에는 i 영향범주에 대한 범주지표 결과를 산출하는 관계식이 제시되어 있다. 즉, i 영향범주의 특성화 결과(Characterization Results, CR)는 i 영향범주에 뷰류된 j 목록항목들의 환경부하량(Environ-mental Load, EL)과 j 물질의 특성화 인자(CF)를 곱하여 공통의 단위로 전환한 후에 이들을 합산하여 얻는다. ISO 14044:2006은 연구에서 선정된 영향범주들에 대한 특성화 결과들을 범주지표 결과(category indicator results)라고 하며, 범주지표 결과들을 LCIA 프로파일(profile)이라고 부르기도 한다.

$$CR_i = \sum_{j=1}^{n} (EL_j \times CF_{ij})$$

CR(범주지표 결과), EL(환경부하량), CF(특성화 인자),
i(영향범주), j(물질)

영향범주별 범주지표 결과(CR)를 산정하는 관계식에 따라 EF 3.0 방법론을 활용한 16대 영향범주별 범주지표 결과의 단위는 표 5-6과 같다. 화석연료 자원고갈을 보면, 환경부하량(EL)의 단위는 기능단위당 환경부하량인 kg/f.u 이고, 특성화 인자(CF)의 단위는 MJ/kg이어서 화석연료에 관한 범주지표 결과(CR)의 단위는 MJ/f.u이 된다. 이와 동일한 방식으로 환경부하량과 특성화 인자를 곱하여 나머지 15개 영향범주에 대한 특성화 결과의 단위를 얻는다.

광물 자원고갈의 범주지표 결과의 단위는 kg Sb-eq./f.u.이고, 오존층 파괴는 kg CFC-11-eq./f.u., 산성화는 mol H^+-eq./f.u. 등이다. 영향범주별로 계산된 범주지표 결과는 해당 영향범주에 미치는 정도를 나타낸다. 그러나 표 5-6에서 보는 바와 같이, 영향범주별로 범주지표의 단위가 서로 달라서 범주지표 결과를 상호 비교할 수는 없다. 즉, 특성화 결과만으로는 영향범주 사이에 지표 결과를 비교하거나 개선을 위한 우선순위를 판단하는 것이 가능하지 않다. 반면에, 각 영향범주에 대하여 범주지표 결과에 영향을 주는 주요 원인이 무엇인지 등을 규명하는 것과 동일 기능단위를 만족시키는 다른 제품시스템과 특정 영향범주의 범주지표 결과를 비교하는 것은 가능하다. 특성화 결과는 어떤 특성화 모델과 특성화 인자를 적용하느냐에 따라 범주지표와 그 결과가 달라질 수 있다. 따라서 특성화 모델 선정과 그에 따른 특성화 인자의 적용에 따른 민감도 분석을 수행하고 그 결과를 보고서에 명시해야 한다.

표 5-6 영향범주별 환경부하량과 특성화 인자, 특성화 결과의 단위

영향범주	환경부하량 (*EL*)	특성화 인자 (*CF*)	특성화 결과 (*CR*)
자원고갈(화석연료)	kg/f.u	MJ/kg	MJ/f.u
자원고갈(광물)	kg/f.u	kg Sb-eq./kg	kg Sb-eq./f.u
자원고갈(수자원)	kg/f.u	m^3/kg	m^3/f.u
기후변화	kg/f.u	kg CO_2-eq./kg	kg CO_2-eq./f.u
오존층 파괴	kg/f.u	kg CFC-11-eq./kg	kg CFC-11-eq./f.u
산성화	kg/f.u	mol H^+-eq./kg	mol H^+-eq./f.u
부영양화(토양)	kg/f.u	mol N-eq./kg	mol N-eq./f.u
부영양화(상수)	kg/f.u	kg P-eq./kg	kg P-eq./f.u
부영양화(해양)	kg/f.u	kg N-eq./kg	kg N-eq./f.u
인체독성(발암)	kg/f.u	CTUh/kg	CTUh/f.u
인체독성(비발암)	kg/f.u	CTUh/kg	CTUh/f.u
수생 생태독성	kg/f.u	CTUe/kg	CTUe/f.u
광화학 오존생성	kg/f.u	kg NMVOC-eq./kg	kg NMVOC-eq./f.u
토지이용	m^3/f.u	kg C deficit/m^3	kg C deficit/f.u
미세먼지 영향	kg/f.u	kg $PM_{2.5}$-eq./kg	kg $PM_{2.5}$-eq./f.u
이온화방사선 영향	kBq./f.u	kBq U^{235}-eq./kBq.	kBq U^{235}-eq./f.u

4.1 특성화 적용 사례

ISO TR 14047에서는 다음과 같은 특성화 적용 사례를 제시하고 있다.

4.1.1 사례 1

소재 A와 소재 B를 사용한 천연가스 공급용 파이프라인에 대하여 LCA를 수행한 사례이다. 기능단위는 천연가스 공급시스템에서 10,000개의 서비스 연결 지점까지 네트워크를 통해 1년 동안 2,000,000 m^3의 천연가스를 공급하는 것이다. 시스템경계는 자원 채취부터, 소재 생산, 파이프라인 시스템 제조, 유통, 사용, 폐기 등의 과정을 포함한다. 두 종류의 소재를 사용한 파이프라인 시스템에 대하여 LCI를 수행하여 표 5-7과 같은 결과를 얻었다.

표 5-7 소재 A와 B의 파이프라인 시스템에 대한 LCI 결과

목록	파이프라인 시스템(소재 A)		파이프라인 시스템(소재 B)	
	생산	사용	생산	사용
Carbon dioxide	4.22E+04		4.81E+03	
Bromotrifluoromethane	1.55E−03		4.30E−04	
Tetrachloromethane			4.90E−04	
Methane	6.73E+03		6.75E+03	
Ethane	1.94E+02		1.98E+02	
Propane	2.97E+01		2.99E+01	
Sulfur dioxide	3.06E+02		1.83E+01	
Nitrogen dioxide	1.11E+02		1.64E+01	
Ammonia	8.76E−02	5.44E−01	8.01E−03	1.23E−01
Phosphorus		1.22E+00		5.41E−02
Nitrogen		4.05E−01		1.80E−01
Phenol	9.40E−05	1.15E−01	9.00E−06	1.54E−02
Arsenic	2.47E−02	4.14E−02	1.92E−04	1.90E−03
Nickel	1.57E−01	1.05E−01	6.40E−03	6.77E−03
Vanadium	5.72E−01	1.03E−01	2.51E−02	5.36E−03
Cadmium	1.64E−02	1.56E−03	1.75E−04	1.47E−04
Lead	4.72E−01	1.16E−01	3.62E−03	4.93E−02
Chromium	3.23E−02	2.08E−01	3.54E−04	1.02E−02
Copper	3.54E−02	1.04E−01	1.27E−03	

표 5-8은 소재 A와 B를 사용한 파이프라인 시스템에 대한 LCIA를 위해 기후변화와 오존층 파괴, 광화학산화물생성, 산성화, 부영양화, 인체독성, 생태독성에 대한 영향범주를 선정하고, 각 영향범주에 대해 선정된 범주지표와 특성화 모델을 보여주고 있다.

표 5-8 영향범주와 범주지표, 특성화 모델의 선정

영향범주	범주지표	특성화 모델
기후변화	kg CO_2-eq.	IPCC 2005
오존층 파괴	kg CFC-11-eq.	WMO Model
광화학산화물생성	kg C_2H_4-eq.	UNECE Trajectory model
산성화	kg SO_2-eq.	RAINS model
부영양화	kg PO_4^{3-}-eq.	Stoichiometric approach
인체독성	kg 1,4-DBC-eq.	EUSES 2.0
생태독성	kg 1,4-DBC-eq.	EUSES 2.0

※ IPCC(기후변화에 관한 정부간 협의체), WMO(세계기상기구), UNECE(유엔유럽경제위원회), RAINS(Regional Air pollution INformation and Simulation), 1,4-DBC(1,4-dichlorobenzene)

표 5-9는 각 영향범주로 분류된 목록항목들에 대해 특성화 모델로부터 얻은 특성화 인자를 나열한 것이다. 표 5-10과 표 5-11은 표 5-7의 소재 A와 B의 파이프라인 시스템에 대한 LCI 결과로부터 얻은 목록항목의 배출량과 표 5-9의 특성화 인자를 곱하여 영향범주별로 공통의 범주지표 단위로 전환하고, 이들을 합산하여 얻은 범주지표 결과이다. 총 7개 영향범주에 대한 7개 범주지표 결과들은 특성화 결과이며, LCIA 프로파일이라고 한다.

영향범주	목록항목	기후변화	오존층 파괴	광화학 산화물 생성	산성화	부영양화		인체 독성	생태독성	
		kg CO_2 -eq. /kg air	kg CFC-11 -eq. /kg air	kg C_2H_4 -eq. /kg air	kg SO_2 -eq. /kg air	kg PO_4^{3-} -eq. /kg air	kg PO_4^{3-} -eq. /kg water	kg 1,4-DCB -eq. /kg air	kg 1,4-DCB -eq. /kg air	kg 1,4-DCB -eq. /kg water
기후 변화	Carbon dioxide	1								
	Bromotrifluoromethane	5,600								
	Methane	21								
오존층 파괴	Bromotrifluoromethane		12							
	Tetrachloromethane		1.2							
광화학 산화물 생성	Methane			0.006						
	Ethane			0.123						
	Propane			0.176						
산성화	Sulfur dioxide	a			1					
	Ammonia				1.3					
	Nitrogen dioxide				0.41					
부영양화	Ammonia					0.35	0.33			
	Nitrogen dioxide					0.13				
	Phosphorus						3.1			
	Nitrogen						0.42			
인체 독성	Sulfur dioxide							0.096		
	Nitrogen dioxide							1.3		
	Arsenic							347,699.7		
	Lead							466.52		
	Nickel							35,032.84		
	Vanadium							6,240.35		
	Chlorinated organic trace pollutants								b	b
생태 독성	Phenol								1.5	237
	Cadmium								289	1,523
	Lead								2.4	9,615,719
	Chromium								1.9	6.9
	Copper								221,653.8	1,157.307
	Chlorinated organic trace pollutants								b	b

표 5-9 영향범주별 목록항목에 대한 특성화 인자

- a : SO_2가 기후변화를 감소시킨다는 연구결과가 있지만, 아직 정량화할 수 있는 방법은 없다.
- b : 특성화 인자의 파악을 위해 소량 배출되는 염소계 유기 오염물의 독성효과를 얻기가 어렵다.

표 5-10 소재 A를 활용한 파이프라인 시스템의 특성화 결과

물질 A를 활용하여 생산한 파이프라인 시스템								
영향 범주	물질	LCI 결과		특성화 인자		목록항목별 특성화 결과		범주지표 결과 합계
		대기 배출물 kg air	수계 배출물 kg water	대기 배출물 /kg air	수계 배출물 /kg water	대기 배출물 kg A-eq.	수계 배출물 kg B-eq.	
기후 변화	Carbon dioxide	4.22E+04		1.00E+00		4.22E+04		1.84E+05 kg CO_2-eq.
	Bromotrifluoro methane	1.55E−03		5.60E+03		8.66E+00		
	Methane	6.73E+03		2.10E+01		1.41E+05		
오존층 파괴	Bromotrifluoro methane	1.55E−03		1.20E+01		1.86E−02		1.86E−02 kg CFC-11 -eq.
	Tetrachloromethane			1.20E+00				
광화학 산화물 생성	Methane	6.73E+03		6.00E−03		4.04E+01		6.95E+01 kg C_2H_4-eq.
	Ethane	1.94E+02		1.23E−01		2.39E+01		
	Propane	2.97E+01		1.76E−01		5.23E+00		
산성화	Sulfur dioxide	3.06E+02		1.00E+00		3.06E+02		3.51E+02 kg SO_2-eq.
	Ammonia	8.76E−02	5.44E−01	1.30E+00		1.14E−01		
	Nitrogen dioxide	1.11E+02		4.10E−01		4.53E+01		
부영양화	Ammonia	8.76E−02	5.44E−01	3.50E−01	3.30E−01	3.07E−02	1.79E−01	1.85E+01 kg PO_4^{3-} -eq.
	Nitrogen dioxide	1.11E+02		1.30E−01		1.44E+01		
	Phosphorus		1.22E+00		3.10E+00		3.79E+00	
	Nitrogen		4.05E−01		4.20E−01		1.70E−01	
인체 독성	Sulfur dioxide	3.06E+02		9.60E−02		2.94E+01		1.81E+04 kg 1,4-DCB -eq.
	Nitrogen dioxide	1.11E+02		1.30E+00		1.44E+02		
	Arsenic	2.47E−02	4.14E−02	3.48E+05		8.58E+03		
	Lead	4.72E−01	1.16E−01	4.67E+02		2.20E+02		
	Nickel	1.57E−01	1.05E−01	3.50E+04		5.51E+03		
	Vanadium	5.72E−01	1.03E−01	6.24E+03		3.57E+03		
생태 독성	Phenol	9.40E−05	1.15E−01	1.50E+00	2.37E+02	1.41E−04	2.73E+01	1.66E+02 kg 1,4-DCB -eq.
	Cadmium	1.64E−02	1.56E−03	2.89E+02	1.52E+03	4.73E+00	2.38E+00	
	Lead	4.72E−01	1.16E−01	2.40E+00	9.62E+00	1.13E+00	1.11E+00	
	Chromium	3.23E−02	2.08E−01	1.90E+00	6.90E+00	6.14E−02	1.43E+00	
	Copper	3.54E−02	1.04E−01	2.22E+02	1.16E+03	7.84E+00	1.20E+02	

표 5-11 소재 B를 활용한 파이프라인 시스템의 특성화 결과								
물질 B를 활용하여 생산한 파이프라인 시스템								
영향 범주	물질	LCI 결과		특성화 인자		목록항목별 특성화 결과		범주지표 결과 합계
		대기 배출물 kg air	수계 배출물 kg water	대기 배출물 /kg air	수계 배출물 /kg water	대기 배출물 kg A-eq.	수계 배출물 kg B-eq.	
기후 변화	Carbon dioxide	4.81E＋04		1.00E＋00		4.81E＋03		1.46E＋05
	Bromotrifluoro methane	4.30－E04		5.60E＋03		2.41E＋00		kg CO_2-eq.
	Methane	6.75E＋03		2.10E＋01		1.42E＋05		
오존층 파괴	Bromotrifluoro methane	4.30E－04		1.20E＋01		5.16E－03		5.75E－03 kg CFC-11
	Tetrachloromethane	4.90E－04		1.20E＋00		5.88E－04		-eq.
광화학 산화물 생성	Methane	6.75E＋03		6.00E－03		4.05E＋01		7.01E＋01
	Ethane	1.98E＋02		1.23E－01		2.44E＋01		kg C_2H_4-eq.
	Propane	2.99E＋01		1.76E－01		5.26E＋00		
산성화	Sulfur dioxide	1.83E＋01		1.00E＋00		1.83E＋01		2.50E＋01
	Ammonia	8.01E－03	1.23E－01	1.30E＋00		1.04E－02		kg SO_2-eq.
	Nitrogen dioxide	1.64E＋01		4.10E－01		6.72E＋00		
부영양화	Ammonia	8.01E－03	1.23E－01	3.50E－01	3.30E－01	2.80E－03	4.04E－02	2.42E＋00
	Nitrogen dioxide	1.64E＋01		1.30E－01		2.13E＋00		kg PO_4^{3-}
	Phosphorus		5.41E－02		3.10E＋00		1.68E－01	-eq.
	Nitrogen		1.80E－01		4.20E－01		7.54E－02	
인체 독성	Sulfur dioxide	1.83E＋01		9.60E－02		1.76E＋00		4.73E＋02
	Nitrogen dioxide	1.64E＋01		1.30E＋00		2.13E＋01		kg 1,4-DCB
	Arsenic	1.92E－04	1.90-03	3.48E＋05		6.68E＋01		-eq.
	Lead	3.62E－03	4.93E－02	4.67E＋02		1.69E＋00		
	Nickel	6.40E－03	6.77E－03	3.50E＋04		2.24E＋02		
	Vanadium	2.51E－02	5.36E－03	6.24E＋03		1.57E＋02		
생태 독성	Phenol	9.00E－06	1.54E－02	1.50E＋00	2.37E＋02	1.35E－05	3.65E＋00	4.76E＋00
	Cadmium	1.75E－04	1.47E－04	2.89E＋02	1.52E＋03	5.06E－02	2.24E－01	kg 1,4-DCB
	Lead	3.62E－03	4.93E－02	2.40E＋00	9.62E＋00	8.70E－03	4.74E－01	-eq.
	Chromium	3.54E－04	1.02E－02	1.90E＋00	6.90E＋00	6.73E－04	7.04E－02	
	Copper	1.27E－03		2.22E＋02	1.16E＋03	2.81E－01		

표 5-10과 표 5-11에서 보는 바와 같이 특성화 결과는 영향범주별로 범주지표의 단위가 다르므로, 영향범주들끼리 범주지표 결과들을 서로 비교할 수는 없다. 반면에 각 영향범주의 범주지표 결과에 대해 아래의 분석은 가능하다.

- 범주지표 결과에 지배적인 영향을 주는 목록항목 규명
- 범주지표 결과에 지배적인 원인을 제공하는 제품흐름에 해당하는 투입물 규명
- 범주지표 결과에 지배적인 영향을 주는 전과정단계 규명

그림 5-10은 소재 A 파이프라인 시스템에 대하여 전과정단계별로 기후변화 영향범주의 특성화 결과를 분석한 것이다. 표 5-10에서 기후변화에 관한 범주지표 결과는 1.84E+05 kg CO_2-eq.인데, 이 중에서 파이프라인 제조단계가 전체의 99.1%를 차지하고, 운송단계가 2.3%, 매립이 0.1%를 차지하며, 재활용에 의한 온실가스 감축 효과로 1.5%가 줄어드는 것을 볼 수 있다. 99.1%를 차지하는 제조단계에서는 공정에서 사용한 전기로 인한 영향이 가장 큰 52.8%를 차지하고, 연료 사용에 의한 영향이 32.1%이며, 협력사에 생산한 물질 A로 인한 영향이 14.2%이었다. 이상과 같이 특정 영향범주에 대하여 특성화 결과에 영향을 미치는 주요 목록항목, 단위공정, 전과정단계들의 규명이 가능하다.

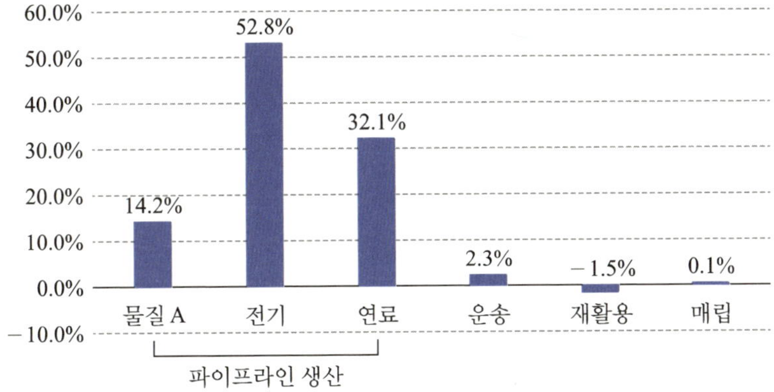

그림 5-10 기후변화 영향범주에 대한 전과정단계별 지배성 분석

특성화 결과를 토대로 서로 다른 제품시스템을 제한적으로 비교할 수도 있다. 소재 A 파이프라인 시스템과 소재 B 파이프라인 시스템에 대한 특성화 결과로 다음과 같은 비교를 할 수 있다.

- 제품시스템간 영향범주별로 범주지표 결과에 대한 비교
- 제품시스템간 영향범주별로 범주지표 결과에 지배적인 영향을 주는 전과정단계 비교
- 제품시스템간 영향범주별로 범주지표 결과에 지배적인 영향을 주는 목록항목 비교

그림 5-11은 소재 A와 소재 B 파이프라인 시스템에 대하여 7대 영향범주에 대한 범주지표 결과를 비교한 것이다. 소재 A 파이프라인 시스템의 영향범주별 범주지표 결과를 100으로 두고 소재 B 파이프라인 시스템의 범주지표 결과를 상대 비교한 결과, 광화학산화물생성을 제외한 6대 영향범주에서 소재 B 파이프라인 시스템의 범주지표 결과가 낮음을 보여주고 있다. 기후변화 영향은 약 10% 정도 낮지만, 산성화와 부영양화, 인체 및 생태독성 영향은 90% 이상 우수한 것을 볼 수 있다. 이처럼, 특성화 결과를 토대로 영향범주별로 시스템 사이에 비교할 수 있다.

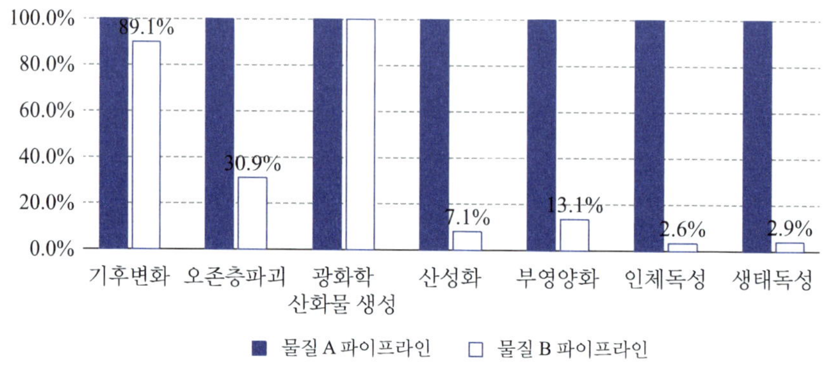

그림 5-11 파이프라인 시스템별 특성화 결과 비교

4.1.2 사례 2

앞에서 설명한 바와 같이 LCIA는 중간점 또는 종말점 수준의 환경영향을 평가할 수 있는데, 각각의 경우에 맞는 특성화 방법론과 범주지표들을 선정해야 한다. 다음 사례는 구리선이 산성화 영향범주에 미치는 영향을 평가하기 위해 중간점 수준과 종말점 수준의 특성화 방법론을 적용한 것을 보여주고 있다. 기능단위는 전해정련(electrolytic refining)에 의해 구리선 1,000톤을 생산하는 것으로 정의하였으며, 시스템경계는 구리광물을 채취하여 전해정련 과정을 통해 구리선을 생산하는 과정까지를 포함한다. 이 과정에서 100 g의 황산화물(SO_x)과 10 g의 질소산화물(NO_x)이 발생된다.

그림 5-12는 산성화 영향범주에 대해서 중간점과 종말점 수준의 환경영향과 관련된 메커니즘이다. 산업공정 등에서 발생한 SO_2, NO_x, 염화수소(HCl)가 대기로 배출되어 햇빛이나 가수분해를 통해 약산성의 황산과 질산으로 전환되어 대기로 확산되어 산성비로 내리거나 미세먼지 형태의 마른 입자로 침적되고, 또는 안개방울이 된다. 토양이 정화할 수 있는 능력인 임계용량(critical capacity)을 초과하면, 남은 오염물질이 이동하여 궁극적으로는 식물 생장을 저해하는 등 종말점 영향을 유발시키게 된다.

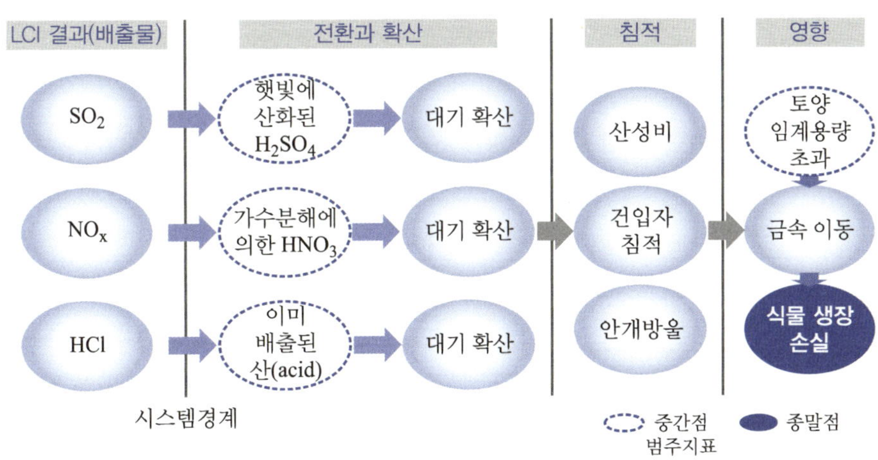

그림 5-12 산성화 환경영향 메커니즘

산성화 영향범주에 대한 중간점 수준과 종말점 수준의 범주지표 결과를 산정하기 위한 특성화 방법론의 예는 다음과 같다.

(1) 중간점 수준 특성화(EL 모델)

EL 모델은 환경으로 이동한 배출물의 배출시간과 공간을 고려하지 않고 배출된 물질이 전량 환경에 침적된다고 가정하고 환경영향을 평가하며, 배출물이 침적되는 지역의 임계용량(critical capacity)을 고려하지 않는다. 임계용량은 생태계에서 산을 중화시킬 수 있는 주어진 용량을 의미한다. EL 모델은 지역의 산성화 정도를 고려하여 환경영향을 평가하지는 않는다. 특성화 인자는 SO_2를 기준물질로 SO_2가 산성화에 미치는 영향을 1로 볼 때 HCl 0.88 m^2/g, SO_3 0.80 m^2/g, NO_x와 NO_2 0.70 m^2/g, NH_3 1.88 m^2/g로 정한 상응인자법을 활용한다. 이는 중간점 수준의 환경영향을 평가하기 위해 사용되는 특성화 방법이다. 아래에는 EL 모델을 활용하여 알바니아와 벨기에 등 8개국에 동일하게 NO_x 10 g과 SO_x 100 g이 발생된 것을 가정하여 산정한 산성화 영향의 결과이다.

- NO_x : $10\ g \times 0.70\ m^2/g = 7.0\ m^2$
- SO_x : $100\ g \times 0.80\ m^2/g = 100.0\ m^2$

(2) 종말점 수준 특성화(SE 모델)

SE 모델은 종말점 환경영향을 평가하기 위한 특성화 방법으로서 유럽의 RAINS 모델을 활용하여 오염물질이 배출되는 지역, 시간, 배출지역의 임계용량 등을 고려한다. 산성화 유발물질이 배출지역의 조건에 따라 중화되거나, 남은 오염물이 이동하여 종말점 수준의 환경영향을 일으키는 것 등을 포함하여 종말점 환경영향에 대한 정보를 제공한다. 표 5-12는 RAINS 모델을 활용하여 알바니아 등 8개 유럽 국가에서 산성화를 일으키는 물질인 SO_2, NO_x, NH_3, HCl에 대한 임계용량을 고려하고, 중화되고 남은 지역의 면적(ha)을 활용하여 특성화 인자를 산출한다. 표 5-12에서 1 ha는 10,000 m^2이고 1 ton은 1,000,000 g이므로, 1 ha/ton은 0.01 m^2/g로 환산되며, 이를 환산인자로 사용하여 임계용량(m^2/g)으로 환산한 특성화 인자를 개발한다.

표 5-12 산성화 유발물질의 임계용량을 고려한 특성화 인자

국가 \ 인자	SO_2		NO_x		NH_3		HCl	
	ha/ton	m^2/g	ha/ton	m^2/g	ha/ton	m^2/g	ha/ton	m^2/g
알바니아	0.02	0.0002	0.00	0.0000	0.01	0.0001	0.00	0.0000
벨기에	1.28	0.0128	0.82	0.0082	1.10	0.0110	0.02	0.0002
덴마크	5.56	0.0556	2.02	0.0202	5.28	0.0528	0.06	0.0006
핀란드	15.14	0.1514	2.42	0.0242	13.40	0.1340	0.07	0.0007
독일	2.17	0.0217	0.90	0.0090	1.89	0.0189	0.02	0.0002
네덜란드	1.24	0.0124	0.97	0.0097	1.55	0.0155	0.03	0.0003
포르투칼	0.02	0.0002	0.01	0.0001	0.01	0.0001	0.00	0.0000
영국	1.94	0.0194	0.92	0.0092	4.32	0.0432	0.03	0.0003

(3) 범주지표 결과 비교

특성화 모델로 EL 모델과 SE 모델을 적용하여 산출한 산성화에 대한 범주지표 결과를 비교하면 표 5-13과 같다. EL 모델을 적용하여 산출한 범주지표 결과는 중간점 수준의 지표 결과이므로 국가에 따라 차이가 없이 동일하게 107 m^2이다. 반면에 산성화 유발물질의 임계용량을 고려한 특성화 인자는 국가에 따라 다르므로, SE 모델을 적용한 범주지표 결과는 국가별로 다르다. 예를 들어, SE 모델을 활용하여 벨기에에서 발생한 NO_x와 SO_x로 인한 산성화 영향을 계산하면 다음과 같다.

① 산성화에 분류된 목록항목을 공통의 단위로 전환

- NO_x : $10\ g \times 0.0082\ m^2/g = 0.082\ m^2$
- SO_x : $100\ g \times 0.0128\ m^2/g = 1.280\ m^2$

② 목록항목별 산정결과를 합산

- $0.082\ m^2 + 1.280\ m^2 = 1.362\ m^2$

EL 모델과 SE 모델을 사용하여 산정된 산성화 범주지표 결과의 단위는 m^2이므로 특성화 방법론의 선정에 따른 범주지표 결과를 비교할 수 있다. 표 5-13은 EL 모델과 SE 모델을 적용한 산성화 범주지표 결과를 비교한 것이다. EL 모델을 적용한 알바니아와 벨기에의 산성화 영향은 SE 모델을 적용하여

표 5-13 EL 모델과 SE 모델에 따른 범주지표 결과의 비교

	배출량 (g)		산성화 특성화 인자 (m^2/g)				목록항목별 범주지표 결과 (m^2)				산성화 범주지표 결과 (m^2)		비교 (*a*/*b*)
			EL 모델		SE 모델		EL 모델		SE 모델		EL 모델 (*a*)	SE 모델 (*b*)	
	NO_x	SO_x	NO_x	SO_2	NO_x	SO_2	NO_x	SO_2	NO_x	SO_2			
알바니아	10	100	0.7	1.0	0.0000	0.0002	7.0	100	0.000	0.020	107	0.020	5,350.0
벨기에	10	100	0.7	1.0	0.0082	0.0128	7.0	100	0.082	1.280	107	1.362	78.6
덴마크	10	100	0.7	1.0	0.0202	0.0556	7.0	100	0.202	5.560	107	5.762	18.6
핀란드	10	100	0.7	1.0	0.0242	0.1514	7.0	100	0.242	15.14	107	15.382	7.0
독일	10	100	0.7	1.0	0.0090	0.0217	7.0	100	0.090	2.170	107	2.260	47.3
네덜란드	10	100	0.7	1.0	0.0097	0.0124	7.0	100	0.097	1.240	107	1.337	80.0
포르투칼	10	100	0.7	1.0	0.0001	0.0002	7.0	100	0.001	0.020	107	0.021	5,095.2
영국	10	100	0.7	1.0	0.0092	0.0194	7.0	100	0.092	1.940	107	2.032	52.7

얻은 산성화 영향보다 각각 5,350배와 78.6배가 큰 것을 알 수 있다. 이와 같은 방식으로 핀란드에서 EL 모델과 SE 모델에 의한 산성화 영향을 비교하면 7배만 차이가 난다. SE 모델을 적용함에 따라 국가마다 산성화 영향의 차이가 큰 이유는 국가별로 SO_x와 NO_x 등의 산성화 유발물질에 대한 배경농도(background concentration)를 고려하기 때문이다. 지역의 상황을 고려한 종말점 수준의 특성화 인자를 개발하기 위해서는 장시간의 역학조사를 통해 지역별로 환경영향을 일으키는 목록항목들의 배경농도에 대한 고품질의 통계데이터를 확보해야 하는데, 이는 기술적으로 어렵지만, 지역 상황에 맞는 환경영향을 평가할 수 있다는 점에서 의미가 있다고 할 수 있다.

문제 17 시나리오별 특성화 결과

휘발유로 주행하는 승용자동차의 지구온난화, 산성화, 자원고갈 등 3개의 영향범주에 대한 전과정단계별 범주지표 결과이다. 이를 토대로 다음 질문에 답하시오.

- 연료원 : 휘발유
- 수명주기 동안 주행거리(km) : 100,000
- 자동차 연비 : 10 km/L

- 탄소배출계수
  - 휘발유 : 2.18 kg CO_2-eq./L, 0.157 kg SO_2-eq./L, 0.252 kg Sb-eq./L
  - 경　유 : 2.06 kg CO_2-eq./L, 0.235 kg SO_2-eq./L, 0.228 kg Sb-eq./L
- 휘발유 승용차의 전과정단계별 특성화 결과

	단위	생산단계	주행단계	해체 · 폐기단계
지구온난화	kg CO_2-eq.	2,700	21,800	675
산성화	kg SO_2-eq.	222	1,570	56
자원고갈	kg Sb-eq.	356	2,520	88

(1) 자동차의 차종은 같고, 휘발유와 경유 승용차의 생산과 해체, 폐기단계는 같은 것으로 가정한다. 이때, 연료원이 휘발유에서 경유로 대체될 경우 3대 환경영향에 대한 범주지표 결과의 증감률(%)을 소수점 첫째 자리로 아래 표에 나타내시오.

	지구온난화	산성화	부영양화
증감률(%)			

(2) 휘발유 자동차의 수명주기 동안의 이동 거리를 현재는 10만 km로 되어있다. 이를 환경부 환경성적표지 인증제도의 기준인 12만 km로 전환할 경우, 3대 환경영향에 대한 범주지표 결과의 증감률(%)을 소수점 첫째 자리로 아래 표에 나타내시오.

	지구온난화	산성화	부영양화
증감률(%)			

풀이

(1) 휘발유를 경유로 대체함에 따른 범주지표 결과의 증감률(%)

- 고려사항 : 휘발유를 경유로 대체함에 따라 자동차의 생산단계와 해체 · 폐기단계는 같은 것으로 가정하였으므로, 계산에서 이를 배제하고, 주행단계만 계산하여 비교함
- 주행단계의 3대 영향범주별 범주지표 결과 계산
  - 지구온난화 : 휘발유 주행단계 결과 × (경유 탄소배출계수 ÷ 휘발유 탄

소배출계수) = 21,800 × (2.06/2.18) = 20,600
- 산성화 : 휘발유 주행단계 결과 × (경유 탄소배출계수 ÷ 휘발유 탄소배출계수) = 1,570 × (0.235/0.157) = 2,350
- 부영양화 : 휘발유 주행단계 결과 × (경유 탄소배출계수 ÷ 휘발유 탄소배출계수) = 2,520 × (0.228/0.252) = 2,280

■ 3대 영향범주별 총 범주지표 결과 계산(경유 자동차)
- 지구온난화 : 생산단계 결과 + 주행단계 결과 + 해체 · 폐기단계 결과 = 2,700 + 20,600 + 675 = 23,975
- 산성화 : 생산단계 결과 + 주행단계 결과 + 해체 · 폐기단계 결과 = 222 + 2,350 + 56 = 2,628
- 부영양화 : 생산단계 결과 + 주행단계 결과 + 해체 · 폐기단계 결과 = 356 + 2,280 + 88 = 2,724

■ 3대 영향범주별 범주지표 결과 증감률(%)
- 지구온난화 : 경유 자동차 총범주지표 결과 ÷ 휘발유 자동차 총범주지표 결과 = 23,975 ÷ 25,175 = 95.2%
- 산성화 : 경유 자동차 총범주지표 결과 ÷ 휘발유 자동차 총범주지표 결과 = 2,628 ÷ 1,848 = 142.2%
- 부영양화 : 경유 자동차 총범주지표 결과 ÷ 휘발유 자동차 총범주지표 결과 = 2,724 ÷ 2,964 = 91.9%

	지구온난화	산성화	부영양화
증감률(%)	4.8% 감소	42.2% 증가	8.1% 감소

(2) 주행거리를 10만 km에서 12만 km로 전환함에 따른 범주지표 결과의 증감률(%)

■ 주행 거리의 변화는 주행단계의 범주지표 결과만 변경됨

■ 주행단계의 3대 영향범주별 범주지표 결과 계산
- 지구온난화 : 휘발유 주행단계 결과 × (12만 km ÷ 10만 km) = 21,800 × (12/10) = 26,160
- 산성화 : 휘발유 주행단계 결과 × (12만 km ÷ 10만 km) = 1,570 × (12/10) = 1,884
- 부영양화 : 휘발유 주행단계 결과 × (12만 km ÷ 10만 km) = 2,520 × (12/10) = 3,024

■ 3대 영향범주별 총범주지표 결과 계산(120,000 km)

- 지구온난화 : 생산단계 결과 + 주행단계 결과 + 해체·폐기단계 결과
  = 2,700 + 26,160 + 675 = 29,535
- 산성화 : 생산단계 결과 + 주행단계 결과 + 해체·폐기단계 결과
  = 222 + 1,884 + 56 = 2,162
- 부영양화 : 생산단계 결과 + 주행단계 결과 + 해체·폐기단계 결과
  = 356 + 3,024 + 88 = 3,468

■ 3대 영향범주별 범주지표 결과 증감률(%)

- 지구온난화 : 경유 자동차 총범주지표 결과 ÷ 휘발유 자동차 총범주지표 결과 = 29,535 ÷ 25,175 = 117.3%
- 산성화 : 경유 자동차 총범주지표 결과 ÷ 휘발유 자동차 총범주지표 결과 = 2,162 ÷ 1,848 = 117.0%
- 부영양화 : 경유 자동차 총범주지표 결과 ÷ 휘발유 자동차 총범주지표 결과 = 3,468 ÷ 2,964 = 117.0%

	지구온난화	산성화	부영양화
증감률(%)	17.3% 증가	17.0% 증가	17.0% 증가

LCA 사례 오렌지 음료 (17/19)

오렌지 음료에 대한 LCI 결과인 LCA 사례(16/19)의 표 4-23을 토대로 CML 2001 LCIA 방법론에 포함된 자원고갈, 산성화, 부영양화, 담수독성, 지구온난화, 인체독성, 해양독성, 오존층 파괴, 광화학스모그, 토양독성 등 10개 영향범주에 대한 범주지표 결과를 표 5-14와 같이 계산하였다. 자원고갈의 범주지표는 kg Sb-eq., 산성화는 kg SO_2-eq., 기후변화는 kg CO_2-eq. 등으로 영향범주별로 범주지표의 단위가 다르다. 그림 5-13과 같이 영향범주별 범주지표 결과에 대한 전과정단계별 기여율(%)로 나타내어, 영향범주별로 분석하였다. 영향범주별로 생산단계의 기여도를 보면, 기후변화에는 약 91.5%이며, 자원고갈에는 약 97.6%이며, 산성화에는 98.5%이지만, 나머지 영향범주에 기여하는 비율은 99%가 넘는다. 즉, 생산단계가 영향범주별 범주지표 결과에 절대적으로 기여하는 것을 알 수 있다.

표 5-14 오렌지 음료에 대한 특성화 결과

영향범주	단위	생산	사용	폐기	전과정
자원고갈	kg Sb-eq./f.u	5.89E−02	8.03E−04	6.43E−04	6.03E−02
산성화	kg SO_2-eq./f.u	2.51E−02	2.09E−04	1.68E−04	2.55E−02
부영양화	kg PO_4^{3-}-eq./f.u	1.61E−02	3.90E−05	3.12E−05	1.61E−02
담수독성	kg 1,4-DCB-eq./f.u	4.63E+01	8.75E−06	7.00E−06	4.63E+01
기후변화	kg CO_2-eq./f.u	2.39E+00	1.24E−01	9.92E−02	2.62E+00
인체독성	kg 1,4-DCB-eq./f.u	1.28E+03	3.81E−04	3.05E−04	1.28E+03
해양독성	kg 1,4-DCB-eq./f.u	1.27E+03	3.03E−05	2.43E−05	1.27E+03
오존층 파괴	kg CFC-11-eq./f.u	4.12E−07	3.42E−12	2.74E−12	4.12E−07
광화학스모그	kg C_2H_4-eq./f.u	2.00E−03	8.82E−07	7.05E−07	2.00E−03
토양독성	kg 1,4-DCB-eq./f.u	4.50E+00	1.66E−10	1.34E−10	4.50E+00

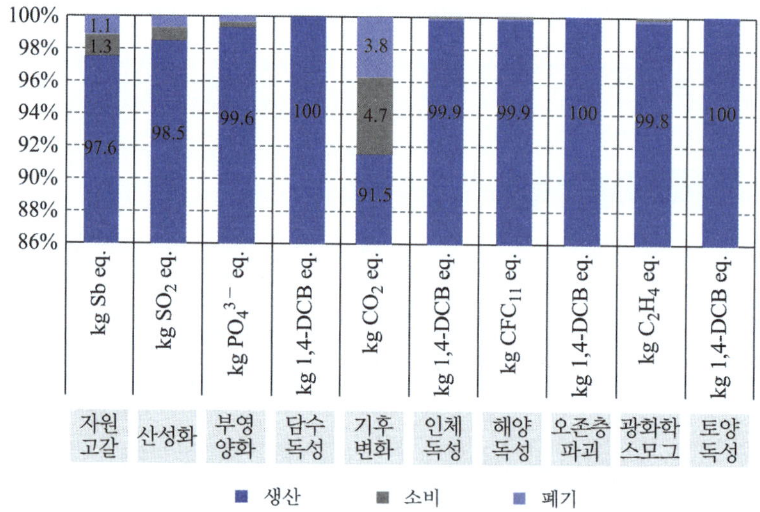

그림 5-13 오렌지 음료에 대한 범주지표 결과들의 전과정단계별 비교

4.2 특성화 결과 활용

특성화 결과인 영향범주별 범주지표 결과, 즉, LCIA 프로파일이 활용될 수 있는 분야 중의 하나는 제품환경정보에 대한 자발적 공개를 하는 EPD 제도이며, 이는 최근에 기업의 경영활동에 매우 큰 영향을 미치고 있다. EPD 제도는 우리나라를 포함하여 일본, 미국, 유럽의 여러 국가에서 시행되고 있는데, 우리나라의 EPD에서 포함하는 영향범주는 자원고갈, 지구온난화, 오존층 파괴, 산성화, 부영양화, 광화학산화물생성, 수자원고갈 등 7개 항목이며, 이는 국가에 따라 다소 차이가 있다.

영향범주별 범주지표 결과에 대하여 자발적 환경정보공개가 아닌 공개의무를 요구하는 방식 중의 하나로 미국 캘리포니아주에서 시행하는 청정구매제도가 있다. 미국 캘리포니아주는 2017년 10월 16일에 주지사인 Jerry Brown이 AB262 법안에 서명함으로써 BCCA가 발효되었다. 이 법은 주 정부에서 발주하는 공공입찰에 참여하는 기업들이 자사 제품에 대한 환경정보를 의무적으로 공개하도록 하는 내용을 골자로 담고 있다. 1차 규제대상으로 구조용 강철과 철근, 판유리, 미네랄 울 단열재 등 4개 품목에 대해 2020년 1월 1일부터 EPD 기반의 환경정보 즉, 선정된 영향범주들에 대한 범주지표 결과들의 제출을 의무화하였다. 1년 동안 기업들이 제출한 규제대상 자재의 EPD 정보를 근거로 2021년 1월 1일에 자재별 배출허용치(allowance limit)를 작성하여 공개하였으며, 2021년 7월 1일부터는 배출허용치를 초과하는 자재는 입찰에 참여할 수 없도록 규정하고 있다. 표 5-15는 규제대상 자재에 대한 이산화탄소 배출량 상당가에 대한 배출허용치로, 이는 제품의 기능단위당 기후변화 영향범주에 대한 특성화 결과이다. 예를 들면, 철근 1 ton을 생산하는 전과정에서 1.06 ton을 초과하는 이산화탄소 상당가를 배출하는 기업은 입찰에 참여할 수 없도록 하였다. 광물섬유 단열재의 경우는 저밀도형과 고밀도형에 따라 열저항이 1 m^2K/W인 두께를 가진 단열재 1 m^2로 75년간 사용하는 동안에 배출허용치를 저밀도는 4.00 kg CO_2-eq., 고밀도는 9.79 kg CO_2-eq.로 설정하고 이를 만족하는 자재만 입찰에 참가자격을 주고 있다.

표 5-15 캘리포니아 청정구매제도 규제대상별 이산화탄소 상당가 배출허용치

규제대상 자재		이산화탄소 배출허용치	기능단위
구조용 강철	열연섹션	1.44 ton CO_2-eq.	1 ton 생산
	중공구조섹션	2.83 ton CO_2-eq.	1 ton 생산
	판	2.12 ton CO_2-eq.	1 ton 생산
철근		1.06 ton CO_2-eq.	1 ton 생산
판유리		1.72 ton CO_2-eq.	1 ton 생산
광물섬유 단열재	저밀도	4.00 kg CO_2-eq.	평균 열저항(RSI)이 1 m^2K/W인 두께를 가진 단열재 1 m^2로 75년간 사용
	고밀도	9.79 kg CO_2-eq.	

이처럼, 특성화 결과는 자발적인 제품의 환경성 정보 공개제도는 물론 의무적인 공공구매 제도에도 활용되고 있다.

5 정규화

지금까지 LCIA 수행단계의 의무적 요소인 영향범주·범주지표·특성화 모델의 선정, 분류화, 특성화에 대해서 살펴보았다. 의무적인 수행요소의 마지막인 특성화를 통해서 영향범주별 범주지표 결과들, 즉 LCIA 프로파일을 얻게 되었다. 영향범주별 범주지표 결과들은 서로 단위가 달라서 직접 비교하는 것이 불가능하므로, 의사결정자가 범주지표 결과를 활용하여 어떤 영향범주에 우선순위를 두고 환경개선 활동을 해야 하는지 판단하기는 쉽지 않다.

LCIA의 수행단계의 선택적 요소들 중 첫 번째인 정규화는 영향범주별로 선정된 정규화 기준(Normalization Reference, NR)을 활용하여 수행하며, 특성화에서 얻은 범주지표 결과에 대한 이해를 도와줄 수 있다. 또한, 영향범주 지표들 사이에 서로 다른 단위를 통일시켜줌으로써 영향범주들 사이에 상대적인 비교를 할 수 있도록 하여 특성화 결과에 대한 이해를 보다 용이하게 할 수 있다. 아래의 식과 같이 i 영향범주에 대한 정규화 결과(NR_i)는 i 영향범주의 범주지표 결과(CR_i)를 i 영향범주의 정규화 기준($NR_{ref,i}$)으로 나눠서 얻는다. 분자는 해당 영향범주의 범주지표 결과이고 분모는 해당 영향범주의 정규화 기준이다. 정규화 기준은 다양한 방법으로 선정할 수 있으며, 정규화 기준을 어떻게 선정하는가에 따라 정규화 결과가 달라질 수 있으므로 정규화는 LCIA에서 의무적이 아닌 선택적인 요소이다. 민감도 분석을 수행하여 정규화 기준의 선택에 따른 정규화 결과의 변화를 분석하고 그 결과를 보고서에 명기해야 한다.

$$NR_i = (CR_i / NR_{ref,i})$$

NR(정규화 결과, Normalized Result), NR_{ref}(정규화 기준, Normalization Reference), CR(범주지표 결과, Category indicator Result), i(영향범주)

5.1 정규화 기준

정규화는 각 영향범주의 범주지표 결과를 해당 영향범주에 대해 선정된 정규화 기준으로 나눔으로써 진행된다. 따라서, 정규화 기준을 어떻게 선정하느냐에 따라 정규화 결과가 달라진다. 정규화 기준은 다양하게 선정될 수 있는데, 특정 지역, 특정 기간 등 정해진 범위에서 한 영향범주에 미치는 범주지표의 총량으로 정의할 수 있다. 또한, 총량이 아닌 1인당 범주지표 결과로 정규화 기준이 정의되기도 한다(Junbeum K. 외, 2012).

표 5-16은 EU PEF의 EF 3.0 방법론에서 제시한 16대 영향범주들에 대한 정규화 기준을 총 범주지표 결과와 일인당 범주지표 결과로 구분하고, 각각에 대한 정규화 기준의 단위를 보여주고 있다(Sala S. 외, 2017). 자원고갈(화석연료)의 경우, 특성화 단계에서 얻은 범주지표 결과(a)의 단위는 'MJ/f.u'로 표시하며 기능단위당 몇 MJ의 에너지를 소비했는지를 의미한다. 자원고갈(화석연료)에 대한 정규화 기준은 연간 총 에너지 소비량(b)인 'MJ/yr'와 일인당 에너지 소비량(c)인 'MJ/인'등이 될 수 있다. 총 에너지 소비량(b)은 특정 지역, 특정 연도의 화석연료 사용으로 인한 총 에너지양이며, 이를 그 지역의 거주자 수로 나눈 기준이 일인당 에너지 소비량(c)이다. 자원고갈(화석연료)에

대한 범주지표 결과(a)를 두 종류의 정규화 기준 (b)와 (c)로 나눈 정규화 결과는 표 5-16의 결과(a/b)와 결과(a/c)와 같다. 정규화 기준을 특정지역과 기준 연도의 범주지표 결과의 총합으로 설정한 경우에 정규화 결과의 단위는 '년/f.u'이며, 이는 기능단위당 사용한 자원고갈(화석연료)에 대한 환경영향이 특정 지역의 기준 연도 연간 사용한 자원고갈(화석연료) 영향의 x% 수준인 것을 의미한다. 정규화 기준을 일인당 범주지표 결과로 선정한 경우는 정규화 결과의 단위가 '인/f.u'이고, 이는 기능단위당 사용한 자원고갈(화석연료)의 영향이 특정 지역의 기준 연도에 사용한 일인당 자원고갈(화석연료) 영향의 x% 수준인 것을 의미하게 된다. 표 5-16은 동일 방식으로 나머지 15개 영향범주에 대해 두 종류의 정규화 기준을 활용한 정규화 결과를 보여주고 있다. 영향범주별로 정규화를 수행한 결과의 단위가 같음을 확인할 수 있다. 따라서, 정규화 결과를 토대로 대상시스템이 각 영향범주에 미치는 상대적 기여도를 비교할 수 있게 된다.

표 5-16 영향범주별 특성화 및 정규화 결과 단위 비교

영향범주	범주지표 결과 (a)	정규화 기준		정규화 결과	
		총범주지표 (b)	일인당 범주지표 (c)	결과 (a/b)	결과 (a/c)
자원고갈(화석연료)	MJ/f.u	MJ/yr	MJ/인	yr/f.u	인/f.u
자원고갈(광물)	kg Sb-eq./f.u	kg Sb-eq./yr	kg Sb-eq./인	yr/f.u	인/f.u
자원고갈(수자원)	m^3/f.u	m^3/yr	m^3/f.u	yr/f.u	인/f.u
기후변화	kg CO_2-eq./f.u	kg CO_2-eq./yr	kg CO_2-eq./인	yr/f.u	인/f.u
오존층 파괴	kg CFC-11-eq./f.u	kg CFC-11-eq./yr	kg CFC-11-eq./인	yr/f.u	인/f.u
산성화	mol H^+-eq./f.u	mol H^+-eq./yr	mol H^+-eq./인	yr/f.u	인/f.u
부영양화(토양)	mol N-eq./f.u	mol N-eq./yr	mol N-eq./인	yr/f.u	인/f.u
부영양화(상수)	kg P-eq./f.u	kg P-eq./yr	kg P-eq./인	yr/f.u	인/f.u
부영양화(해양)	kg N-eq./f.u	kg N-eq./yr	kg N-eq./인	yr/f.u	인/f.u
인체독성(발암)	CTUh/f.u	CTUh/yr	CTUh/인	yr/f.u	인/f.u
인체독성(비발암)	CTUh/f.u	CTUh/yr	CTUh/인	yr/f.u	인/f.u
수생 생태독성	CTUe/f.u	CTUe/yr	CTUe/인	yr/f.u	인/f.u
광화학 오존생성	kg NMVOC-eq./f.u	kg NMVOC-eq./yr	kg NMVOC-eq./인	yr/f.u	인/f.u
토지이용	kg C deficit/f.u	kg C deficit/yr	kg C deficit/인	yr/f.u	인/f.u
미세먼지 영향	kg $PM_{2.5}$-eq./f.u	kg $PM_{2.5}$-eq./yr	kg $PM_{2.5}$-eq./인	yr/f.u	인/f.u
이온화방사선 영향	kBq U^{235}-eq./f.u	kBq U^{235}-eq./yr	kBq U^{235}-eq./인	yr/f.u	인/f.u

5.1.1 정규화 기준 유형

(1) 연간 총 환경영향

영향범주별 연간 총 환경영향으로 정규화 기준을 설정하기 위해서는 다음과 같은 사항을 사전에 결정해야 한다.

- 환경영향 기준 연도
  (예: 2010년, 2015년, 2020년 등)
- 환경영향 대상 지역
  (예: 서울 기준, 대한민국 기준, 아시아 기준, 글로벌 기준 등)
- 대상 영향범주
  (예: 기후변화, 산성화, 자원고갈, 부영양화 등)

영향범주별 정규화 기준을 산정하기 위해서는 기준 연도와 대상 지역에서 각 영향범주에 대해 영향을 미치는 목록항목별 총발생량 또는 투입량 데이터를 수집하고, 목록항목별 총투입량 또는 배출량에 각 특성화 인자를 곱한 후 합산하여 산정한다. 목록항목별 총투입량 또는 배출량은 공인데이터를 사용해야 하지만, 불가능한 경우에는 적절한 가정을 세워 수집한 데이터를 사용할 수 있다. 데이터 수집 과정에서 적용한 가정은 명확히 기록해야 한다. 연간 총 환경영향을 정규화 기준으로 선정하고 정규화를 수행한 예는 아래와 같다.

- **기준 연도** : 2017년도
- **대상 지역** : 대한민국
- **대상 영향범주** : 기후변화
- **대상 제품** : A 승용차
- **주행거리** : 12만 km
- **범주지표 결과** : 자동차 1대를 생산하여 12만 km를 주행하는 전과정에서 발생한 기후변화 영향은 21.2 ton CO_2-eq./f.u
- **정규화 기준** : 2017년에 우리나라 총 온실가스 배출량으로, 그 값은 7.09E+08 ton CO_2-eq./yr.임.
- **정규화 결과** : (21.2 ton CO_2-eq./f.u) / (7.09E+08 ton CO_2-eq./yr.)

$= 2.99E - 08$ yr./f.u
- **결과 해석** : A 승용차 1대가 전과정 동안에 발생시킨 기후변화 영향이 2017년에 대한민국에서 발생시킨 총 기후변화 영향의 2.99×10^{-8}에 해당됨.

(2) 일인당 연간 환경영향

정규화 기준을 일인당 연간 환경영향으로 설정하기 위해서는 사전에 다음과 같은 지표가 정의되어야 한다.

- 환경영향 기준 연도
  (예: 2010년, 2015년, 2020년 등)
- 환경영향 대상 지역
  (예: 서울 기준, 대한민국 기준, 아시아 기준, 글로벌 기준 등)
- 대상 지역 내의 주민 수
  (예: 5천만명, 1억명 등)
- 대상 영향범주
  (예: 기후변화, 산성화, 자원고갈, 부영양화 등)

기준 연도에 대상 지역에서 대상 영향범주에 대해서 발생한 총 환경영향을 대상 지역의 주민 수로 나누어서 일인당 연간 정규화 기준을 산정한다. 일인당 연간 환경영향을 정규화 기준으로 하여 정규화를 수행한 예는 아래와 같다.

- **기준 연도** : 2017년도
- **대상 지역** : 대한민국
- **대상 주민 수** : 50,000,000명
- **대상 영향범주** : 기후변화
- **대상 제품** : A 승용차
- **주행거리** : 12만 km
- **범주지표 결과** : 자동차 1대로 12만 km를 주행하는 전과정 동안에 발생한 기후변화 영향은 21.2 ton CO_2-eq./f.u

- **정규화 기준** : 2017년에 국민 1인당 온실가스 배출량은 1.42E+01 ton CO_2-eq.·pe./yr.
- **정규화 결과** : (21.2 ton CO_2-eq./f.u) / (1.42E+01 ton CO_2-eq.·pe./yr.) =1.5 yr.·pe./f.u
- **결과 해석** : A 승용차 1대가 전과정 동안에 발생시킨 기후변화 영향이 2017년에 국민 1.5인이 1년간 발생시킨 기후변화 영향에 해당됨.

(3) 면적당 연간 환경영향

정규화 기준을 면적당 연간 환경영향으로 설정하기 위해서는 사전에 다음과 같은 지표가 정의되어야 한다.

- 환경영향 기준 연도
  (예: 2010년, 2015년, 2020년 등)
- 환경영향 대상 지역
  (예: 서울 기준, 대한민국 기준, 아시아 기준, 글로벌 기준 등)
- 대상 지역의 면적
  (예: 50,000 km^2, 100,000 km^2 등)
- 대상 영향범주
  (예: 기후변화, 산성화, 자원고갈, 부영양화 등)

기준 연도에 대상 영향범주에 대해서 발생한 총 환경영향을 대상 지역의 총면적으로 나누어서 정규화 기준을 산정한다. 면적당 연간 환경영향을 정규화 기준으로 하여 정규화를 수행한 예는 아래와 같다.

- **기준 연도** : 2017년도
- **대상 지역** : 대한민국
- **대상 지역 면적** : 100,210 km^2
- **대상 영향범주** : 기후변화
- **대상 제품** : A 승용차
- **주행거리** : 12만 km

- **범주지표 결과** : 자동차 1대로 12만 km를 주행하는 전과정 동안에 발생한 기후변화 영향은 21.2 ton CO_2-eq./f.u
- **정규화 기준** : 2017년에 국토 1 km^2에서 발생한 온실가스 배출량은 7.08E+03 ton CO_2-eq./km^2 · yr.
- **정규화 결과** : (21.2 ton CO_2-eq./f.u) / (7.08E+03 ton CO_2-eq./km^2 · yr.) = 3.00E−03 yr · km^2/f.u
- **결과 해석** : A 승용차 1대가 전과정 동안에 발생시킨 기후변화 영향이 2017년에 국토 1 km^2에서 발생시킨 기후변화 영향의 0.3%에 해당됨.

5.1.2 정규화 기준 사례

앞에서 설명한 바와 같이 정규화 기준은 각 영향범주에 대한 국가 경제 또는 지역경제 단위의 특성화된 범주지표 결과이며, 어떤 정규하 기준을 선택하느냐에 따라 정규화 결과의 의미가 달라질 수 있다. 이에 ISO 14044:2006은 정규화 기준을 선택할 때, 환경 메커니즘과 정규화 기준값에 대한 지역적, 시간적 척도의 일관성을 고려하도록 하고 있다.

(1) 한국형 정규화 기준(2003)

한국형 정규화 기준은 2003년에 네덜란드의 CML 2001 가이드라인을 벤치마킹하여 우리나라의 10개 영향범주에 대한 총범주지표 결과를 산정하고, 이를 2003년의 국민 수로 나누어서 일인당 범주지표 결과를 제공한 바가 있으나, 너무 오래되어서 현재는 거의 활용할 수가 없는 상황이다. 예를 들어, 기후변화에 대한 정규화 기준은 2003년에 우리나라 국민 1인당 평균 온실가스 배출량인 5.33 ton CO_2-eq.으로 산출되었으나, 2019년도 기준 1인당 평균 온실가스 배출량은 13.6 ton CO_2-eq.에 이르러 큰 차이를 보인다(국가 온실가스 정보센터, 2021).

(2) 환경발자국 3.0의 정규화 기준

EC에서 개발한 환경발자국 3.0(EF 3.0) 방법론에 포함된 정규화 기준은 2019년에 유럽 수준과 유럽을 제외한 글로벌 수준에서 16개 영향범주에 대한 일인당 연간 범주지표 결과를 제공하고 있다(Sala S. 외, 2017). 표 5-17은 유럽을 제외한 글로벌 수준의 정규화 기준을 보여준다. 예를 들어, 기후변화에 대한 정규화 기준은 2019년에 세계 평균 1인당 온실가스 배출량으로 8.10 ton CO_2-eq.임을 알 수 있다.

표 5-17 EF 3.0의 영향범주별 정규화 기준(2019, 글로벌)

영향범주	특성화 모델	단위	글로벌 수준 정규화 기준 (1인당)
기후변화	IPCC (2013)	kg CO_2-eq.	8.10E+03
오존층 파괴	WMO (1999)	kg CFC-11-eq.	5.36E−02
인체독성(발암)	USEtox (Rosenbaum et al., 2008)	CTUh	1.69E−05
인체독성(비발암)		CTUh	2.30E−04
미세먼지	Fantke et al., 2016	disease incidences	5.95E−04
이온화방사선	Frischknecht et al., 2000	kBq U-235-eq.	4.22E+03
광화학산화물생성	Van Zelm et al., 2008 as applied in ReCiPe	kg NMVOC-eq.	4.06E+01
산성화	Posch et al., 2008	mol H^+-eq.	5.56E+01
부영양화(토양)		mol N-eq.	1.77E+02
부영양화(담수)	Struijs et al., 2009	kg P-eq.	1.61E+00
부영양화(해양)		kg N-eq.	1.95E+01
토지이용	Bos et al., 2016	pt	8.19E+05
생태독성	USEtox (Rosenbaum et al., 2008)	CTUe	4.27E+04
물 사용	AWARE 100 (based on; UNEP, 2016)	m^3 water-eq.	1.15E+04
자원고갈(연료)	CmL Guinée et al. (2002) and van Oers et al. (2002)	MJ	6.50E+04
자원고갈(광물)		kg Sb-eq.	6.36E−02

[출처] Normalization factors for the environmental footprint package 3.0 (2019)

5.2 정규화 적용 사례

ISO TR 14047은 '4.2 특성화 적용 사례'에서 설명한 소재 A와 소재 B를 사용한 파이프라인 시스템의 특성화 결과에 대해, 정규화를 수행한 사례를 제공하고 있다.

5.2.1 사례 1

4.1.1절에서 설명한 소재 A와 소재 B 파이프라인 시스템의 영향범주별 특성화 결과에 대하여 정규화를 수행하였다. 정규화 기준으로 각 영향범주에 대하여 기준 연도의 총 범주지표 값을 산정하고, 특성화 결과를 정규화 기준으로 나누어서 정규화 결과를 산출하였다. 영향범주별로 사용된 정규화 기준의 단위는 kg(기준물질)-eq./year이고, 정규화 결과의 단위는 year이다. 표 5-18은 소재 A와 소재 B 파이프라인 시스템에 대하여 영향범주별 범주지표 결과를 정규화 기준으로 나눈 정규화 결과이다. 특성화로부터 얻은 범주지표 결과들은 영향범주별로 서로 다른 단위를 갖고 있으므로 비교할 수 없으나, 정규화를 수행한 결과는 다른 영향범주라도 같은 단위를 가지므로 상대적인 크기를 비교할 수 있다. 그림 5-14는 두 파이프라인 시스템에 대한 영향범주별 정규화 결과를 그래프를 활용하여 비교한 것이다. 소재 A와 소재 B 시스템 모두 광화학산화물생성에 대한 기여도가 7대 영향범주 중에서 가장 컸고, 다음으로 기후변화, 산성화 순이었다.

표 5-18 물질 A와 물질 B의 파이프라인 시스템에 대한 정규화 결과

	범주지표 결과 kg( )-eq.		정규화 기준 kg( )-eq./yr	정규화 결과 yr	
	물질 A	물질 B		물질 A	물질 B
기후변화	1.84E+05	1.46E+05	2.27E+11	8.08E−07	6.45E−07
오존층 파괴	1.86E−02	5.75E−03	3.61E+06	5.14E−09	1.59E−09
광화학산화물생성	6.95E+01	7.01E+01	6.26E+07	1.11E−06	1.12E−06
산성화	3.51E+02	2.50E+01	6.41E+08	5.48E−07	3.91E−08
부영양화	1.85E+01	2.42E+00	1.08E+09	1.72E−08	2.24E−09
인간독성	1.81E+04	4.73E+02	1.45E+11	1.24E−07	3.26E−09
생태독성	1.66E+02	4.76E+00	1.16E+11	1.43E−09	4.10E−11

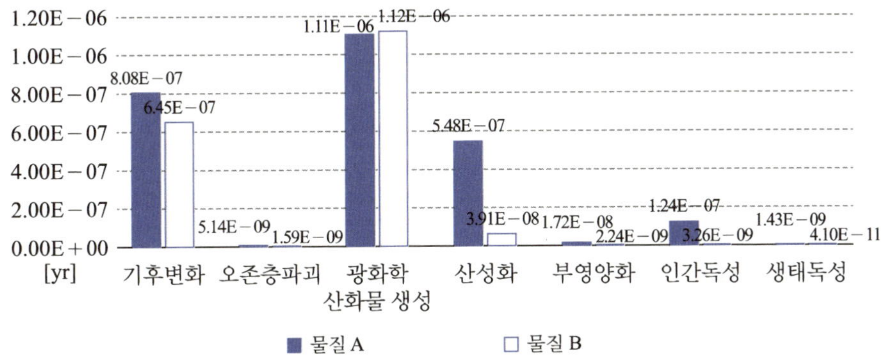

그림 5-14 물질 A와 물질 B의 파이프라인 시스템에 대한 정규화 결과 비교

5.2.2 사례 2

표 5-19는 표 5-13의 EL 모델과 SE 모델을 적용하여 특성화를 수행하여 얻은 8개 국가의 산성화 영향범주에 대한 범주지표 결과 중에서 알바니아와 벨기에, 핀란드의 범주지표 결과를 각 국가의 국민 수를 정규화 기준으로 사용하여 나눠 각 국가의 산성화 영향범주에 대해 산출한 정규화 결과를 보여준다. EL 모델을 적용한 국가별 정규화 결과를 비교하면, 알바니아가 3.45E－05 m^2/명으로 가장 크고, 다음으로 핀란드, 벨기에 순이다. SE 모델을 적용하면, 핀란드가 2.98E－06 m^2/명으로 가장 크고, 다음으로 벨기에, 알바니아 순이다.

표 5-19 정규화 기준으로 인구수를 적용한 국가별 정규화 결과

	산성화 범주지표 결과(m^2)		인구수(명) (*c*)	정규화 결과(m^2/명)	
	EL 모델 (*a*)	SE 모델 (*b*)		EL 모델 (*a*/*c*)	SE 모델 (*b*/*c*)
알바니아	107	0.020	3,119,000	3.43E－05	6.41E－09
벨기에	107	1.362	10,141,000	1.06E－05	1.34E－07
핀란드	107	15.382	5,154,000	2.08E－05	2.98E－06

또 다른 유형의 정규화 방식은 특성화 결과를 정규화 기준으로 나누는 일반적인 정규화 방식이 아니라, 특정 영향범주에 기여하는 주요 목록항목의 LCI 결과를 해당 목록항목의 기준 배출량으로 나누는 정규화이다. 표 5-20은 SE 모델을 적용한 산성화 범주지표 결과에서 주요 목록항목인 NO_x와 SO_x의 LCI 결과를 정규화 기준인 NO_x와 SO_x의 총배출량으로 나눠서 국가별로 산성화 영향범주에 대한 정규화 결과를 산출하였다. NO_x로 인한 산성화 영향을 국가별로 비교하면, 핀란드에서 영향이 가장 크고 다음으로 벨기에, 알바니아 순이다. SO_2의 측면에서 보면, NO_x로 인한 산성화 영향과 유사하게 핀란드에서의 영향이 가장 크고, 다음으로 벨기에, 알바니아 순이다. 이처럼 특정 영향범주에 기여가 큰 목록항목별로 정규화를 수행하여 결과를 비교할 수도 있다.

표 5-20 SE 모델을 적용한 국가별 정규화 결과

	산성화 결과(m^2)		총배출량(ton)		정규화 결과(m^2/ton)	
	NO_x (*a*)	SO_2 (*b*)	NO_x (*a'*)	SO_2 (*b'*)	NO_x (*a*/*a'*)	SO_2 (*b*/*b'*)
알바니아	0.00	0.02	30,000	120,000	0.00E+00	1.67E−07
벨기에	0.08	1.28	352,000	317,000	2.33E−07	4.04E−06
핀란드	0.24	15.14	300,000	260,000	8.07E−07	5.82E−05

문제 18 정규화 기준 및 정규화 결과 산출

[표 1]은 제품 A에 대한 LCI를 수행하고 특성화를 수행하여 얻은 영향범주별 범주지표 결과이다. [표 2]를 활용하여 정규화 기준을 산출한 후에 영향범주별로 정규화 결과를 [표 3]에 입력하시오. 단, 인구수는 55,000,000명이다. 정규화 기준은 소수점 둘째자리로 나타내고, 정규화 결과는 지수로 나타내시오.

[표 1] 범주지표 결과

영향범주	단위	특성화 결과
자원고갈	kg Sb-eq.	120
지구온난화	kg CO_2-eq.	85
산성화	kg SO_2-eq.	23

[표 2] 주요 오염물질 및 자원에 대한 총배출량 및 사용량

	단위	국가 총배출량 또는 사용량	특성화 인자	
			단위	값
CO_2	ton	620,000,000	kg CO_2-eq./kg	1
CH_4	ton	380,000	kg CO_2-eq./kg	21
N_2O	ton	15,000	kg CO_2-eq./kg	310
SO_2	ton	33,000,000	kg SO_2-eq./kg	1
NO_2	ton	85,000,000	kg SO_2-eq./kg	0.8
Crude oil	ton	25,585,000,000	kg Sb-eq./kg	0.021
Hard coal	ton	15,883,000,000	kg Sb-eq./kg	0.013

[표 3] 정규화 기준 및 정규화 결과

	정규화 기준		정규화 결과	
	단위	값	단위	값
지구온난화	kg CO_2-eq./인		인	
산성화	kg SO_2-eq./인		인	
자원고갈	kg Sb-eq./인		인	

풀이

■ **영향범주별 분류화**

- 지구온난화 유발물질 : CO_2, CH_4, N_2O
- 산성화 유발물질 : NO_2, SO_2
- 자원고갈 유발물질 : Crude oil, Hard coal

■ **국가단위 범주지표 결과 산출**

- 고려사항 : 국가 총배출량 또는 사용량의 단위는 ton이고, 특성화 인자의 단위는 kg(기준물질)-eq.이어서 ton을 kg단위로 전환하는 단위환산이 사전에 선행되어야 함
- 지구온난화 : (CO_2 국가 총배출량 × 특성화 인자) + (CH_4 국가 총배출량 × 특성화 인자) + (N_2O 국가 총배출량 × 특성화 인자)
  = (620,000,000,000 kg CO_2 × 1 kg CO_2-eq./kg CO_2) + (380,000,000 kg CH_4 × 21 kg CO_2-eq./kg CH_4) + (15,000,000 kg N_2O × 310 kg CO_2-eq./kg N_2O)
  = 620,000,000,000 kg CO_2-eq. + 7,980,000,000 kg CO_2-eq. + 4,650,000,000 kg CO_2-eq.

= 632,630,000,000 kg CO_2-eq. = 632,630,000 ton CO_2-eq.

- 산성화 : (NO_2 국가 총배출량 × 특성화 인자) + (SO_2 국가 총배출량 × 특성화 인자)

  = (85,000,000,000 kg NO_2 × 0.8 kg SO_2-eq./kg NO_2) + (33,000,000,000 kg SO_2 × 1 kg SO_2-eq./kg NO_2)

  = 68,000,000,000 kg SO_2-eq. + 33,000,000,000 kg SO_2-eq.

  = 101,000,000,000 kg SO_2-eq. = 101,000,000 ton SO_2-eq.

- 자원고갈 : (Crude oil 국가 총사용량 × 특성화 인자) + (Hard coal 국가 총사용량 × 특성화 인자)

  = (25,585,000,000,000 kg Crude oil × 0.021 kg Sb-eq./kg Crude oil) + (15,883,000,000,000 kg Hard coal. × 0.013 kg Sb-eq./kg Hard coal)

  = 537,285,000,000 kg Sb-eq. + 206,479,000,000 kg Sb-eq.

  = 743,764,000,000 kg Sb-eq. = 743,764,000 ton Sb-eq.

■ **1인당 정규화 기준 산출**

- 지구온난화 : 지구온난화 지표결과 ÷ 인구수

  = 632,630,000,000 kg CO_2-eq. ÷ 55,000,000인

  = 11,502.36 kg CO_2-eq./인

- 산성화 : 산성화 지표결과 ÷ 인구수

  = 101,000,000,000 kg SO_2-eq. ÷ 55,000,000인

  = 1,836.36 kg SO_2-eq./인

- 자원고갈 : 자원고갈 지표결과 ÷ 인구수

  = 743,764,000,000 kg Sb-eq. ÷ 55,000,000인

  = 13,522.98 kg Sb-eq./인

■ **영향범주별 정규화 결과 산출**

- 지구온난화 : 범주지표 결과 ÷ 정규화 기준

  = 85 kg CO_2-eq. ÷ 11,502.36 kg CO_2-eq./인 = 7.39E − 03인

- 산성화 : 범주지표 결과 ÷ 정규화 기준

  = 23 kg SO_2-eq. ÷ 1,836.36 kg SO_2-eq./인 = 1.25E − 02인

- 자원고갈 : 범주지표 결과 ÷ 정규화 기준

  = 120 kg Sb-eq. ÷ 11,502.4 kg Sb-eq./인 = 8.87E − 03인

[표 3] 정규화 기준 및 정규화 결과

	정규화 기준		정규화 결과	
	단위	값	단위	값
지구온난화	kg CO_2-eq./인	11,502.36	인	7.39E−03
산성화	kg SO_2-eq./인	1,836.36	인	1.25E−02
자원고갈	kg Sb-eq./인	13,522.98	인	8.87E−03

LCA 사례 오렌지 음료 (18/19)

표 5-21은 오렌지 음료의 전과정단계별로 각 영향범주에 대한 정규화 결과인데, 표 5-14의 전과정단계별 범주지표 결과들을 표 5-21에 제시된 영향범주별 정규화 기준으로 나누어서 얻었다. 정규화 기준은 CML 2001의 글로벌 수준의 데이터를 활용하였으며, 단위는 표 5-21에서 보는 바와 같다. 그림 5-15는 각 영향범주에 대해 전과정단계별 정규화 결과를 합하여 보여준다. 정규화 결과, 담수독성에 의한 영향이 6.43E+01[pe]로 지배적이었다. 이는 500 mL 오렌지 음료 2팩을 생산하고 사용, 폐기하는 과정에서 64.3명이 담수독성을 유발시킬 수 있음을 의미한다. 다음으로 해양독성, 토양독성, 인체독성의 순이었다. 기후변화 영향은 다섯 번째인 4.94E−03[pe]이었다. 전체적으로 독성영향이 크게 나온 이유는 용기를 제조하는 과정에서 사용한 플라스틱 수지로 인한 영향이 가장 큰 것으로 나타났다.

표 5-21 오렌지 음료에 대한 영향범주별 정규화 결과

영향범주	정규화 기준		정규화 결과(pe.-equivalent)			
	단위	기준값	생산	사용	폐기	전과정
자원고갈	kg Sb-eq./pe.-yr	2.76E+01	2.14E−03	2.91E−05	2.33E−05	2.19E−03
산성화	kg SO_2-eq./pe.-yr	3.98E+01	6.31E−04	7.60E−06	4.21E−06	6.43E−04
부영양화	kg PO_4^{3-}-eq./pe.-yr	1.31E+01	1.23E−03	1.41E−06	2.38E−06	1.23E−03
담수독성	kg 1,4-DCB-eq./pe.-yr	7.19E−01	6.43E+01	3.17E−07	9.74E−06	6.43E+01

기후변화	kg CO_2-eq./pe.-yr	5.57E+03	4.30E−04	4.50E−03	1.78E−05	4.94E−03
인체독성	kg 1,4-DCB-eq./pe.-yr	1.48E+03	8.63E−01	1.38E−05	2.06E−07	8.63E−01
해양독성	kg 1,4-DCB-eq./pe.-yr	3.73E+01	3.41E+01	1.10E−06	6.51E−07	3.41E+01
오존층 파괴	kg CFC-eq./pe.-yr	4.78E−02	8.62E−06	1.24E−13	5.73E−11	8.62E−06
광화학스모그	kg C_2H_4-eq./pe.-yr	4.96E+00	4.04E−04	3.20E−08	1.42E−07	4.04E−04
토양독성	kg 1,4-DCB-eq./pe.-yr	7.38E−01	6.10E+00	6.02E−12	1.81E−10	6.10E+00

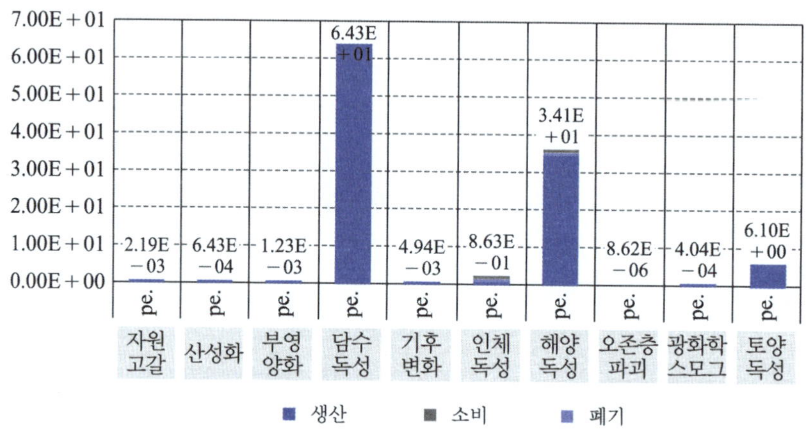

그림 5-15 오렌지 음료에 대한 영향범주별 정규화 결과

5.3 정규화 결과 활용

정규화 결과는 각 영향범주별로 특성화 결과의 상대적인 크기, 즉 특정 지역의 기준 연도 정규화 기준 대비 대상시스템의 기능단위당 특성화 결과가 차지하는 기여도를 의미한다. 정규화 결과의 단위는 무차원 또는 1인당 환경영향 등이 될 수 있으며, 국가별 또는 지역별, 연도별 환경영향의 상대적인 크기를 비교하는 용도로도 활용될 수 있다. 표 5-22는 EU가 2013년부터 시범사업을 통해 8개 대상 품목에 대해 개발한 PEF 산정지침인 PEFCR(Product Environmental Footprint Category Rules)에 제시된 16대 영향범주별 EU 평균 정규화 결과를 발췌하여 정리한 것이다. 각 품목에 대하여 EU 시장에서 판매되는 동종제품의 시장점유율 51% 이상을 차지하는 업체들로부터 데이터를 수집하여 EU의 PEF 산정지침에 따라 산출한 16대 영향범주별 평균 범주지표 결과를 표 5-17의 글로벌 수준의 정규화 기준으로 나눠서 얻은 결과이다. 표 5-17의 정규화 기준이 영향범주별로 1인당 범주지표 결과이므로, 각 영향범주에 대한 정규화 결과의 단위는 인구수로 표현된다.

표 5-22를 보면, 단열재의 기후변화에 대한 정규화 결과가 3.61E−03인데, 이는 표 5-17에 제시된 전 세계 사람들의 1인당 평균 온실가스 배출량인 8.10E+03 kg CO_2-eq.을 기준으로 볼 때, EU 평균의 단열재 기능단위가 기후변화 범주에 미치는 상대적인 크기는 0.00361명의 사람이 배출한 이산화탄소 상당가와 같다는 것을 의미한다. 액상세제의 1회 세탁시 물 사용 영향에 대한 정규화 결과는 9.56E−06인데, 이는 표 5-17의 세계 평균 1인당 물 사용 영향인 1.15E+04 m^3을 기준으로 보면 0.00000942명에 의해 소비된 물 사용 영향과 같다는 것을 나타낸다.

표 5-22 8개 PEF 대상품목들의 영향범주별 정규화 결과

품목명	기능단위	영향범주별 정규화 결과(인구수)												
		기후 변화	오존층 파괴	미세 먼지	이온화 방사선	광화학 스모그	산성화	부영양화 (토양)	부영양화 (담수)	부영양화 (해양)	토지 사용	물 사용	자원 고갈 (연료)	자원 고갈 (광물)
단열재 (평지붕)	50년 동안 열관류율 0.33～0.10 두께 단열재 1 m^2 생산	3.61E－3	2.85E－4	2.74E－3	2.23E－4	3.58E－3	1.06E－3	1.23E－3	1.78E－4	7.44E－4	1.37E－4	4.00E－4	6.80E－3	4.83E－4
액상 세탁세제	4.5 kg 세탁물 1회 세탁	6.66E－5	2.30E－7	3.22E－5	3.19E－5	3.17E－5	3.66E－5	2.91E－5	2.81E－5	3.04E－5	3.62E－6	9.56E－6	9.42E－6	1.14E－4
스파클링 와인	0.75 L 와인 소비	2.81E－4	1.35E－6	1.56E－4	5.21E－5	9.21E－5	1.61E－4	1.29E－4	5.66E－5	1.35E－4	1.12E－4	2.55E－4	2.27E－4	4.15E－4
애완사료 건식 (개)	일일 권장 칼로리양	1.70E－4	1.73E－7	1.34E－4	2.53E－5	1.08E－4	1.63E－4	2.07E－4	2.22E－5	1.22E－4	3.77E－5	1.21E－4	2.38E－4	8.57E－5
T-셔츠 (남성)	T셔츠 1장을 52회 착용	8.12E－4	1.25E－5	1.45E－3	1.05E－4	4.67E－4	6.41E－4	4.35E－4	1.04E－3	2.99E－4	1.43E－4	9.91E－4	1.27E－3	3.87E－4
장식용 페인트 (내벽)	불투명도 98%로 1 m^2의 벽을 채색해 50년 유지	6.40E－4	2.27E－6	3.29E－4	4.60E－5	3.34E－4	4.72E－4	2.34E－4	8.80E－5	1.42E－4	1.47E－5	5.74E－5	2.45E－4	9.35E－4
충전식 배터리 (ICT-Li)	수명주기 동안 1 kWh 에너지 공급	8.40E－5	3.51E－7	7.02E－5	2.17E－5	3.85E－5	5.77E－5	3.10E－5	1.11E－5	1.98E－5	1.78E－6	1.41E－5	1.53E－4	3.05E－4
유제품 (우유)	1000 mL 우유 소비	2.08E－4	2.15E－7	1.66E－4	2.10E－5	8.64E－5	2.30E－4	3.05E－4	4.12E－5	1.36E－4	1.15E－4	3.33E－5	2.33E－5	1.25E－4

6 그룹화와 가중화

그룹화와 가중화는 시대적 상황 또는 지역적 상황 및 정보 등을 활용하여 영향범주들을 분류하고 등급화를 하거나, 가치판단에 근거한 가중화 인자를 활용하여 영향범주별로 상대적인 중요도를 부여함으로써, 각 영향범주의 범주지표 결과들을 통합하는 주관적인 절차를 거치므로 LCIA의 선택적 요소에 해당된다.

6.1 그룹화

그룹화는 영향범주, 특성화와 정규화 과정에서 얻은 영향범주별 범주지표 결과 또는 정규화 결과를 목적 및 범위정의에서 설정한 일정한 기준에 따라 하나 이상의 조건으로 분류하거나, 영향범주별 정규화 결과에 대한 등급을 부여하는 과정이다.

6.1.1 분류 방법

일반적으로 영향범주들을 일정한 기준에 따라 분류(sorting)하는 방법은 표 5-23과 같이 3가지가 있다(Richard A. V., 2016).

- 환경영향이 미치는 범위별 분류[지구 규모(global scale), 지역적 규모(regional scale), 지엽적 규모(local scale)]
- 종말점 보호 대상별 분류(인체건강, 생태계 질, 자원고갈)
- 매체별 분류(대기, 수계, 토양)

환경영향이 미치는 범위에 따라 영향범주들을 지구 규모와 지역적 규모, 지엽적 규모로 구분할 수 있다. 일반적으로 기후변화와 오존층 파괴, 자원고갈(에너지, 광물, 물) 범주 등은 지구 규모의 환경영향에 속하며, 산성화, 미세먼지 등은 지역적 규모의 영향범주로 분류되고, 인체독성, 생태독성, 부영양화 등은 지엽적 규모의 영향범주에 포함한다.

인간의 활동으로 인해 나타난 각종 환경영향이 인류의 지켜야 할 보호 대상인 인간과 생태계, 자원에 얼마나 피해를 주는지 평가하기 위하여 종말점 수준의 지표인 인체건강, 생태계 질, 자원고갈 등 세 가지 측면으로 영향범주들을 분류할 수도 있다.

각종 환경영향을 일으키는 목록항목이 어느 매체를 통해 이동했는지에 따라 대기와 수계, 토양 등의 매체로 나눠 환경영향을 분류하기도 한다.

표 5-23 16대 영향범주의 보호 대상과 매체, 범위별 분류

보호 대상	매체 / 범위	지구적 규모 (global scale)	지역적 규모 (regional scale)	지엽적 규모 (local scale)
생태계	대기	지구온난화 오존층 파괴	산성화 미세먼지 영향	생태독성 광화학스모그
	수계		산성화	생태독성 부영양화
	토양		산성화	생태독성 부영양화
자원		자원고갈 (화석연료, 광물, 물)		
인간				인체독성 (발암, 비발암) 이온화방사선 영향

6.1.2 등급부여 방법

제품별 영향범주에 대한 정규화 결과를 활용하여 제품별로 환경적 우선순위를 매기기 위한 등급(ranking)을 부여할 수 있다. 등급을 부여하는 방식은 각 영향범주에 대한 범주지표 결과를 활용하여 기준 연도 또는 이전 제품 대비 감축률에 근거하여 등급을 부여하는 방식이 있고, 동종제품의 평균 영향범주별 범주지표 결과를 정규화 기준으로 한 정규화 결과에 따라 차등화하여 등급을 부여하는 방식이 있다.

등급을 표현하는 방식은 그림 5-16과 같이 등급정보를 확인하는 자가 쉽게 이해할 수 있도록 우리나라의 에너지소비효율 등급과 같이 숫자를 활용한 부여하는 방식, EU PEF의 신호등 방식과 유사하게 초록색은 친환경이고, 붉은색은 그 반대의 의미를 주는 것과 같이 시각적으로 의미를 전달하는 방식, 숫자와 유사하게 알파벳을 활용하여 의미를 전달하는 방식 등이 활용되고 있다. 즉, 숫자, 기호, 색깔을 활용하여 소비자에게 정보를 쉽게 전달하는 방식이 선호된다. 이 방식은 등급 구간을 어떻게 설정하느냐에 따라 등급이 바뀔 수도 있어서 등급구간을 설정하는 객관적인 기준이 마련되어야 한다.

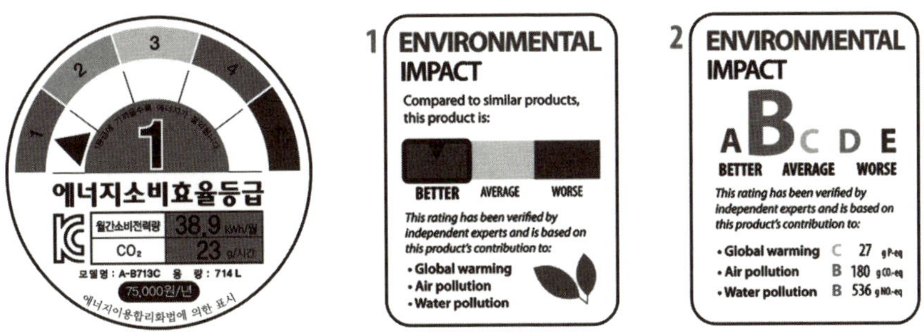

숫자 방식　　　　성능 방식

그림 5-16 그룹화에 의한 환경영향에 대한 등급부여의 예

6.2 가중화

가중화는 주관적인 가치선택(value choice)에 근거한 상대적 중요도를 고려하여 영향범주별 가중화 인자(Weighting Factor, WF)를 부여하고, 이를 영향범주별 특성화 결과 또는 정규화 결과에 적용하는 과정이다.

아래의 관계식에서 보는 바와 같이 가중화는 영향범주별로 부여된 가중화 인자(WF_j)를 활용하여 영향범주별 특성화 결과(CR_{ij}) 또는 정규화 결과(NR_{ij})를 전환한 후에 이들을 통합하는 두 단계의 과정을 거친다. 즉, 1단계는 영향범주별 CR_{ij} 또는 NR_{ij}에 WF_j를 곱하여 영향범주별 WR_{ij}를 얻는 과정이다. 2단계는 영향범주별 WR_{ij}를 합하여 최종 환경지수(EI_i)를 하나의 점수로 산출하는 과정이다.

1단계 : $WR_{ij} = NR_{ij} \times WF_j$

2단계 : $EI_i = \sum_{j=1}^{n} WR_{ij}$

WR(Weighted Results, 가중화 결과), WF(Weighting Factor, 가중화 인자)
EI(Eco-Index, 환경지수), i(제품), j(영향범주)

영향범주별 가중화 결과는 특성화 또는 정규화 결과에 해당 영향범주에 부여된 가중화 인자를 곱하여 얻어진다. 대상 영향범주들의 가중화 결과를 합하여 해당 제품의 최종 환경점수라고 볼 수 있는 단일 환경지수를 얻을 수 있다. ISO 14044:2006은 가중화 결과 또는 단일 환경지수는 주관적인 가치판단으로 얻은 가중화 인자를 활용하여 산정된 결과이므로, 제품간 환경적 우수성을 주장하는 용도로 활용할 수 없도록 규정하고 있다.

ISO TR 14047에서 제시한 정규화 결과 사례와 연계된 가중화 결과를 산출하는 가상의 사례를 소개한다. 표 5-18에서 얻은 소재 A와 소재 B를 사용한 파이프라인 시스템에 대한 7대 영향범주별 정규화 결과에 표 5-24의 영향범주별 가중화 인자를 곱하여 영향범주별 가중화 결과로 전환하였다. 정규화 결과의 단위는 year이고, 가중화 인자의 단위는 무차원이므로 가중화 결과의 단위도 year이다. 영향범주별 가중화 결과를 합산하여 총환경지수를 얻은 결과, 소재 A를 사용한 파이프라인 시스템의 환경지수는 4.36E－07(yr)이고, 소재 B를 사용한 파이프라인 시스템은 2.98E－07(yr)이다. 현재의 가중화 인자를 적용하면 소재 B를 사용한 파이프라인 시스템의 환경지수가 소재 A 파이프파인 시스템보다 31.7% 낮으므로 그만큼 환경적으로 우수하다고 할 수 있다. 그러나, 다른 가치선택에 근거한 상대적인 중요도를 고려하면 가중화 인자 값이 달라질 수 있으며, 그 결과 가중화 결과가 변할 수 있다. 따라서, 가중화 인자의 개발과 그로 인한 가중화 결과의 활용은 매우 제한적이어야 한다.

표 5-24 소재 A와 소재 B를 사용한 파이프라인 시스템에 대한 가중화 결과

	정규화 결과(yr)		가중화 인자	가중화 결과	
	물질 A	물질 B		물질 A	물질 B
기후변화	8.08E－07	6.45E－07	0.278	2.25E－07	1.79E－07
오존층 파괴	5.14E－09	1.59E－09	0.104	5.35E－10	1.65E－10
광화학산화물생성	1.11E－06	1.12E－06	0.100	1.11E－07	1.12E－07
산성화	5.48E－07	3.91E－08	0.148	8.11E－08	5.79E－09
부영양화	1.72E－08	2.24E－09	0.113	1.94E－09	2.53E－10
인간독성	1.24E－07	3.26E－09	0.130	1.61E－08	4.24E－10
생태독성	1.43E－09	4.10E－11	0.130	1.86E－10	5.33E－12
환경지수(Eco-index)				4.36E－07	2.98E－07

아래에는 가중화 인자의 주관성과 가중화 인자가 최종결과에 미치는 심각성을 보여준다.

한국과 브라질 축구 국가대표의 세계 랭킹을 결정하고자 한다. 이를 위해 월드컵과 아시안컵, 코파아메리카컵의 최근 10년 간 참가 및 수상경력에 대한 정보를 수집했다. 한국은 최근 10년간 월드컵에 3번 출전하여 등수에 오르지 못했고, 아시안컵에 3번 출전하여 1회 우승과 1회 준우승, 1회 3등을 했다. 브라질은 월드컵에 3번 참가하여 준우승만 1회 했고, 코파아메리카컵에서도 3번 참가하여 1회 우승을 했다. 이상의 결과를 가지고 국가 간의 세계 랭킹을 정하기 위한 점수를 부여한다.

- **방식 1 : 대회별 가중치는 모두 1로 하고 대회의 등수별 가중치 부여**
  대회의 중요도에 무관하게 모든 대회의 등수간 가중치로 1등은 3점, 2등은 2점, 3등은 1점을 부여한다. 방식 1에 따라 점수를 매긴 결과, 한국은 6점, 브라질은 5점을 얻었다.

구분	월드컵			아시안컵			코파아메리카컵			총점
	1등 (3점)	2등 (2점)	3등 (1점)	1등 (3점)	2등 (2점)	3등 (1점)	1등 (3점)	2등 (2점)	3등 (1점)	
한국				1회	1회	1회				6점
브라질		1회					1회			5점

• **방식 2 : 대회별 가중치와 대회 등수별 가중치 부여**

대회간 가중치로 월드컵은 3점, 코파아메리카컵은 2점, 아시안컵은 1점으로 정하고, 대회 등수간 가중치는 1등은 3점, 2등은 2점, 3등은 1점을 부여한다. 예를 들어, 월드컵에서 1회 우승을 한 번 한 경우에는 9점(3×3)을 획득할 수 있다. 방식 2에 따라 점수를 계산한 결과, 한국은 6점, 브라질은 12점을 얻었다.

구분	월드컵			아시안컵			코파아메리카컵			총점
	1등 (9점)	2등 (6점)	3등 (3점)	1등 (3점)	2등 (2점)	3등 (1점)	1등 (6점)	2등 (4점)	3등 (2점)	
한국				1회	1회	1회				6점
브라질		1회					1회			12점

이 사례에는 국가 간의 랭킹을 정하기 위한 점수를 매기는 과정에서 대회간 가중치, 등수간 가중치 등 두 가지의 가중화 인자가 사용된다. 대회간 상대적인 중요도를 반영하지 않은 방식 1에 의한 국가간 세계 랭킹의 선정은 비합리적일 수 있다. 반면에, 대회 간의 상대적인 중요도를 정하고 이를 반영하여 국가 간 세계 랭킹을 선정할 수 있다. 하지만, 대회별 상대적인 중요도인 가중치를 월드컵 3점, 코파아메리카컵 2점, 아시안컵 1점으로 부여하는 것도 과학적이고 객관적인 근거는 없고, 단지 주관적인 가치판단에 근거한 것이다. 여기서 대회간 가중치 설정이 영향범주별 가중치 설정과 유사한 개념이다.

6.2.1 가중화 인자 유형

가중화 인자는 영향범주별 상대적 중요도를 반영하여 영향범주에 부여되는 인자이다. 즉, 특성화 또는 정규화 결과에 가중화 인자를 적용한 영향범주별 가중화 결과는 특정 국가, 사회, 기업 또는 기간에 영향범주들에 대한 상대적인 중요도가 반영된 것이다. 영향범주별 특성화 또는 정규화 결과에 가중화 인자를 곱한 가중화 결과들을 통합하여 단일 환경지수로 나타낼 수 있다. 일반적으로 가중화 인자를 개발하는 방법은 그림 5-17과 같이 패널법과 목표성과법, 환경비용법 등이 있다(Lars G. L. 외, 1995).

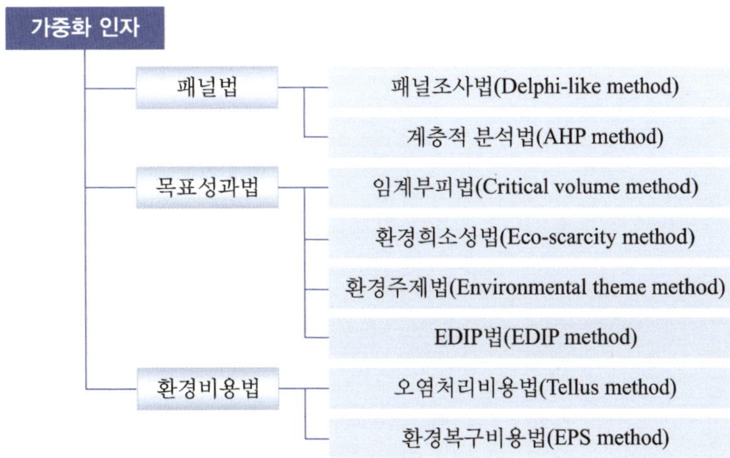

그림 5-17 가중화 인자 개발 유형별 방법

(1) 패널법

환경분야 전문가, LCA 전문가, 또는 이해관계자 등으로 패널을 구성하고 대면 인터뷰 또는 전화, 이메일 등의 방식을 활용하여 영향범주 간의 상대적인 중요도를 산정하는 방식이다. 패널법에는 패널 조사법과 계층적 분석법 등이 있다.

① 패널조사법(delphi-like method)

패널조사법은 패널법 중에서 적용하기 간편하여 보편적으로 사용하는 방식이다. 이는 선정된 환경전문가들이 영향범주별 상대적인 중요도를 1~10점 또는 1~100점 사이의 가중치를 부여한 결과를 토대로 가중화 인자를 개발한다. 환경전문가에게 영향범주에 대한 의미를 소개하고 중요도를 평가하기 위한 기준을 제시한 후에, 이를 토대로 전문가들은 영향범주 간 가중치를 비밀리에 부여한다. 전문가별 가중치 부여 결과를 취합하여 평균을 낸 후에 이를 모든 전문가에게 공개하고 자신이 부여한 영향범주별 가중치를 수정할 의사가 있는지를 묻는다. 전문가들은 가중치의 평균치를 토대로 본인이 1차로 작성한 영향범주별 가중치의 수정여부를 결정한 후에 2차 가중치 부여를 한다. 전문가별로 작성한 2차 가중치를 활용하여 영향범주별 가중치의 평균을 낸다. 이렇게 얻어진 것이 영향범주별 가중화 인자이다.

환경전문가가 영향범주별 가중치를 부여하는 과정에서 고려하는 평가기준은 다음과 같다.

(ㄱ) 가역성 기준 : 환경문제가 발생한 후에 다시 원상태로 돌아갈 수 없는 비가역적인 환경문제는 가역적인 환경문제보다 더 중요하다.
(ㄴ) 시간 기준 : 장기적 환경영향이 단기적 영향보다 더 중요하다.
(ㄷ) 지역 기준 : 광범위한 지역에 영향을 주는 환경문제가 좁은 지역에 미치는 영향보다 더 중요하다.
(ㄹ) 예방 기준 : 환경영향이 부분적으로 알려진 것은 상세히 알려진 영향보다 더 중요하다.

② 계층적 분석법(AHP method)

다기준 의사결정(multi-criteria decision making) 방법 중에서 가장 널리 사용되어온 계층적 분석법(Analytic Hierarchy Process, AHP)은 미국 펜실베이니아 대학의 Thomas Satty 교수에 의해 고안된 방법론이다. 이는 기존의 의사결정론과는 달리 대안 간 가중치를 계산하는데 쌍대 비교(pairwise comparison)를 이용한다는 점이 특징이다. AHP의 구조는 그림 5-18과 같이 영향범주와 평가기준, 목적으로 구성된다. 즉, 영향범주 간 상대적인 중요도를 부여하기 위하여 최종목적을 달성하는 정도를 평가할 기준의 관점에서 영향범주 사이에 쌍대 비교를 한다. 평가기준으로는 패널조사법에서 소개한 가역성 기준, 시간 기준, 지역 기준, 예방 기준 등이 주로 적용된다. 쌍대 비교 시 중요도의 지수는 9단계로 구분하여 적용한다. 평가기준에 따라 대안 간의 환경적 중요도를 비교한 결과 영향범주 1이 영향범주 2보다 절대적(absolute)으로 중요하면 9점, 매우(very strong) 중요하면 7점, 강하게(strong) 중요하면 5점, 약간(weak) 중요하면 3점, 동등(equal)하면 1점을 부여하고, 2점과 4점, 6점, 8점은 중간값이다.

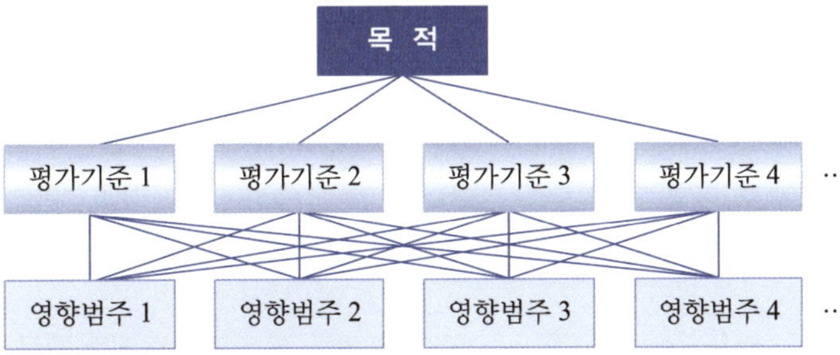

그림 5-18 계층적 분석법의 평가구조

(2) 목표성과법

목표성과법(Distance to Target)은 LCI 또는 LCIA 수행으로부터 얻은 주요 목록 결과 또는 영향범주 결과들이 사회적으로 설정한 환경 목표와 어느 정도 거리가 있는지를 가중치로 표현한 방식으로, 임계부피법과 환경희소성법, 환경주제법, EDIP법 등이 있다.

① 임계부피법(critical volume method)

임계부피법은 오염물질 또는 폐기물에 대한 국가별 법적 최대허용농도(maximal allowed concentration)와 현재 오염물질 또는 폐기물의 농도 사이의 차이를 근거로 가중화 인자를 결정하는 방식이다. 이 방식은 LCI 결과의 목록항목별로 가중화 인자가 결정되므로 이 방법에 의해 도출된 가중화 인자를 사용하면 특성화 단계를 거치지 않고 LCI 결과를 활용하여 직접 가중화 결과를 얻을 수 있다.

② 환경희소성법(eco-scarcity method)

스위스의 연방 환경산림관광청에서 개발한 방법으로 임계부피법과 유사하게 기준 지역에서 최대허용 임계치 대비 현재 부하 사이의 차이를 고려하여 가중화 인자를 결정하는 방식이다. 이는 오염물질과 폐기물뿐만 아니라 자원도 포함하여 평가할 수 있다.

③ 환경주제법(environmental theme method)

네덜란드 라이덴 대학의 환경과학센터(CML)와 네덜란드 국립건강환경연구소(RIVM)에 의해 공동으로 개발된 방법론으로 LCIA의 절차에 따라 환경지수 값을 산정하되, 영향범주별로 법적 임계치에 의한 결과와 현재 수준의 결과값을 비교하여 영향범주별로 가중화 인자를 결정하는 방식이다.

④ EDIP법(EDIP method)

기준 연도와 목표 연도를 선정한 후에 기준 연도의 특정 오염물질 발생량과 목표 연도에 특정 오염물질의 목표발생량을 기초로 산정한 영향범주별 잠재적 환경영향을 계산한다. 목표 연도의 환경영향을 분모에 두고 기준 연도의 환경영향을 분자로 기준 연도에 비해 목표 연도에 얼마나 환경영향을 감소시켜야 하는지에 대한 결과의 역수값으로 가중화 인자를 산정하는 방식이다.

(3) 환경비용법

환경배출물 또는 오염물질로 인한 환경영향을 인간과 생태계에 해가 안 되는 수준으로 복구하거나 원상태로 회복시키는데 들어가는 비용을 반영하여 영향범주들 사이에 가중치를 부여하는 방식으로, 오염처리비용법과 환경복구비용법 등이 있다.

① 오염처리비용법(Tellus method)

미국의 Tellus 연구소에서 개발한 방법으로 대기오염에 의한 환경피해를 환경 기준치 이하로 처리하는데 필요한 비용을 산출하고, 이를 토대로 가중화 인자를 설정하는 방식이다. 이 방식은 납(Pb) 1파운드를 처리하는데 1600불이 필요하다는 것을 기준으로 일산화탄소와 질소산화물, 황산화물 등과 같은 환경오염물질에 대한 처리비용을 산출한다. 오염물질에 대한 가중화 인자의 단위는 [$/kg emission]으로 임계부피법과 같이 LCI 결과의 목록항목별로 가중화 인자가 부여된다. 따라서 LCI 결과를 활용하여 가중화 된 환경영향을 산출할 수 있다.

② 환경복구비용법(EPS method)

EPS(Environmental Priority Strategy) 방법은 스웨덴 환경연구소(Swedish Environmental Research Institute, IVL)에서 1991년부터 1994년까지 볼보를 포함한 50여 개 스웨덴 기업을 대상으로 인간건강과 종다양성, 자원고갈 등 종말점 수준의 환경피해를 원상태로 복구하는데 얼마의 비용을 지불할 의사가 있는지를 묻는 지불의사(Willingness to Pay, WTP) 방법을 통해 가중화 인자를 개발하였다. WTP 방법은 경제학에서 의사결정 방법으로 많이 사용되는 방법으로 EPS법을 통해 개발한 가중화 인자는 환경피해에 대한 것으로 정규화 결과에 적용한다. 지금은 2015년에 발표된 개정판이 활용되고 있다.

6.2.2 가중화 인자 개발 사례

(1) 패널법에 의한 가중화 인자 개발

ISO TR 14047은 패널법에 의해 가중화 인자를 개발한 사례를 제시하고 있다. 표 5-25에서 E_1 종말점 피해를 일으키는 범주지표 C_1, C_2, C_3의 기여도를 조사하여 상대적 비율인 $S_{1.1}$, $S_{1.2}$, $S_{1.3}$로 나타내고, 이들의 합계는 1.00이 되어야 한다. 같은 방법으로 E_2 종말점 피해를 일으키는 범주지표별 상대적 비율인 $S_{2.1}$, $S_{2.2}$, $S_{2.3}$를 산출한다. 또한, 종말점 지표인 E_1과 E_2의 상대적 중요도인 a와 b의 합은 1.00이 되도록 한다. 표 5-26과 같이, C_1 영향범주에 대해 종말점 지표인 E_1의 중요도인 a와 E_2의 중요도인 b를 C_1 영향범주가 E_1과 E_2에 대한 기여도인 $S_{1.1}$, $S_{1.2}$를 곱하여 더하면 T_1이 된다. 같은 방식으로 C_2에 대한 지수인 T_2, C_3에 대한 지수인 T_3를 산출한 후에 이들 간의 비율을 도출한 결과가 영향범주별 가중화 인자이다.

표 5-25 범주지표별 종말점 지표에 대한 기여도 산출

종말점 지표	범주지표			
	C_1	C_2	C_3	합계
E_1 (a)	$S_{1.1}$	$S_{1.2}$	$S_{1.3}$	1.00
E_2 (b)	$S_{2.1}$	$S_{2.2}$	$S_{2.3}$	1.00

※ E_1의 상대적 중요도 a와 E_2의 상대적 중요도 b의 합은 1.00임.

표 5-26 ISO TR 14047의 영향범주간 가중화 인자 개발 산출

범주지표	종말점		합계	가중화 인자
	E_1 (a)	E_2 (b)		
C_1	$a \times S_{1.1}$	$b \times S_{2.1}$	$T_1 = C_1 \cdot E_1 + C_1 \cdot E_2 = (a \times S_{1.1}) + (b \times S_{2.1})$	T_1/T_t
C_2	$a \times S_{1.2}$	$b \times S_{2.2}$	$T_2 = C_2 \cdot E_1 + C_2 \cdot E_2 = (a \times S_{1.2}) + (b \times S_{2.2})$	T_2/T_t
C_3	$a \times S_{1.3}$	$b \times S_{2.3}$	$T_3 = C_3 \cdot E_1 + C_3 \cdot E_2 = (a \times S_{1.3}) + (b \times S_{2.3})$	T_3/T_t
합계	$a \times \sum S_{1.i}$	$b \times \sum S_{2.i}$	$T_t = T_1 + T_2 + T_3 = (a \times \sum S_{1.i}) + (b \times \sum S_{2.i})$	1.00

표 5-27과 표 5-28은 표 5-25와 표 5-26의 예시이다. 표 5-27은 종말점 지표별 상대적 중요도와 종말점 지표별 3개 범주지표에 대한 상대적 기여도이다. 이를 토대로 표 5-26의 계산과정에 따라 3대 영향범주별로 산정한 가중화 인자는 표 5-28과 같이 C_1과 C_2, C_3에 대해 각각 0.31, 0.36, 0.33이 산정되었다. 영향범주별 가중화 인자의 합은 1.00이다.

표 5-27 범주지표별 종말점 지표에 대한 기여도 산출(예제)

종말점 지표	범주지표			합계
	C_1	C_2	C_3	
E_1 (0.60)	0.35	0.50	0.15	1.00
E_2 (0.40)	0.25	0.15	0.60	1.00

표 5-28 ISO TR 14047의 영향범주간 가중화 인자 개발 산출(예제)

범주지표	종말점		합계	가중화 인자
	E_1	E_2		
C_1	0.6×0.35	0.4×0.25	$T_1 = (0.6 \times 0.35) + (0.4 \times 0.25) = 0.31$	0.31
C_2	0.6×0.50	0.4×0.15	$T_2 = (0.6 \times 0.50) + (0.4 \times 0.15) = 0.36$	0.36
C_3	0.6×0.15	0.4×0.60	$T_3 = (0.6 \times 0.15) + (0.4 \times 0.60) = 0.33$	0.33
합계	$a \times \sum S_{1.i}$	$b \times \sum S_{2.i}$	$T_t = 0.31 + 0.36 + 0.33 = 1.00$	1.00

문제 19 가중화 인자 개발

아래 그림은 LCI 결과와 기후변화 및 오존층 파괴, 미세먼지 영향범주와 연계성 그리고, 영향범주와 종말점 수준의 환경피해인 인간독성, 생태계 질과의 연계성을 나타낸다. 표 5-29에서 왼쪽 두 번째부터 일곱 번째 열은 환경전문가 10인을 대상으로 3개 영향범주가 2개 종말점 영향에 미치는 중요도를 1점부터 9점으로 작성한 것이고, 여덟 번째와 아홉 번째 열은 인체건강과 생태계 질 중에서 어떤 피해가 더 중요한 지를 1점부터 9점으로 나타낸 것이다. 이를 토대로 기후변화와 오존층 파괴, 미세먼지 영향에 대한 가중화 인자를 소수점 둘째 자리로 나타내시오. (점수가 높을수록 중요도가 큰 것이다.)

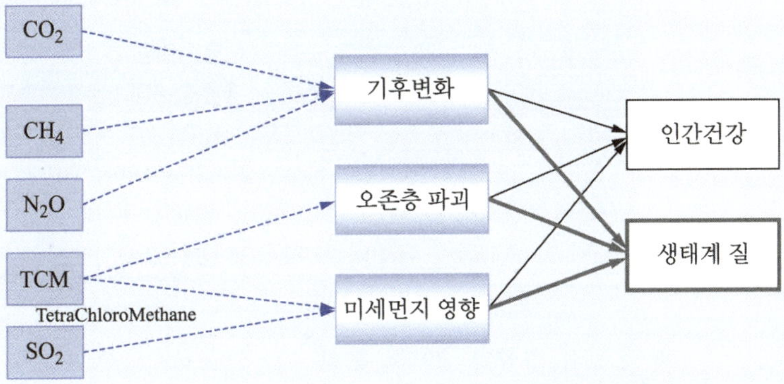

표 5-29 종말점 피해에 대한 영향범주별 중요도와 종말점 영향간 중요도

	인간건강 관점에서 영향범주별 중요도			생태계 질 관점에서 영향범주별 중요도			종말점 영향간 중요도	
	기후 변화	오존층 파괴	미세먼지 영향	기후 변화	오존층 파괴	미세먼지 영향	인간 건강	생태계 질
①	3	4	7	5	2	3	9	5
②	2	3	9	6	1	4	5	5
③	3	1	8	3	3	2	7	3
④	5	3	7	5	4	3	6	5
⑤	3	3	8	3	3	1	8	6
⑥	2	4	9	6	4	5	7	7
⑦	3	2	7	4	4	4	9	8
⑧	1	2	5	3	4	4	9	7
⑨	3	1	5	4	2	3	8	5
⑩	5	2	5	5	3	3	9	9

풀이

■ **영향범주별 중요도 분석**

- 표 5-29의 두 번째부터 일곱 번째 열에서 종말점 영향인 인간건강과 생태계 질에 미치는 영향범주별 중요도에 대한 10인의 설문결과를 합산하면 인간건강에 대한 기후변화의 중요도의 합은 30이고, 오존층 파괴는 25, 미세먼지 영향은 70이며, 생태계 질에 대한 기후변화와 오존층 파괴, 미세먼지 영향의 중요도의 합은 각각 44, 30, 32임.
- 인체건강에 대한 기후변화와 오존층 파괴, 미세먼지 영향의 상대적 중요도는 아래와 같이 0.24, 0.20, 0.56이며, 같은 방식으로 생태계 질에 대한 영향범주별 상대적 중요도는 0.42, 0.28, 0.30임.

		범주지표			합계
		기후변화	오존층 파괴	미세먼지 영향	
인간 건강	중요도	30	25	70	125
	비율	30/125=0.24	25/125=0.20	70/125=0.56	1.00
생태계 질	중요도	44	30	32	106
	비율	44/106=0.42	30/106=0.28	32/106=0.30	1.00

■ **종말점 영향별 중요도 분석**

표의 마지막 열에서 종말점 영향에 대한 중요도의 설문결과의 합은 인체건강과 생태계 질에서 각각 77, 60이며, 이들의 상대적 중요도는 0.56, 0.44임.

	인간건강	생태계 질	합계
중요도	77	60	137
상대적 중요도	0.56	0.44	1.00

■ **영향범주별 가중화 인자 도출**

종말점 지표별 상대적 중요도와 각 종말점에 대한 영향범주별 상대적 중요도를 곱하여 영향범주로 합산한 최종 가중화 인자는 아래와 같으며, 영향범주별 가중화 인자의 합은 1.00임.

범주지표	종말점		합계	가중화 인자
	인간건강	생태계 질		
기후변화	0.56×0.24	0.44×0.42	T_1 = (0.56×0.24) + (0.44×0.42)	0.32
오존층 파괴	0.56×0.20	0.44×0.28	T_1 = (0.56×0.20) + (0.44×0.28)	0.23
미세먼지 영향	0.56×0.56	0.44×0.30	T_1 = (0.56×0.56) + (0.44×0.30)	0.45
합계	0.56	0.44	T_1 = 1.00	1.00

(2) 한국형 가중화 인자

2003년 당시 산업자원부가 개발한 한국형 가중화 인자는 통계학의 의사결정 방법론 중의 하나인 퍼지이론에 따라 작성하였는데, 영향범주별 가중화 인자를 보면 기후변화에 대한 중요도가 상대적으로 낮고 오존층 파괴에 대한 지수가 높았다. 당시에 우리 사회에서 중요하게 느끼는 환경영향의 상대적 중요도가 지금과는 차이가 있음을 확인할 수 있다. 이처럼 가중화 인자는 사회적 중요도를 반영한 지수이어서 과거의 지수를 활용하여 결과를 산출할 경우 결과를 오도할 수 있으므로 영향범주별 상대적인 중요도를 나타내는 2003년의 한국형 가중화 인자를 현재 사용하는 것은 위험의 여지가 많다. 가중화 인자는 사회적 상황을 반영하여 주기적으로 개정하여 최신화할 필요가 있다.

(3) EU 환경발자국 3.0의 가중화 인자

LCIA에서 가중화의 수행 및 가중화 결과에 대한 공개는 선택적인 요소이다. EC에서는 가중화 결과를 환경발자국의 부가정보 정도로 공개하도록 하고 있다. EF 3.0은 가중화 결과의 신뢰도를 높이기 위하여 주요 영향범주들에 대한 가중화 인자를 개발하는 과정에서 독일, 이탈리아, 스페인, 영국, 폴란드, 프랑스 등 유럽 내 6개 국가에서 각각 18세부터 65세 이내의 일반 시민 400명, 총 2400명을 임의로 뽑아 설문조사를 하였고, 48개국의 LCA 전문가 518명에 대한 설문조사도 추가로 수행하였다.

표 5-30의 가중화 인자는 EC에서 2019년에 발표한 글로벌 수준의 가중화 인자이다(Serenella S. 외, 2018). EC는 글로벌 평균 가중화 인자와 유럽 평균 가중화 인자를 공개하였는데, 여기서는 글로벌 평균만 소개한다. 영향범주별

가중화 인자의 합은 100%이다. 영향범주별 사회적 중요도를 보면, 기후변화가 중요하다고 인식하는 비율이 월등히 높고 다음으로 미세먼지 영향, 수자원 고갈, 광물자원 및 화석연료 등의 자원고갈 등의 순이다. 이는 현재 국제사회가 느끼는 환경적인 우선순위를 가장 잘 반영한 것이라고 볼 수 있다.

표 5-30 EF 3.0 방법론에 포함된 영향범주별 글로벌 평균 가중화 인자

영향범주	글로벌 평균 가중화 인자(%)
기후변화	21.06
오존층 파괴	6.31
인체독성(발암)	2.13
인체독성(비발암)	1.84
미세먼지	8.96
이온화방사선	5.01
광화학산화물생성	4.78
산성화	6.20
부영양화(토양)	3.71
부영양화(담수)	2.80
부영양화(해양)	2.96
토지이용	7.94
생태독성	1.92
물 사용	8.51
자원고갈(연료)	8.32
자원고갈(광물)	7.55

[출처] Development of a weighting approach for Environmental Footprint(2018)

LCA 사례 오렌지 음료 (19/19)

표 5-31은 오렌지 음료에 대한 표 5-21의 정규화 결과와 영향범주별 가중화 결과를 곱하여 가중화 결과를 산정한 것이다. 영향범주별 가중화 결과를 산정하기 위해 CML 2001의 가중화 인자를 활용하였으며, 그 결과는 그림 5-19와 같이 담수독성, 해양독성, 토양독성, 인체독성의 순서로 독성영향이 가장 지배적이며, 다음으로 기후변화 영향이었다. 전과정 단계별 기여도는 모든 기후변화를 제외한 영향범주에서 생산단계의 영향이 97~100%이었

으나, 기후변화 범주는 사용단계의 기여도가 91%이었다.

표 5-31 오렌지 음료에 대한 영향범주별 가중화 결과

영향범주	정규화 결과	가중화 인자	가중화 결과			
			생산	사용	폐기	전과정
자원고갈	2.19E−03	8.0	1.71E−02	2.33E−04	1.86E−04	1.75E−02
산성화	6.43E−04	6.3	3.98E−03	4.79E−05	2.65E−05	4.05E−03
부영양화	1.23E−03	8.7	1.07E−02	1.23E−05	2.07E−05	1.07E−02
담수독성	6.43E+01	4.2	2.70E+02	1.33E−06	4.09E−05	2.70E+02
기후변화	4.94E−03	27.8	1.20E−02	1.25E−01	4.95E−04	1.37E−01
인체독성	8.63E−01	14.5	1.25E+01	2.00E−04	2.99E−06	1.25E+01
해양독성	3.41E+01	4.8	1.64E+02	5.28E−06	3.12E−06	1.64E+02
오존층 파괴	8.62E−06	7.4	6.38E−05	9.18E−13	4.24E−10	6.38E−05
광화학스모그	4.04E−04	6.6	2.67E−03	2.11E−07	9.37E−07	2.67E−03
토양독성	6.10E+00	4.0	2.44E+01	2.41E−11	7.24E−10	2.44E+01

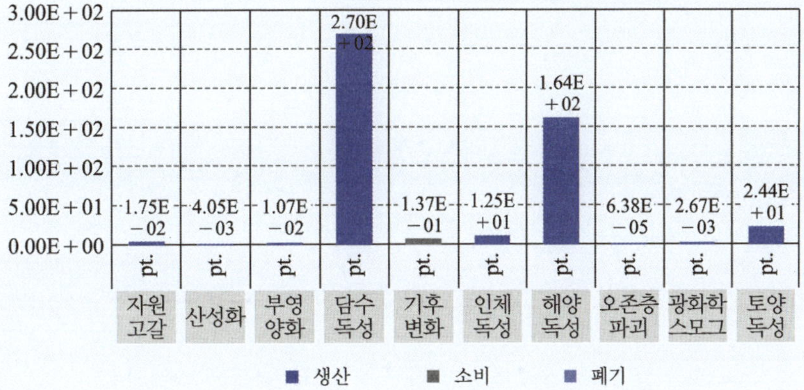

그림 5-19 오렌지 음료에 대한 영향범주별 가중화 결과

Chapter

6

전과정 해석

LCA의 네 번째 구성요소는 전과정 해석이다. 전과정 해석은 LCI 및 LCIA를 통해 얻은 전과정 목록 결과와 영향범주별 범주지표 결과 등을 토대로 규명한 환경측면의 주요이슈가 LCA 연구의 목적 및 범위에 적합한지 평가한 후에, 연구의 결론과 건의사항을 제시하는 과정이다. 그림 6-1은 전과정 해석과 LCA의 다른 구성요소와의 관계, 그리고 전과정 해석의 절차를 보여주고 있다. 전과정 해석의 첫 번째 단계인 환경측면 주요이슈 규명에서는 LCA의 목적 및 범위정의와 LCI, LCIA 수행의 결과를 토대로 환경측면의 주요이슈를 규명한다. 두 번째인 평가단계는 규명된 환경측면의 주요이슈가 연구의 목적 및 범위에 적합한지를 점검하는 과정이다. 수집한 데이터에 대한 완전성 검사와 민감도 검사, 일관성 검사를 수행하여 앞 단계에서 규명된 환경측면의 주요이슈에 대한 적합성을 평가한다. 평가결과에 따라 주요이슈에 대한 적합성이 인정되면 마지막으로 결론과 건의사항을 제시한다.

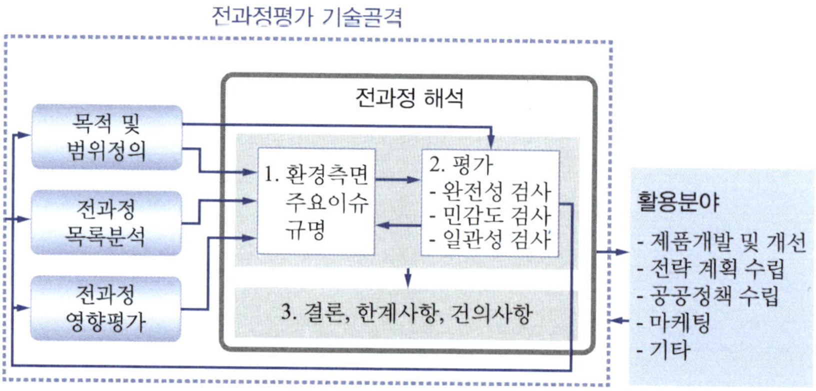

그림 6-1 전과정 해석단계와 LCA 구성요소별 연관관계

1 전과정 해석의 절차

1.1 환경측면 주요이슈 규명

LCI와 LCIA의 결과에 대하여 아래와 같은 다양한 방법을 활용한 구조화(structuring)를 통해서 연구대상 제품과 관련된 환경영향을 발생시키는 환경측면의 주요이슈를 규명한다. 이때, LCI와 LCIA 결과들을 다양한, 그리고 창의적인 방법으로 구조화하여 주요이슈를 규명하는 것이 중요하다. 주요이슈의 대상으로는 목록항목, 영향범주, 전과정단계, 생산공정, 발생원, 기본흐름 등이 포함될 수 있다. ISO 14044:2006에서 소개된 LCI와 LCIA 결과들을 활용하여 환경측면의 주요이슈를 도출하는 체계화된 절차에 대한 예를 소개한다.

1.1.1 목록분석 결과의 구조화

(1) 주요 전과정단계

LCI 결과에서 목록항목들을 전과정단계에 따라 다양하게 구조화하여 환경측면의 주요이슈를 규명한다. 구조화를 통해서 전과정 목록항목들을 전과정단계별로 나열할 수도 있고, 주요 발생원별로 나타낼 수도 있다. 표 6-1은 목록항목별로 작성된 투입량과 배출량을 전과정단계에 따라 구조화한 예를 보여준다. 목록항목으로는 무연탄, 이산화탄소, 질소산화물, 인산염, 흡수성유기할로겐화물(AOX), 도시폐기물, 폐석(tailing)이 나열되어 있으며, 목록항목별로 총기본흐름량은 전과정단계별 흐름량의 합계이다.

표 6-1 목록항목별 전과정단계에서 기본흐름량

목록항목	전과정단계				합계 (kg)
	소재 생산 (kg)	제품 생산 (kg)	제품 사용 (kg)	제품 폐기 (kg)	
Hard Coal	1,200	25	500	-	1,725
CO_2	4,500	100	2,000	150	6,750
NO_x	40	10	20	20	90
Phosphate	2.5	25	0.5	-	28
AOX[a]	0.05	0.5	0.01	0.05	0.61
Municipal waste	15	150	2	5	172
Tailing	1,500	-	-	250	1,750

[a]AOX = Absorbable Organic Halides

표 6-2는 표 6-1의 각 목록항목에 대하여 전과정단계별 기본흐름의 합계를 100%라 하고, 각 전과정단계의 기여도를 계산한 것이다. 무연탄(hard coal)은 소재 생산단계에서 전체의 69.6%가 투입되고, 인산염과 AOX는 제품 생산단계에서 전체의 89.3%, 82.0%가 배출됨을 알 수 있다. 도시폐기물은 전체의 87.2%가 제품 생산단계에서 발생하며, 폐석은 소재 생산단계에서 전체의 85.7%가 배출된다.

표 6-2 목록항목별 전과정단계의 기본흐름 기여율

목록항목	전과정단계				합계 (%)
	소재 생산 (%)	제품 생산 (%)	제품 사용 (%)	제품 폐기 (%)	
Hard Coal	69.6	1.5	28.9	-	100
CO_2	66.7	1.5	29.6	2.2	100
NO_x	44.5	11.1	22.2	22.2	100
Phosphate	8.9	89.3	1.8	-	100
AOX[a]	8.2	82.0	1.6	8.2	100
Municipal waste	8.7	87.2	1.2	2.9	100
Tailing	85.7	-	-	14.3	100

목록항목별 기본흐름에 대하여 전과정단계별 비율이 정해지면 주요이슈를 규명하기 위하여 적절한 등급 구간을 설정할 수 있다. 예를 들어, 표 6-3은 각

목록항목별로 기본흐름 기여도가 전과정 동안의 총투입 또는 배출량의 50% 이상인 지배적인 단계를 A, 25%에서 50%까지를 B, 10%에서 25%까지를 C, 2.5%에서 10%까지를 D, 2.5% 미만을 E로 구분하고 등급화를 수행한 결과이다. 각 목록항목에 대하여 A 또는 B로 지정된 전과정단계를 주요이슈라고 할 수 있다. 무연탄과 이산화탄소의 경우, 소재 생산과정이 가장 지배적이고, 다음으로 사용단계가 주요이슈로 규명되었으며, 질소산화물은 A등급에 해당하는 전과정단계는 없고 B 등급인 소재 생산이 주요이슈이다. 인산염과 AOX, 도시폐기물은 제품 생산단계가 지배적인 것임을 알 수 있다.

표 6-3 목록항목별 전과정단계에서 기본흐름량에 의한 등급

목록항목	전과정단계				합계 (kg)
	소재 생산	제품 생산	제품 사용	제품 폐기	
Hard Coal	A	E	B	-	1,725
CO_2	A	E	B	D	6,750
NO_x	B	C	C	C	90
Phosphate	D	A	E	-	28
AOX[a]	D	A	E	D	0.61
Municipal waste	D	A	E	D	172
Tailing	A	-	-	C	1,750

A : 가장 중요, 중요한 영향 (예: 기여도 > 50%)
B : 매우 중요, 비교적 영향 있음 (예: 25% < 기여도 < 50%)
C : 중요한 편, 영향 있음 (예: 10% < 기여도 < 25%)
D : 약간 중요, 작은 영향 (예: 2.5% < 기여도 < 10%)
E : 중요치 않음, 영향 무시 (예: 기여도 < 2.5%)

(2) 주요 발생원

표 6-4는 LCI 결과의 목록항목별 기본흐름을 발생원에 따라 구조화하여 환경측면의 주요이슈를 규명한 예이다. 발생원은 에너지 공급, 수송, 기타로 분류하고, 목록항목들의 기본흐름량을 발생원별로 분석하였다. 목록항목별로 보면, 무연탄 사용과 이산화탄소와 질소산화물, 폐석 발생은 에너지 공급 발생원이 지배적이고, 도시폐기물의 발생은 수송이 지배적이며, 인산은 기타 발생원에서 지배적으로 배출되고 있음을 보여주고 있다.

표 6-4 목록항목별 발생원에 의한 기본흐름량

목록항목	발생원			합계 (kg)
	에너지 공급 (kg)	수송 (kg)	기타 (kg)	
Hard Coal	1,500	75	150	1,725
CO_2	5,500	1,000	250	6,750
NO_x	65	20	5	90
Phosphate	5	10	13	28
AOX[a]	0.01	-	0.6	0.61
Municipal waste	10	120	42	172
Tailing	1,000	250	500	1,750

표 6-5는 발생원 중에 에너지 공급을 전기 공급과 연료 공급으로 세분화하고, 목록항목별 기본흐름량의 감축가능성을 발생원에 따라 분석한 것을 보여준다. 감축 가능성이 큰 것은 A, 감축가능성이 거의 없는 것은 C로 분류하였다. 에너지 공급 중 전기 공급은 회사 내부적으로 개선할 수 있는 것이 아니라 국가 발전시스템에 의해 개선되어야 할 요소이므로 감축 가능성이 낮은 C에 해당하고 사업장 내에서 연료공급의 감축 가능성은 폐석을 제외하고는 개선 가능성이 크므로 A 또는 B에 분류된다. 폐석은 발생량은 많지만, 현재의 기술 수준으로는 감축 가능성이 낮아서 모든 발생원에서 C로 분류한다. 발생원별 감축 가능성은 관련 분야의 전문가가 참여한 가운데 분석하는 것이 효과적이다. 각 목록항목에 대하여 A 또는 B로 분류된 감축가능성이 큰 발생원을 주요이슈로 규명한다.

표 6-5 목록항목별 발생원에서의 감축 가능성

목록항목	발생원				합계 (kg)
	에너지 공급		수송	기타	
	전기 공급	연료 공급			
Hard Coal	C	A	B	B	1,725
CO_2	C	A	B	A	6,750
NO_x	C	A	B	C	90
Phosphate	C	B	C	A	28
AOX[a]	C	B	-	A	0.61
Municipal waste	C	A	C	A	172
Tailing	C	C	C	C	1,750

A : 중요한 관리, 큰 개선 가능성　　B : 약간 관리, 약간의 개선 가능성
C : 관리되지 않음

1.1.2 영향평가 결과의 구조화

LCI 결과뿐만 아니라, LCIA로부터 얻은 영향범주별 범주지표 결과 또는 정규화 결과, 가중화 결과도 전과정단계 또는 발생원에 따라 체계적으로 구조화함으로써 환경측면의 주요이슈를 규명할 수 있다. 표 6-6은 온실가스별 기후변화 범주지표 결과를 전과정단계별로 구조화한 것이다. 그리고, 총 이산화탄소 상당가인 8,600 kg CO_2-eq.에 대한 백분율 기여도를 온실가스 항목과 전과정단계별로 환산한 결과가 표 6-7이다. 목록항목 중 이산화탄소가 전체의 32.0%를 차지하여 가장 많고, 다음으로 사불화탄소(CF_4)가 25.0%, 아산화질소(N_2O)가 20.9%를 차지하였다. 전과정단계별로 보면, 소재 생산단계에서

표 6-6 전과정단계에서의 온실가스별 이산화탄소 상당가(kg CO_2-eq.)

목록항목	전과정단계				Total GWP (kg CO_2-eq.)
	소재 생산 (kg CO_2-eq.)	제품 생산 (kg CO_2-eq.)	제품 사용 (kg CO_2-eq.)	제품 폐기 (kg CO_2-eq.)	
CO_2	500	250	1,800	200	2,750
CO	25	100	150	25	300
CH_4	750	50	100	150	1,050
N_2O	1,500	100	150	50	1,800
CF_4	1,900	250	-	-	2,150
Others	200	150	120	80	550
Total GWP	4,875	900	2,320	505	8,600

표 6-7 전과정단계에서의 온실가스별 이산화탄소 상당가 비율

목록항목	전과정단계				Total GWP (%)
	소재 생산 (%)	제품 생산 (%)	제품 사용 (%)	제품 폐기 (%)	
CO_2	5.8	2.9	20.9	2.3	32.0
CO	0.3	1.2	1.7	0.3	3.5
CH_4	8.7	0.6	1.2	1.7	12.2
N_2O	17.4	1.2	1.7	0.6	20.9
CF_4	22.1	2.9	-	-	25.0
Others	2.3	1.7	1.4	0.9	6.4
Total	56.7	10.5	27.0	5.9	100.0

전체 이산화탄소 상당가의 56.7%가 발생했고, 제품 사용단계에서 27.0%, 제품 생산단계가 10.5%, 제품 폐기단계가 5.9%를 차지했음을 알 수 있다.

이와 같이 환경측면의 주요이슈는 LCI로부터 산출한 목록항목별 결과와 LCIA로부터 계산된 영향범주별 범주지표 결과 등을 전과정단계 또는 발생원에 따라 구조화함으로써 규명될 수 있다. 구조화를 다양한 방법으로 수행함으로써 놓칠 수 있는 주요이슈를 규명할 수 있으므로, 구조화에 대한 다양한 창의적인 노력이 필요하다.

1.2 평가

전과정 해석의 두 번째 단계인 평가(evaluation)에서는 앞 단계에서 규명된 환경측면 주요이슈들이 연구의 목적 및 범위에 적합한지 그리고 사용된 방법론과 가정들이 맞는지를 점검하여 연구결과의 신뢰도를 높이기 위한 절차이다. 평가단계는 완전성 검사(completeness check)와 민감도 검사(sensitivity check), 일관성 검사(consistency check) 등 일련의 체계적인 절차를 거친다.

1.2.1 완전성 검사

완전성 검사는 연구대상 제품에 대한 환경성을 평가할 때 수집해야 할 데이터와 계수 등이 목적 및 범위정의 단계에서 정의한 요건에 맞게 완전하게 수집되고 계산되었는지를 확인하는 과정이다. 즉, 중요한 데이터의 누락 및 계산오류 등으로 인해 결과가 왜곡될 가능성이 있는지를 확인하는 과정이다. 표 6-8은 완전성 검사의 예이다. 대안 A와 대안 B에 대한 완전성 검사 결과를 보면, 대안 A는 모든 전과정단계에서 데이터를 수집하였으나, 가공단계에서 추가적인 데이터 수집이 필요한 것으로 분석되었고, 수송단계와 사용단계, 폐기단계에 대한 데이터 수집의 완전성은 추가 확인이 필요한 상태이다. 이에 대한 조치사항으로는 수송과 가공은 전과정 목록으로 다시 돌아가서 점검을 해야 하고, 사용과 폐기는 대안 B와 데이터를 비교 분석하도록 하였다. 대안 B는 포장단계를 제외한 모든 단계에서 데이터를 수집하였으나, 에너지 공급과정에서 수집한 데이터는 완전성을 만족시키지 못하므로 재계산이 필요하며,

포장과 폐기 단계의 데이터는 대안 A의 데이터와 비교가 필요한 것으로 분석된다. 이처럼 완전성 검사는 수집하고 계산한 데이터가 사전에 목적과 범위에서 정의한 데이터 품질요건 등에 맞게 수행되었는지를 확인하는 과정이다.

표 6-8 단위공정별 데이터에 관한 대안 A와 대안 B의 완전성 검사

단위공정	대안 A			대안 B		
	데이터 수집	완전성 여부	필요한 조치	데이터 수집	완전성 여부	필요한 조치
소재 생산	○	Yes	-	○	Yes	
에너지 공급	○	Yes	-	○	No	재계산
수송	○	?	목록 점검	○	Yes	
가공	○	No	목록 점검	○	Yes	
포장	○	Yes		-	No	
사용	○	?	대안 B와 비교	○	Yes	대안 A와 비교
폐기	○	?	대안 B와 비교	○	?	대안 A와 비교

1.2.2 민감도 검사

민감도 검사는 LCI와 LCIA 단계에서 선정된 할당방법 또는 LCIA 방법론 등 주관적으로 결정한 사항들에 대해 민감도 분석을 수행하여 적합성 여부를 점검하는 과정이다. 민감도 검사 결과, 허용기준치보다 변화량이 큰 경우에는 주관적으로 선정한 사항들이 최종 결과에 미치는 영향이 민감하다는 의미이므로 추가 검토가 필요하다고 권고할 수 있다. 민감도 검사가 필요한 사항들은 다음과 같다.

- 할당방법 적용
- 제외기준 설정
- 시스템경계 설정
- 데이터 품질수준
- 연구과정에서 정의한 가정 또는 제한사항

- 영향범주의 선정
- 목록항목별 영향범주에 분류(분류화)
- 영향범주별 특성화 모델, 범주지표 선정
- 영향범주별 정규화 기준
- 영향범주별 가중화 인자

(1) 할당방법

LCI에서 할당을 수행하는 경우에 할당기준의 선정이 LCI 결과에 직접적으로 영향을 미치게 된다. 따라서, 선정된 할당기준 또는 할당방법의 변화가 결과에 미치는 영향을 분석하기 위해서 민감도 검사를 수행한다. 그림 6-2는 무연탄을 활용하여 스팀과 전기를 생산하는 전형적인 열병합발전에 대한 단위공정이다. 열병합발전에서 사용한 무연탄 투입량을 산출물인 스팀과 전기 사이에서 할당하는 과정에서 할당기준으로 적용된 물리적 인자와 경제적 인자는 표 6-9와 같다. 물리적 기준 즉, 에너지양(MJ)으로 할당 인자를 적용하면 스팀에는 1,200 MJ, 전기에는 800 MJ이 할당되며, 경제적 기준으로 할당을 적용하면 스팀에는 1,000 MJ, 전기에는 1,000 MJ이 분배된다. 스팀과 전기에 대해 물리적 인자와 경제적 인자를 적용한 것의 편차를 보면 각각 －200과 ＋200이고 물리적 인자를 기준으로 볼 때, 편차율은 각각 －16.7%와 ＋25.0%이다. 즉, 민감도가 16.7%와 25.0%이므로 이는 연구결과에 영향을 줄 수 있을 만큼 민감도가 높다고 판단된다. 선정된 할당방법이 연구결과에 민감한 영향을 미치는 것으로 나타나면 전문가를 포함한 이해관계자들이 할당방법에 대하여 심도 있는 논의를 해야 한다. 따라서 할당방법을 선택할 때 신중해야 하며, 할당방법의 선정과 이로 인한 민감도 검사의 결과를 보고서에 명확히 기록해야 한다. 원활한 민감도 검사를 위해 민감도가 큰 것으로 판단할 수 있는 기준을 사전에 설정하는게 중요할 수 있다.

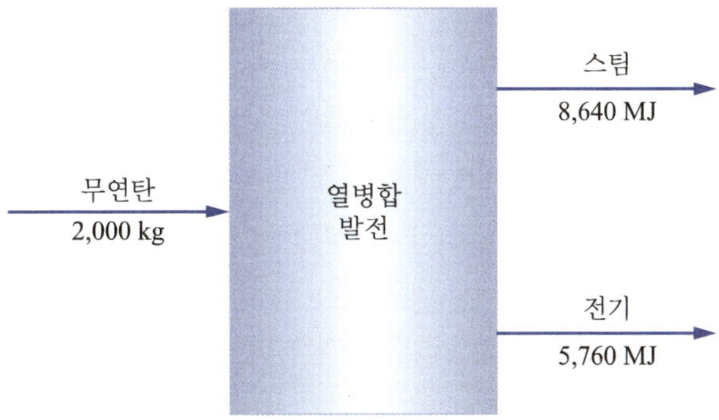

그림 6-2 열병합발전의 예

표 6-9 할당 인자의 변화에 따른 스팀과 전기 결과의 민감도 검사

석탄 수요	스팀	전기	차이
할당(물리적 인자, MJ)	1,200 kg	800 kg	400
할당(경제적 가치, $)	1,000 kg	1,000 kg	0
편차(MJ)	−200	+200	400
편차(%)	−16.7	+25.0	Significant (중요)
민감도(%)	16.7	25.0	

(2) 특성화 모델

기후변화에 대한 영향평가를 위해 선정된 특성화 모델로부터 도출된 온실가스별 특성화 인자는 온실가스가 대기 중으로 배출되어 지속 연수 100년 동안 온실효과를 유지한다고 가정한 특성화 모델을 주로 활용한다. 또한, 온실효과 지속 연수를 500년으로 가정한 온실가스별 특성화 인자가 활용되기도 한다. 지속 연수가 다른 두 개의 특성화 모델을 기후변화 범주의 특성화에 적용하여 특성화 모델의 선정이 기후변화 영향범주의 특성화 결과에 미치는 민감도를 비교 분석한다. 표 6-10은 온실가스의 온실효과 지속 연수에 따른 특성화 인자의 변화와 그로 인한 대안별 기후변화 영향 결과의 민감도를 분석한 예이다. 지속 연수를 100년으로 가정한 경우에 대안 A의 기후변화 영향은 2,800 kg CO_2-eq.이고 대안 B는 3,200 kg CO_2-eq.이다. 지속 연수를 500년으로 설정하면 대안 A의 기후변화 영향은 3,600 kg CO_2-eq.이고, 대안 B는 3,400 kg CO_2-eq.이다. 지속 연수에 따른 기후변화 특성화 모델의 변화에 따라 대안 A는 +800 kg CO_2-eq.의 편차가 발생하여 민감도는 28.6%이고, 대안 B는 +200 kg CO_2-eq.의 편차가 발생하여 민감도는 6.25%이다. 지속 연수를 고려한 기후변화 특성화 모델의 변화에 대해 대안 A가 대안 B보다 4배 이상 민감한 것으로 분석된다. 특히, 지속 연수를 100년으로 가정한 특성화 모델을 사용한 경우에는 대안 B의 기후변화 영향이 더 높지만, 지속 연수 500년 특성화 모델의 경우에는 그 반대의 결과가 나왔다. 이처럼, 대안별 기후변화 영향을 평가하기 위해 선정된 기후변화에 관한 특성화 모델이 연구결과를 완전히 바꿀 수 있을 정도로 민감하므로, 전문가들과의 토의를 통해 특성화 모델의 선정을 재검토해야 한다.

표 6-10 지속 연수가 다른 특성화 모델의 대안 A와 대안 B 결과의 민감도 검사

	대안 A	대안 B	차이
기후변화 영향 (지속 연수 100년)	2800	3200	400
기후변화 영향 (지속 연수 500년)	3600	3400	−200
편차	+800	+200	600
편차율(%)	+28.6	+6.25	Significant (중요)
민감도(%)	28.6	6.25	

1.2.3 일관성 검사

일관성 검사는 LCA 수행 시에 목적 및 범위정의 단계에서 설정한 가정, 방법론, 모델링, 데이터 품질요건 등이 연구를 수행하는 동안 일관되게 적용되었는지 검사하는 절차이다. 표 6-11은 항목별 요건에 따른 대안 A와 대안 B의 일관성 검사의 예인데, 검사항목은 데이터 출처와 데이터 정확성, 기술적 범위, 시간적 범위, 지역적 범위 등 5개이다. 수집한 데이터의 출처를 보면, 대안 A는 문헌데이터이고, B는 일차데이터이다. 일관성 검사를 통해 목적 및 범위정의의 데이터 품질요건에 따라 대안 A는 대안 B와 같이 일차데이터로 재수집하도록 조치하였다. 시간적 범위를 보면, 대안 A는 5년 전 데이터이고, 대안 B는 1년 전 데이터이다. 데이터 품질요건에 따라 최근 3년 이내의 데이터를 수집하는 것을 일관성 있게 적용해야 하므로 대안 A의 데이터는 재수집이 필요하다.

표 6-11 항목별 요건에 따른 대안 A와 대안 B의 일관성 검사

	대안 A	대안 B	일관성		조치
			대안 A	대안 B	
데이터 출처	문헌	일차데이터	×	○	대안 A 데이터 재수집
데이터 정확성	미약	우수	×	○	대안 A 데이터 공개요구
기술적 범위	최신 기술	실제 공정	○	○	
시간적 범위	실험데이터 (5년 전)	일차데이터 (1년 전)	×	○	대안 A 최근 3년 내 데이터 수집
지역적 범위	유럽	프랑스	△	○	대안 A 해당지역 데이터 수집 권고

이상에서 설명한 바와 같이, 전과정 해석의 첫 번째 단계에서 규명된 환경측면의 주요이슈에 대하여 평가단계에서 완전성 검사, 민감도 검사, 일관성 검사를 간단히 수행한 사례를 제공하였다. 이 과정에서 발견된 지적사항 및 보완사항에 대한 수정과정을 거쳐 적합하다고 평가되면 다음 단계인 결론 및 건의를 진행하게 된다.

1.3 결론 및 건의

체계적인 절차에 따라 LCI와 LCIA 결과로부터 규명한 환경측면의 주요이슈에 대한 신뢰도를 높이기 위하여 완전성 검사와 민감도 검사, 일관성 검사 등의 평가를 수행한다. 평가과정에서 연구의 결론을 맺기에 부족한 부분이 발견되면, 전과정 해석의 이전 단계로 돌아가서 보완해야 한다. 평가결과, 환경측면의 주요이슈에 대한 적합성이 확인되면 연구의 결론을 도출하고 이를 보고서에 기록한다.

수행한 LCA 연구결과로부터 규명한 환경측면의 주요이슈에 대하여 체계적인 절차에 따라 도출한 연구의 결론을 의사결정자가 직접 활용할 수 있도록 건의하는 과정이 수반된다. 건의사항들은 연구의 결론에 기초하여 제시되어야 하고, 결론의 중요성을 논리적이고 타당하게 반영해야 한다. 연구결과를 활용할 수 있는 응용 분야는 다음과 같다.

- 제품 개발 및 개선
- 전략적 계획수립
- 공공정책에 대한 의사결정
- 마케팅 등

1.4 보고 및 정밀검토

1.4.1 보고

LCA를 수행한 결과와 그로부터 도출된 결론은 편견 없이, 그리고 잘못된 방향으로 이끌지 않도록 완전하고 정확하게 작성되어야 한다. LCA 결과의 복잡성과 대상 시스템 또는 대안들 사이에 일장일단을 충분히 이해할 수 있도록 보고서에는 연구의 결과, 수집하고 적용한 데이터, 사용된 각종 방법론, 가정 및 제한사항 등이 상세하게 제시되어야 하며, 특히 연구의 결과와 해석내용은 연구의 목적에 맞도록 기술되어야 한다.

LCA 결과가 이해관계자를 포함한 제삼자에게 공개될 때는 보고서에 다음의 항목을 포함해야 한다.

(1) 일반적인 측면

① 내부자 또는 외부자를 포함한 LCA 관리자와 수행자 정보
② 보고서 작성 일자
③ ISO 14040 및 ISO 14044의 요건에 따라 연구가 진행되었음을 언급

(2) 연구의 목적

① 연구를 수행하는 이유
② 연구의 의도된 적용 분야
③ 연구의 목표 청중
④ 대중에게 공개하는 비교주장을 목적으로 하였는지를 언급

(3) 연구의 범위

① 기능(성능특성을 언급, 비교에서 추가기능의 누락 등)
② 기능단위(목적 및 범위와 일관성, 정의, 성능 측정치 등)
③ 시스템경계(전과정단계 및 공정, 데이터의 누락, 투입물과 산출물의 정량화, 발전에 관한 가정 등)
④ 제외기준(제외기준에 대한 서술, 제외기준 적용에 따른 효과, 제외기준의 적용에 따라 포함된 물질 등)

(4) 전과정 목록분석

① 데이터 수집 절차
② 단위공정에 대한 정량적, 정성적 서술
③ 데이터 출처
④ 계산절차
⑤ 데이터 검증(데이터 품질평가, 누락데이터 처리 등)
⑥ 시스템경계 재조정에 따른 민감도 분석
⑦ 할당원리와 절차(할당절차의 정당성과 문서화, 할당절차의 같은 적용)

(5) 전과정 영향평가(수행한 때에만)

① LCIA 절차, 계산, 결과
② LCIA 결과의 한계
③ 목적 및 범위정의와 LCIA의 관련성
④ 고려된 영향범주와 범주지표
⑤ 모든 특성화 모델, 특성화 인자, 특성화 방법론에 관한 서술 및 출처

⑥ 특성화 및 정규화, 그룹화, 가중화와 연관된 인자들에 관한 서술 및 출처

⑦ LCIA 결과는 상대적 표현이며, 종말점 영향, 임계 값의 초과 여부, 안전 또는 위험 여부 등을 예측하지 않는다는 것을 서술

(6) 전과정 해석

① 환경측면의 주요이슈 규명

② 완전성 검사, 민감도 검사, 일관성 검사를 포함한 평가

③ 결론 및 건의

④ 보고

(7) 정밀검토(수행한 때에만)

① 검토자의 이름과 소속 등 인적사항

② 정밀검토 보고서

③ 권고사항에 대한 답변

1.4.2 정밀검토

정밀검토는 범위정의에서 설정한 정밀검토 유형 및 절차에 따라 수행한다. 일반적으로 정밀검토를 위해서는 정부나 기관, 단체, 개인 등의 LCA 관리자, LCA 수행자, 정밀검토자 등 세 그룹의 역할이 필요하다. LCA 관리자는 연구의 목적에 맞게 범위정의 단계에서 정의한 정밀검토의 유형과 절차 및 정밀검토자의 적격성 요건, LCA 연구자와의 독립성 등을 고려하여 수행할 적임자를 선임한다. 또한, 정밀검토 보고서에는 정밀검토자의 인적사항이 투명하고 정확하게 서술되어야 한다. LCA 수행자는 정밀검토자의 질문에 충분히 답변해야 한다. 정밀검토의 유형은 범위정의에서 정의한 바에 따라 적합한 것을 선정하여 수행한다. 유형별로 정밀검토를 수행하는 방법은 다음과 같다(Walter K. 외, 2012).

(1) 독립된 내·외부 전문가에 의한 정밀검토

LCA의 수행이 대중에게 공개하는 비교주장이 목적이 아닐 때는 범위정의

에서 정의한 바에 따라 독립된 내부 또는 외부의 LCA 전문가가 정밀검토를 수행할 수 있다. 일반적으로 정밀검토는 외부 LCA 전문가에 의해서 수행되나, 내부의 LCA 전문가에 의해서 수행될 수 있다. 이 경우 내부 전문가는 LCA 연구와 무관한 자이어야 한다. 정밀검토자가 작성한 보고서에는 정밀검토자의 의견과 권고사항, 이에 대한 LCA 수행자의 답변과 수정사항 등이 수록되어 있어야 한다. 표 6-12는 ISO TS 14071:2014에 수록된 정밀검토 보고서 작성의 예이다.

표 6-12 정밀검토 보고서 양식의 예

담당 검토자	번호	줄 번호	절/하위 절	문단/그림/표	의견 유형	검토자 의견	검토자 권고	LCA수행자 응답
AB	1	380	2.1	그림 4	편집	부정확한 용어	ISO용어 사용: "전과정 분석"이 아닌 "전과정 평가"	수용함
CD	2	524	3.4	5번째 문단	기술	할당절차에 민감도 분석이 누락됨	대안의 물리적인 할당절차 검사	수용함 그리고 5.에 수정함
…	…	…	…	…	…	…	…	…

(2) 이해관계자에 의한 정밀검토

LCA 결과가 대중에게 공개하는 비교주장의 용도로 활용될 때는 연구결과로 인해 불이익을 당하는 경우를 방지하기 위하여 이해관계자들에 의한 정밀검토를 수행해야 한다. 이해관계자는 대상 제품시스템의 환경성 또는 LCA 결과와 관련이 있거나 이로 인해 영향을 받을 수 있는 개인 또는 단체는 물론 정부관계자, 소비자 등도 포함된다. ISO 14044:2006의 요건에 근거하여 이해관계자가 참여한 정밀검토위원회를 통해 LCA 결과에 대한 정밀검토를 수행하고, 그 결과에 따라 수정 보완된 LCA 결과는 이해관계자의 만족도를 높일 수 있으며, 수행된 정밀검토의 성과는 이해관계자가 연구결과를 수용하는데 핵심 근거가 될 수 있다.

정밀검토위원회의 구성을 위해 LCA 관리자는 위원회의 위원장이 될 외부의 독립적인 전문가를 선정해야 한다. 위원장은 정부기관, 비정부기관, 경쟁사 등에서 LCA 결과에 이해관계가 있는 외부 전문가 2인을 정밀검토위원으로 선임하여 위원장을 포함한 3명으로 구성된 위원회를 구성한다. 정밀검토위원은 ISO 14040 시리즈 규격에 대해 숙지하고 있어야 하고, 과학적·기술적 전문성을 갖추고 있어야 한다. 정밀검토자의 검토의견 및 권고사항에 대한 LCA 수행자의 답변 등을 포함한 정밀검토 보고서를 작성하여 LCA 보고서에 수록한다.

2 전과정 해석의 사례

전과정 해석에 대한 이해를 돕기 위하여 '환경 전과정평가의 이론과 지침'에서 수록한 사례를 인용한다. 대상제품은 가상의 제품 P이고, 연구의 수행목적은 유럽 시장에서 판매하기 위하여 제품의 환경성을 평가하고 환경성을 개선시키는 것이다. 연구의 범위는 제품의 원료 채취부터 폐기단계까지를 포함한 전과정이 아니라 제품의 생산과 사용 단계만으로 한정하였다.

2.1 LCA 결과

표 6-13은 제품 P에 대한 생산과 사용 단계에 관한 목록분석 결과이다. 목록항목에는 대기배출물 중 CO_2와 CH_4, 수계배출물 중 NO_3^-, PO_4^{3-} 포함하였다. 대기배출물 발생량을 보면, 사용단계가 생산단계보다 지배적이고, 수계배출물은 생산단계가 지배적임을 알 수 있다.

표 6-13 제품 P의 전과정 목록분석의 결과

구분		단위	생산단계	사용단계	총량
대기 배출물	CO_2	kg	100	1,000	1,100
	CH_4	kg	10		10
수계 배출물	NO_3^-	kg	20	2	22
	PO_4^{3-}	kg	20		20

표 6-14는 제품 P의 영향범주별 특성화 결과이다. 표 6-13의 목록항목 중 CO_2와 CH_4는 기후변화를 유발시키는 온실가스이고, NO_3^-와 PO_4^{3-}는 부영양화를 유발시키는 물질이다. 영향범주별 범주지표 결과를 산출하기 위하여 사용한 영향범주별 특성화 인자로는 CO_2의 지구온난화 잠재성(GWP)은 1, CH_4의 GWP는 21, NO_3^-의 부영양화 잠재성(Eutrophication Potential, EP)은 0.33, PO_4^{3-}의 EP는 1이었다. 표 6-14는 표 6-13의 목록항목별 목록분석 결과와 특성화 인자를 곱하여 얻은 영향범주별 특성화 결과로, 기후변화는 1,310 kg CO_2-eq.이고, 부영양화는 27.3 kg PO_4^{3-}-eq.이었다.

표 6-14 제품 P의 영향범주별 특성화 결과

영향범주	단위	생산단계	사용단계	합계
기후변화	kg CO_2-eq.	$(100\times1)+(10\times21)$ $=310$	$(1{,}000\times1)$ $=1{,}000$	1,310
부영양화	kg PO_4^{3-}-eq.	$(20\times0.33)+(20\times1)$ $=26.6$	(2×0.33) $=0.7$	27.3

표 6-15는 표 6-14의 영향범주별 특성화 결과를 영향범주별 정규화 기준으로 나눠서 얻은 정규화 결과이다. 정규화를 수행하기 위해 사용한 정규화 기준은 기후변화 210 kg$\times10^9$ kg CO_2-eq./year, 부영양화 1×10^9 kg PO_4^{3-}-eq./year이다. 정규화 기준을 사용하여 얻은 영향범주별 정규화 결과는 기후변화와 부영양화에서 각각 6.3과 27.3을 얻었다. 단위는 동일하게 $10^{-9}\cdot$year이다.

표 6-15 제품 P의 영향범주별 정규화 결과

영향범주	단위	생산단계	사용단계	합계
기후변화	$10^{-9}\cdot$year	310 kg CO_2-eq. $\div$ 210×10^9 kg CO_2-eq. $=1.5$	1,000 kg CO_2-eq. $\div$ 210×10^9 kg CO_2-eq. $=4.8$	6.3
부영양화	$10^{-9}\cdot$year	26.6 kg PO_4^{3-}-eq. $\div$ 1×10^9 kg PO_4^{3-}-eq. $=26.6$	0.7 kg PO_4^{3-}-eq. $\div$ 1×10^9 kg PO_4^{3-}-eq. $=0.7$	27.3

표 6-16은 표 6-15의 영향범주별 정규화 결과에 영향범주별 가중화 인자를 곱한 가중화 결과이다. 가중화 인자로는 패널법에 의해 도출한 기후변화 0.6, 부영양화 0.4를 적용하였다. 그 결과, 기후변화의 가중화 결과는 3.8, 부영양화의 가중화 결과는 10.9이다. 가중화 인자의 단위가 무차원이기 때문에 가중화 결과의 단위도 정규화 결과의 단위와 같다.

표 6-16 제품 P의 영향범주별 가중화 결과

영향범주	단위	생산단계	사용단계	합계
기후변화	$10^{-9}\cdot$ year	$(1.5\times10^{-9}\cdot$ year$)\times0.6$ $=0.9\times10^{-9}\cdot$ year	$(4.8\times10^{-9}\cdot$ year$)\times0.6$ $=2.9\times10^{-9}\cdot$ year	3.8
부영양화	$10^{-9}\cdot$ year	$(26.6\times10^{-9}\cdot$ year$)\times0.4$ $=10.6\times10^{-9}\cdot$ year	$(0.7\times10^{-9}\cdot$ year$)\times0.4$ $=0.3\times10^{-9}\cdot$ year	10.9

2.2 전과정 해석

표 6-13에서 표 6-16의 결과로부터 생산단계에서는 CO_2와 NO_3^-, PO_4^{3-}, 사용단계에서는 CO_2가 환경측면의 주요이슈로 규명되었다. 또한, 지구온난화는 사용단계에서 지배적이었고, 부영양화는 생산단계가 지배적인 것으로 분석되었다. 규명된 환경측면의 주요이슈가 타당한지 판단하기 위하여 해석의 두 번째 단계인 평가에 포함된 완전성 검사, 민감도 검사, 일관성 검사를 수행하였다. 완전성 검사를 수행하는 과정에서 생산단계와 사용단계의 사이에 수송단계가 고려되지 않았음을 확인하였다. 수송에 대한 환경성 누락이 연구결과에 얼마나 민감한지를 파악하기 위하여 민감도 검사를 수행한 결과, 수송단계에서 기능단위당 10,000 kg의 CO_2가 배출되어야만 환경측면의 주요이슈가 변경될 수 있음을 확인하였다. 이를 수송 거리로 환산하면, 제품 P를 100,000 km 수송하는 과정에서 발생하는 CO_2의 발생량에 상응하는 것을 알 수 있었다. 연구의 목적이 유럽 시장 진출이고, 이를 위해 유럽의 허브 항인 네덜란드 암스테르담 항으로 제품 P를 수송하므로 수송 거리는 100,000 km보다 훨씬 짧으므로, 수송단계가 고려되지 않은 것이 연구결과에 민감하게 작용하지 않

을 것으로 분석되었다. 일관성 검사를 위해 연구 수행과정을 면밀히 검토한 결과, 데이터의 수집이나 적용된 할당규칙, 영향평가 방법 등이 연구의 목적 및 범위정의와 맞게 진행됨을 알 수 있었다. 평가 결과, 생산단계의 부영양화가 가장 지배적인 영향으로 규명되었으며, 제품 P의 환경성 개선을 위해서는 부영양화의 원인인 수계배출물의 양을 줄여야 한다고 건의한다.

참고 문헌

1. 손원제, BA(비포 코로나)-AC(에프터 코로나) 시대, 한겨레, 2020
2. Global Warming of 1.5℃, Intergovernmental Panel on Climate Change, 2018
3. 이금숙, 흡연보다 무서운 미세먼지.. 조기사망자 한 해 700만명, 2019
4. 슬픈장미, 물은 누구의 것인가?, SBS스페셜, 2013
5. 홍영표, 美, '바이클린 TF팀' 출범... 저탄소 건축자재 조달 촉진한다, Impact On, 2022
6. 임소영, 그린뉴딜의 기준, 녹색 분류체계의 글로벌 동향과 시사점, KIET 산업경제, 2020
7. Lester W.M., Envisioning a Sustainable Society: Learning Our Way Out, State University of New York Press, 1989
8. 한국환경산업기술원 환경성적표지 인증, www.epd.or.kr, 2009
9. Urbanization and industrialization for Africa's transformation, United Nations Economic Commission for Africa, 2017
10. Life Expectancy, UN Population Division and World Bank, 2019
11. Frank U., Vaclav S, Enriching the Earth, Fritz Haber, Carl Bosch, and the Transformation of World Food Production, The MIT Press, 2001
12. World Population Prospects 2019, United Nations Publication, 2020
13. Garrett H., The Tragedy of the Commons, American Association for the Advancement of Science, 1968
14. World Urbanization Prospects, United Nations Department of Economic and Social Affairs Population Dynamics, 2018
15. Brian R.C., Joseph S. et al., Globalization and the Environment, National Bureay of Economic Research, 2021
16. Key Statistics and Trends in International Trade, United Nations Conference on Trade and Development, 2018
17. Marian R. C., The IPAT Equation and Its Variants: Changing Views of Technology and Environmental Impact, Journal of Industrial Ecology, 2001
18. 조을생 등, 지속가능발전목표(SDGs) 세부대응전략 수립을 위한 연구, 한국환경연구원(KEI), 2014
19. 문도운, 새천년개발목표(MDGs)의 한계와 Post-2015 개발목표의 내용, KoFID, 2014
20. Sustainable consumption and production, UN Sustainable Development Goals Knowledge

Platform, https://sustainabledevelopment.un.org/topics/sustainableconsumptionandproduction

21. Millennium Development Goals and Beyond 2015, https://www.un.org/millenniumgoals/bkgd.shtml
22. The 17 Goals, UN Department of Economic and Social Affairs, https://sdgs.un.org/goals
23. Heleen D. C., Aromar R., Chapter 4 Strengthening and Implementing the Global Response, Special Report: Global Warming of 1.5℃, 2018
24. ISO TC 207: Environmental Management, https://www.iso.org/committee/54808.html
25. ISO 14040 Environmental management – Life cycle assessment – Principles and framework, 2006
26. ISO 14044 Environmental management – Life cycle assessment – Requirements and guidelines, 2006
27. ISO 14045 Environmental management – Eco- efficiency assessment of product systems – Principles, requirements and guidelines, 2012
28. ISO 14046 Environmental management – Water footprint – Principles, requirements and guidelines, 2014
29. ISO TR 14047 Environmental management – Life cycle assessment – Illustrative examples on how to apply ISO 14044 to impact assessment situations, 2012
30. ISO TS 14048 Environmental management – Life cycle assessment – Data documentation format, 2002
31. ISO TR 14049 Environmental management – Life cycle assessment – Illustrative examples on how to apply ISO 14044 to goal and scope definition and inventory analysis, 2012
32. ISO TS 14071 Environmental management – Life cycle assessment – Critical review processes and reviewer competencies: Additional requirements and guidelines to ISO 14044:2006, 2014
33. ISO TS 14072 Environmental management – Life cycle assessment – Requirements and guidelines for organizational life cycle assessment, 2014
34. ISO TR 14073 Environmental management – Water footprint – Illustrative examples on how to apply ISO 14046, 2017
35. ISO 14067 Greenhouse gases – Carbon footprint of products – Requirements and guidelines for quantification, 2018
36. ISO 20915 Life cycle inventory calculation methodology for steel products, 2018
37. ISO 22526-1 Plastics - Carbon and environmental footprint of biobased plastics - Part 1: General principles, 2020
38. ISO 22526-3 Plastics - Carbon and environmental footprint of biobased plastics - Part 1: Process carbon footprint, requirements and guidelines for quantification, 2020
39. ISO 20294 Graphic technology — Quantification and communication for calculating

the carbon footprint of e-media, 2018
40. ISO 16745 Sustainability in buildings and civil engineering works — Carbon metric of an existing building during use stage — Part 1: Calculation, reporting and communication, 2017
41. 그린피스, [보고서] 무너지는 기후: 자동차 산업이 불러온 위기, https://www.greenpeace.org/korea/report/9774/blog-ce-carindustry-climate-culpability-report/, 2019
42. Sustainability report 2016, Nippon Steel & Sumitomo Metal Corporation
43. 김순구, 생물학적 하수처리방법에 대한 전과정평가 연구: MBR공정과 A2O 공정의 운전단계를 중심으로, 서울대학교, 2008
44. Simon A., Michael C., Life Cycle Assessment of Disposable and Reusable Nappies in the UK, Environmental Agency, 2005
45. Proposal for a REGULATION OF THE EUROPEAN PARLIAMENT AND OF THE COUNCIL establishing a carbon border adjustment mechanism, European Commission, 2021
46. AB-262 Public contracts: bid specifications: Buy Clean California Act., California Legislation Information, 2017
47. Robert R. et al., Guideline for Life Cycle Cost Analysis, Stanford University, 2005
48. 행정규칙: 생애주기비용(LCC) 분석 및 평가 요령, 국토교통부, 2008
49. 생애주기비용(LCC), 사단법인 건설원가연구원, http://www.anycost.or.kr/?page_id=408
50. IEC 62430, Environmentally Conscious Design(ECD) - Principles, requirements and guidance, 2009
51. ISO 14006, Environmental Management Systems -Guidlines for incorporating ecodesign, 2020
52. 환경경영정보포털: 에코디자인, https://www.gmi.go.kr:442/ds/ecoDesignIntro.do
53. Circular Economy Action Plan: for a cleaner and more competitive Europe, European Commission, 2020
54. 표준국어대사전, 국립국어원, https://stdict.korean.go.kr/main/main.do
55. 옥스퍼드 온라인 영어사전, https://www.wordreference.com/enko/oxford
56. Lars G. L. et al., Nordic Guidelines on Life-cycle Assessment, Nordic Council of Ministers, 1995
57. 한대호, 코네틱 리포트: 통합환경관리제도 시행 현황 및 향후 전망, 한국환경산업기술원, 2019
58. Valentina P.L. et al., Tradeoff Evaluation Improves Comparative Life Cycle Assessment: A Photovoltaic Case Study, Journal of Industrial Ecology, 2015
59. 석승우, 유난미, 김선영, 장현숙, 이상민, 기업 환경경영 실태조사, 환경부, 2007
60. GLAD(Global LCA Data Network) 플랫폼, https://www.globallcadataaccess.org/
61. Ecoinvent 플랫폼, https://www.ecoinvent.org/home.html
62. 국가 LCI 데이터베이스 플랫폼, http://www.epd.or.kr/lci/lciDb.do

63. Ashley E., Wesley I., Guidance on Data Quality Assessment for Life Cycle Inventory Data (Version 1), Life Cycle Assessment Research Center, US Environmental Potection Agency, 2016
64. James F. et al., Life cycle assessment data quality: A Conceptual framework, Society of Environmental Toxicology and Chemistry(setac), 1994
65. Nico W. et al., Quality Assessment for LCA, Leiden University, 1999
66. Simone M. et al., Product Environmental Footprint (PEF) Guide, European Commission, 2012
67. Henrik W. et al., Environmental Assessment of Products Volume 1: Methodology, tools and case studies in product development, Kluwer Academic Publishers, 1997
68. Rolf F. et al., Global Guidance for Life Cycle Impact Assessment Indicators (Volume I), Life Cycle Initiative, 2016
69. WHO global air quality guidelines, World Health Organization (WHO), 2021
70. 물환경보전법, https://law.go.kr/
71. 에너지의 정의와 종류, 환경운동연합, http://kfem.or.kr/?p=22462
72. Conceptión J.G. et al., Methodology for developing gate-to-gate Life cycle inventory information, The International Journal of Life Cycle Assessment, 2000
73. Product Category Rules for Building Related Products and Services (version 3.2), UL, 2018
74. 임송택, 생활폐기물 소각 및 매립 공정에 대한 전과정평가 연구, 건국대학교, 2003
75. 정재우, 전과정평가를 이용한 폐발포폴리스티렌의 효율적인 관리와 관련된 할당방법론의 개발, 건국대학교, 1998
76. Allan A.J. et al., Life Cycle Assessment: A guide to approaches, experiences and information sources, European Environment Agency, 1997
778. Ellen M., Consider your audience when doing LCA, PRé-consulting, 2021
78. Fazio, S. B. et al., JRC Technical Reports: Supporting information to the characterisation factors of recommended EF Life Cycle Impact Assessment methods (version 2), European Commission, 2018
79. Nurul U.M. et al., A Content Review of Life Cycle Assessment of Nanomaterials: Current Practices, Challenges, and Future Prospects, Nanomaterials, 2021
80. 이건모, 허탁, 김승도, 환경 전과정평가(LCA)의 이론과 지침, 한국품질환경인증협회, 1998
81. 온실가스 배출량, 국가지표체계(K-indicator), 국가온실가스정보센터
82. L. van Oers, A. de Koning, J.B. Guinée, G. Huppes, Abiotic resource depletion in LCA: Improving characterization factors for abiotic resource depletion as recommended in the new Dutch LCA Handbook, Road and Hydraulic Engineering Institute, 2002
83. Harry Baayen, Eco-indicator 99 Manual for Designers: A damage oriented method for

Life Cycle Impact Assessment, Ministry of Housing Spatial Planning and the Environment, 2000

84. 환경성적표지 인증안내서: 영향범주별 특성화 인자, 한국환경산업기술원, 2018
85. Junbeum K., Yi Y., Junghan B., Sangwon S., The Importance of Normalization References in Interpreting Life Cycle Assessment Results, Yale University Vol. 17, 2012
86. Sala S. et al., JRC Technical Reports: Global normalisation factors for the Environmental Footprint and Life Cycle Assessment, European Commission, 2017
87. Richard A. V., Lecture 14: Normalization Weighting and Aggregation to Single Score, North Carolina State University, 2016
88. Lars G. L. et al., Nordic Guidelines on Life-cycle Assessment, Nordic Council of Ministers, 1995
89. Serenella S. et al., JRC Technical Reports: Development of a weighting approach for the Environmental approach for the Environmental Footprint, European Commission, 2018
90. Walter K., The critical review of life cycle assessment studies according to ISO 14040 and 14044, International Journal of Life Cycle Assessment, 2012

찾아보기

ㄱ

가중화 200, 257
가중화 인자 257, 260
가치사슬 4, 43, 52
계산데이터 90
공급망 환경관리 43, 44
공정흐름도 113, 134, 135
광화학스모그 41, 219
구조화 108, 275
국가청정생산지원센터 187, 192
그룹화 200, 255
그린 텍소노미 5
기능단위 57, 74, 76, 178
기본흐름 50, 67, 68
기술계 68, 194
기술적 범위 94
기준흐름 74, 77

ㄴ

내부 순환흐름 133
내재 탄소 배출량 5

ㄷ

다중 산출 100, 150
다중 투입 100, 156
단위공정 50, 70, 111, 173, 186
닫힌고리 재활용 162
대기배출물 119, 136, 158
대표성 96
데이터 검증 130, 154
데이터 계산 143
데이터 범주 117, 120
데이터 수집 111, 117
데이터 통합 185
데이터 품질요건 88, 91
도시화 16

ㅁ

목록분석 53, 275, 287
목록항목 218, 275
목적 및 범위정의 53, 62
목적정의 62
목표성과법 263
무한순환 168
문헌데이터 90
물질 수지 130
미세먼지 119, 209
민감도 검사 281
민감도 분석 95, 105, 281

ㅂ

배출물 189, 216
배출물 이동 56
범위정의 66

범주지표 210
범주지표 결과 220, 231
보고 286
보조물질 118
보호 대상 202
부산물 118
부영양화 39, 208, 219
분류화 200, 217

ㅅ

산성화 202, 208, 219
산업화 13
산출물 68, 69, 115, 189
상위흐름 69, 186
생태계 68, 202
생태독성 209
서비스 51, 71, 202
설문지 114
수계배출물 119
수송 125
수자원고갈 207
시간적 범위 92
시스템경계 80, 147, 222
신뢰성 47, 96, 97

ㅇ

에너지 118, 130, 140
에너지 수지 130, 139
에코디자인 29, 46
에코라벨링 26
연료 118
열린고리 재활용 100, 162
영향범주 200, 207, 216, 218
영향평가 53, 200, 287
영향평가 방법론 101
오염 예방 24, 48
오염물의 이동 56
오존층 파괴 208
완전성 95
완전성 검사 280
원료 33, 51, 118, 193
유럽 그린딜 5, 47
유통 125
유통단계 69
의제 21 19
이온화방사선 210
이차데이터 89
이해관계자 289
인구증가 14
인체독성 41, 211
일관성 검사 284
일장일단 58
일차데이터 88

ㅈ

자연계 68, 69
자원고갈 41, 207, 214, 219
자정 능력 16, 201
잠재적 52, 201
재사용 48, 168
재활용 48, 51, 162, 166
전과정 목록분석 53, 110
전과정 목록표 186, 191
전과정 비용분석 44
전과정 영향평가 53, 200
전과정 해석 53, 274, 288, 290, 292
전과정사고 20, 33, 34
정규화 200, 238
정규화 기준 238, 239
정밀검토 106, 288

정확성 94
제외기준 81
제품 33, 50, 73, 118
제품 책임주의 47
제품 환경성 주장 47
제품시스템 50, 67, 71
제품흐름 50, 69
종말점 203, 230
중간점 203, 230
중간흐름 70
지구온난화 202, 292
지속가능한 소비생산 18
지역적 범위 93

ㅊ

청정구매법 5
청정구매제도 237
청정미래법 5
추정데이터 90
측정데이터 89

ㅌ

탄소국경조정제도 5
탄소중립 23
탈물질화 75
토지이용 209
투입물 68, 69, 115
특성화 200, 220
특성화 결과 220, 237
특성화 모델 200, 213
특성화 인자 206, 213, 214

ㅍ

파리기후협정 23
패널법 261, 265
폐기물 118, 119, 193
품질요건 91
품질저하 164
품질지표 91
품질평가 91, 96, 128

ㅎ

하위흐름 69, 186
한국환경산업기술원 13, 46, 89, 187
할당 99, 144
할당 수행 149
할당 회피 145, 146
해석 53, 107, 274
환경발자국 245, 269
환경부하 19, 53, 110, 150, 201
환경부하량 200, 220
환경비용법 264
환경성적표지 64, 187, 219
환경영향 19, 52, 68, 201, 241
환경측면 주요이슈 275

영문

Cut-off 170
Disposal load 170
Eco-Invent 189
Eco-spold 190
EF 3.0 207, 212, 214, 245, 269
Extraction load 170
GaBi 189, 193
Gate to Gate 69, 143
GLAD 190
GtG 69, 143, 185, 186
ILCD 190
IPAT 18
ISO 14040 31, 50, 62, 65, 67, 69

ISO 14044
31, 66, 74, 81, 91, 95, 106, 210, 214, 220
ISO 14067 29, 88, 89, 164
LCDN 187, 189
LCI 53, 110, 202
LCI 데이터베이스 89, 186, 189
LCIA 53, 200, 202
PASS 192
PDCA 27
Pedigree 96
PEF 96
SimaPro 189, 193
TOTAL 192
UN SDGs 20

기타

50/50 171

· 김 익
(현) 스마트에코 주식회사 대표이사
(현) 건국대학교, 세종대학교 출강(LCA, 탄소발자국)
(현) 한국전과정평가학회 회장
ISO TC 207 SC3 & SC5 한국대표 역임
한국 탄소성적표지제도 기획자 및 팀장 역임

· 허 탁
(현) 건국대학교 화학공학부 명예교수
(현) 한국환경한림원 회장
International Journal of LCA 편집위원 역임
건국대학교 교학부총장 역임
한국전과정평가(LCA)학회 회장 역임

환경 전과정평가 정가 20,000원

발 행 2024년 9월 10일 2판 1쇄
저 자 김 익 · 허 탁
발행인 정우용
발행처 도서출판 동화기술
경기도 파주시 광인사길 201(문발동, 파주출판도시)
Tel (031)955-4211~6 donghwapub@nate.com
Fax (031)955-4217 www.donghwapub.co.kr
(등록) 1977년 12월 19일/9-16호

ISBN 978-89-425-9630-0